内 容 简 介

内容简介

本教材结合高职人才培养目标，基于兽药营销工作过程，优化、整合理论知识体系，突出技能和学习能力培养。全书按照“认识营销—认识市场—选择市场—开发市场—市场维护”的顺序，具体介绍了兽药营销的核心概念、营销观念的发展过程及兽药营销管理的主要内容，对兽药市场、兽药营销环境、兽药企业竞争对手及客户、兽药市场调查与预测、兽药市场细分与目标市场定位以及兽药的4P 策略分别进行了详细分析，并通过服务营销和兽药客户管理的介绍确立了市场维护的内容。

在对基本理论系统阐述的基础上，本教材每部分都穿插了相关案例和学习资料，吸收了兽药营销界的一些新思想或观念。在每部分开篇，列举了本部分应掌握的知识点和技能点；每部分的结尾，除了对本部分内容进行总结外，还通过小测验强化对学习者认识、分析和解决问题能力的培养。

本教材的编写人员中，有的具有多年本课程的教学经验，有的具有多年从事兽药营销管理的经验，有的工作于兽药营销一线，具有丰富的兽药营销实践经验。因此，本教材不仅适用于高职高专院校畜牧兽医及相关专业的教学，还可作为兽药企业管理人员、营销人员岗位培训教材或自学的参考书。

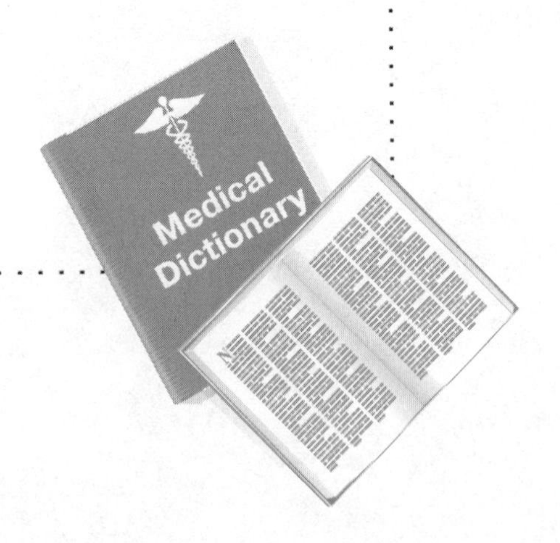

高等职业教育农业部“十二五”规划教材
项目式教学教材

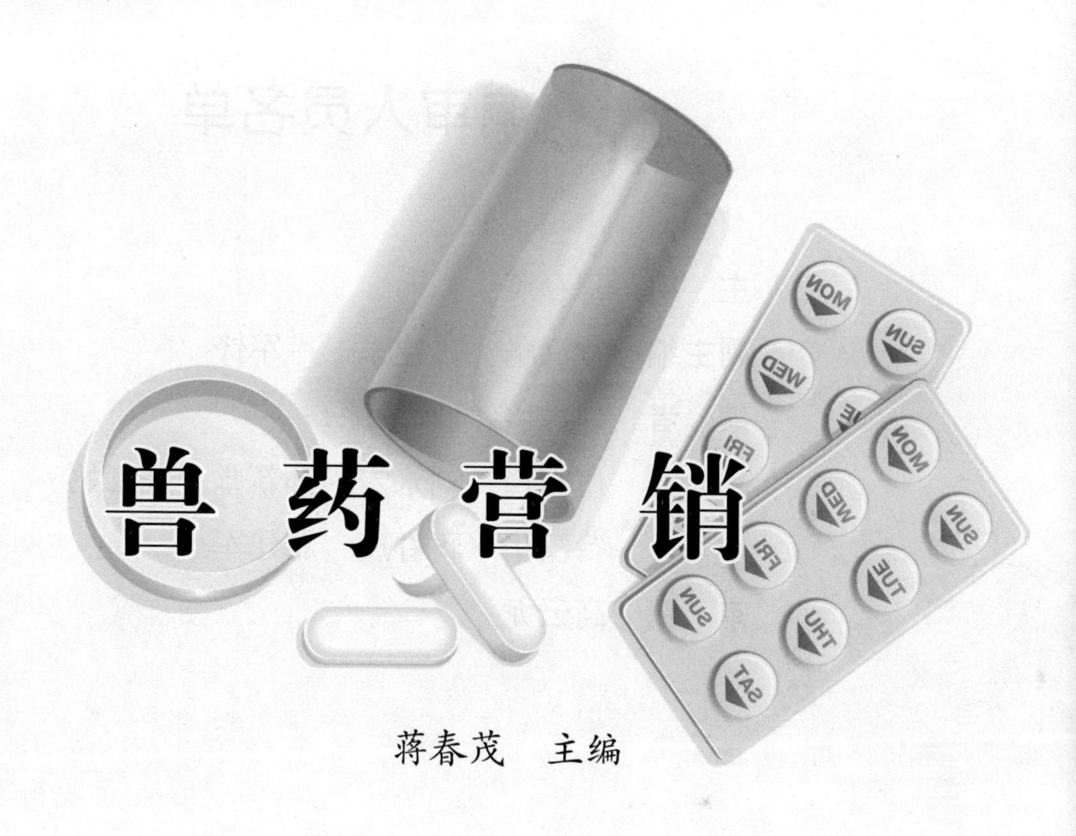

兽药营销

蒋春茂　主编

中国农业出版社

编审人员名单

主　编　蒋春茂

副主编　费汉华　冀建军　卢军锋

编　者　（以姓名笔画为序）

卢军锋　刘永宏　孙新堂　陈红娟

费汉华　蒋春茂　冀建军

审　稿　高云龙

前言

伴随着兽药行业的快速发展，兽药市场日益复杂多变，能否准确把握市场、成功开展营销，已成为兽药企业健康发展的关键，企业迫切需要一批既熟悉兽药营销理论知识又熟练掌握兽药营销技能的营销人员。为满足这种需求，同时适应高职高专相关专业的教学需要，根据教育部、农业部的有关文件精神，我们参阅了大量资料，精心编写了这本教材。

本教材吸收了现代兽药营销的理论和实践研究成果，以能力教育为基本出发点，以培养高素质、高技能的兽药营销人才为指导思想，遵循岗位工作过程，从认识营销、认识市场、选择市场、开发市场以及市场维护五个方面对兽药营销进行了系统阐述。本教材在编写过程中积极进行模式创新。和传统教材相比，其基本特点有：

目标明确，重点突出。全书紧扣“高素质、高技能兽药营销人才”的培养目标，围绕“兽药市场”这一核心问题对兽药营销展开阐述，每章开篇即明确需要掌握的基本知识点和技能点。

内容合理，观念新颖。全书分五部分，涵盖了兽药营销岗位工作所有的环节，体系上更显完善；在结构模式上，和传统教材相比，不是简单的“兽药知识＋营销知识”，而是基于兽药营销工作过程，把两者有机地融合起来；在学习资料中，补充了现代兽药营销的一些新颖思想和观点，有利于学习者更好地理解现代兽药营销理念，并引导其展开思考。

案例贴切，与兽药行业紧密结合。编者在查阅大量相关资料的基础上，选择了行业内具有代表性的案例，以案例导入和问题分析为切入点，引导学生快速进入学习情境。

以人为本，突出技能的培养。从教材内容体系来看，本教材符合高职高专教材“应用、适用、够用、科学、合理”的原则，有利于培养学生的实践能力和知识拓展能力。

本教材由江苏畜牧兽医职业技术学院的蒋春茂教授担任主编，扬州大学的高云龙教授担任主审，江苏畜牧兽医职业技术学院的费汉华、沧州职业技术学院的冀建军、江苏畜牧兽医职业技术学院的卢军锋担任副主编，江苏畜牧兽医职业技术学院的陈红娟、成都农业科技职业学院的刘永宏、山东畜牧兽医职业学院的孙新堂参与编写。在编写过程中，得到了有关兄弟院校同仁和行业企业专家的热情帮助和大力支持；参阅、引用了大量相关文献资料和企业、网络资料，在此一并表示衷心的感谢！

限于我们的水平，教材中难免有疏漏或不妥之处，恳请广大读者和专家批评指正，我们将继续努力！

编　者

2011 年 2 月

目 录

认 识 市 场

选 择 市 场

开 发 市 场

市 场 维 护

认识营销

[兽药营销shouyaoyingxiao]

【基本知识点】

- 了解市场的含义
- 理解兽药及兽药营销的含义
- 掌握兽药客户和兽药技术服务的含义
- 了解营销观念的发展过程
- 理解现代营销观念对兽药生产经营企业的启示

【基本技能点】

- 对兽药营销的认识能力
- 灵活运用营销观念分析、评价兽药企业营销现状的能力

导入案例

八部流动出诊车组成“禽病110”

潍坊市富言禽病研究院通过八部流动出诊车组成了“禽病110”，较大的禽场或不方便来就诊的养殖户朋友，只要拨打电话，流动出诊车即可快速出诊，以最短的时间为养殖户诊治禽病，使他们的损失降到最低。

成立“禽病110”是模仿医院的“120”，但是最初的想法还是来自于养殖户。院长李富言对记者说，因为在此之前他们一般都是坐诊服务，所以一些离得比较远或者需要观察大群情况的养殖户就对他们提出了这样的建议：能不能用几辆车专门出诊呢？养殖户的需求就是他们的工作，于是他们成立了“禽病110”门诊流动车，专门为养殖户服务，而流动出诊车也由最初的两辆发展到现在的八辆。

为了更好地服务养殖户，对于需要出诊服务的客户，禽病研究院有专人负责车辆的调度，他们负责安排离养殖户最近的服务车，用最短的时间赶到养殖户那儿。在2008年年底，河北省张家口市华北鸭业的鸭子发生了严重的病毒病，死亡率非常高，由于是大规模的养殖集团，他们对当地参差不齐的兽医水平不敢认可，于是就给李富言的禽病研究院打来了求助电话。接到电话后，李富言即刻安排禽病研究院的专家和服务车，颠簸了八个多小时，来回用了三天的时间，最终为华北鸭业解决了难题。

可是跑这么远，用这么长时间能赚钱吗？李富言说：“当然没有钱可赚啦，但是我们要的是养殖户对我们的一个口碑，从而借此来提升我们的知名度和品牌，这是我们无形的收入，比金钱更重要。”

[摘自：赵翠卿.2009. 李富言：用心经营禽病专科医院 [J]. 兽药市场指南 (9).]

思考题：

1. 潍坊市富言禽病研究院“禽病110”是怎么成立的？

2. 你觉得该研究院这样做会亏本吗？为什么？

兽药营销的核心概念

一、市　场

市场是商品经济的产物，哪里有社会分工和商品生产，哪里就有市场。在不同的学科领域，市场的概念是有所区别的。

（一）经济学中的“市场”概念

原始的市场是指商品交换的场所。即买者和卖者于一定时间聚集在一起进行交换的场所，是一个空间和时间上的概念，如城市的商业区、农村的集市等。随着社会分工和商品生产的发展，商品交换日益频繁和广泛，成为社会经济生活中大量的、不可缺少的要素。金融和通信、交通事业的发展，使商品交换打破了时间和空间上的限制，交换关系日益复杂，交换范围日益扩大，交换不一定需要固定的时间和地点。因此，现代经济学意义上的市场不仅仅指具体的交换场所，而且包括所有交换关系的总和。

（二）营销学中的“市场”概念

营销学主要是研究企业如何适应买方的需求，如何组织整体的营销活动，如何拓展销路，以达到自己的经营目标。因此，从营销学观点看，市场是指某种商品的现实购买者和潜在购买者需求的总和。在这里，市场专指买方，而不包括卖方；专指需求，而不包括供给。站在卖方营销的立场上，同行的供给或其他的卖方都是“竞争者”，而不是“市场”。卖方组成产业，买方组成市场，哪里有需求，哪里就有市场。对于兽药企业来讲，兽药市场指所有畜产品生产经营者。

为了更好地阐述“市场”这一概念，我们可举一实例。比如卖方是兽药厂，生产的产品是兽药，卖方就要考虑市场需要什么药，需要多少，每种兽药的售价，买药人能否接受等。这些问题有了答案，这才意味着兽药的潜在市场已经形成。至于市场的规模，就要分析有多少人想买该厂的兽药，而且有购买力，即研究他们对某种兽药的需求程度和兴趣的大小以及价格是否合适。兽药厂要想把这个潜在市场变为现实市场，而且不断扩大，就要在兽药质量、剂型、规格、数量、价格以及促销、服务等方面能满足潜在买主的需求，使他们成为现实买主。可见，营销学关于市场的概念是从买方的立场着眼于具有购买欲望的个人或组织。所以营销学又将市场概括地用下列简单公式来表示：

市场＝人口＋购买力＋购买动机

也就是说“市场”概念包含了三个要素，这三个要素必须同时具备，才能产生购买行为，缺乏任何一个因素都无法形成市场。人口是组成市场的基本细胞，购买力是组成现实市

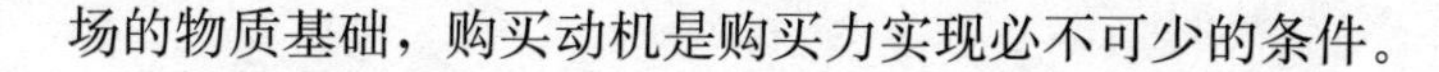

场的物质基础，购买动机是购买力实现必不可少的条件。

二、兽　　药

兽药指用于预防、治疗、诊断畜禽等动物疾病，有目的地调节其生理机能并规定作用、用途、用法、用量的物质（含饲料药物添加剂），包括生物制品、中药、化学药品、抗生素、生化药品和放射性药品六大类。兽药具有三个基本特征：①具有一定的药效即具有一定的功能；②规定有作用、用途用法与用量；③使用对象为畜禽等。

兽药一词的概念，原意仅限于防治家畜、家禽疾病的药物，随着其使用范围的扩大和饲料药物添加剂的兴起与发展，兽药正逐步被“动物医药品”、“动物保健品”所取代。使用范围扩大至家畜、家禽、野生动物、观赏动物、鱼、蜜蜂、蚕等。即从陆地动物扩大到水生动物和空中飞翔的动物，从兽类、禽类动物扩大到水生类动物和部分昆虫。

在市场营销学中，一件商品往往由三个要素组成：实体商品、服务与品牌。其中，商品实体不仅仅指形态、型号、品质等，更主要在于它能提供基本效能与益处。如买自行车是为了代步，买洗衣粉是为了去污，买兽药是为了更有效地调节动物的生理机能、防治疾病。所以生产或销售者须经常留意产品带给客户的利益，而非产品本身的特征，否则便会犯上“市场短视症”，令产品逐渐远离客户的真正需要。

兽药产品的效能和益处并非像生活用品那样唾手可得。由于近几年来动物疫情不断，病因多元化，疾病的病原难以被准确把握，新的病症层出不穷，给养殖者带来困扰和风险。养殖者的真实需求不再是具有某种功能形象的药品本身，而是提高养殖收益、解决养殖困扰的办法。面对国内抗击市场风险能力较弱的散养市场，兽药产品除了要突出核心概念的提炼外，还要大力倡导防重于治的早期保健理念，提供售前、售中、售后服务。企业获利的途径是使客户满意，如果企业丧失了客户，就失去了生存的基础，所以给客户提供卓越而周到的技术服务是企业发展的重要策略，企业必须把服务赋予兽药概念中。

三、兽药营销

（一）兽药营销的含义

兽药营销是指以畜产品生产经营者为中心，适应和影响他们的消费需求，提供满足这些需求的兽药和服务，从而使企业实现最大利润的整体性营销活动。它以市场为起点，也以市场为终点，适应市场环境的变化，实现商品价值的交换。从这个概念可以看出，整个兽药营销活动是从研究畜产品生产经营者的消费需求开始，到满足消费需求为止的管理过程。这个过程是买卖双方互利的交换：卖方按买方的需要供给产品和服务，使买方得到满足；买方则付出相应的货币，使卖方也得到满足。

需要指出的是，长期以来，许多人把“营销”与“推销”混为一谈，认为营销就是推销。营销是企业通过交换满足消费者现实需求或潜在需求的整体性活动，销售的是根据需求生产出来的产品，销售是很顺利的；而推销则是推销企业生产出来的产品。针对这种情况，美国市场学家菲利普·科特勒指出：“市场营销最重要的部分不是推销，推销仅是营销的职能之一，而且不是最重要的一个”，“市场营销的目标就是使推销成为多余”。

(二) 兽药客户

客户是对企业产品和服务有特定需求的群体，它是企业经营活动得以维持的根本保证。兽药营销过程中，兽药生产经营企业应主要针对养殖户、中间商、政府等大客户做好开发、维护工作。大客户（Key Account/KA），又被称为重点客户、主要客户、关键客户、优质客户等，是指对产品（或服务）消费频率高、消费量大、客户利润率高，从而对企业经营业绩能产生一定影响的要害客户。在实际营销活动中，往往是20%的大客户贡献了企业80%的利润，因此，企业必须要高度重视高价值客户以及具有高价值潜力的客户。

在对大客户的理解上，企业要注意以下几个方面问题：一是不要把偶然大量消费的团购客户理解为大客户，因为他们未必是企业可持续获利的源泉；二是不要单纯把需求量大的重复消费客户视为大客户，而忽略其利润提供能力、业绩贡献度；三是不要把盘剥企业的"扒皮大户"视为大客户，这类客户对企业来说可能不具备长期维护的价值。

(三) 技术服务

技术服务是技术市场的主要经营方式和范围，原指拥有技术的一方为另一方解决某一特定技术问题所提供的各种服务。如进行非常规性的计算、设计、测量、分析、安装、调试以及提供技术信息、改进工艺流程、进行技术诊断等服务。

在兽药营销中，技术服务是指当营销员在某一地区建立营销网络之后，随后跟进的网络维护及其服务，一般由指定的技术人员围绕固定客户，为其做技术指导，到养殖场开展诊治服务。通过这种借助诊疗技术为客户和终端用户提供服务，进而直接促进自己的产品消化来达到营销目的的活动被称为技术服务营销。

随着兽药行业的逐渐规范，企业在质量、价位上的差距在缩小，而市场的竞争还要靠服务——谁的服务到位超前，谁占领的市场份额就大。企业要想通过技术服务提升厂家的技术推广和市场份额，并与商家建立共同利益伙伴关系，关键在于技术服务人员的品质、水平、敬业精神、对公司的忠诚度等，要建立一个适合技术服务人员的管理机制，才能发挥其积极作用。

学习卡片

认识兽药市场的变化

一、认识农牧市场的变化

中国的农牧行业是个传统产业，但终会向健康的发展轨道上演变。国家正在逐步规范行业发展，未来兽药产业的违法风险会越来越大、成本会越来越高，因此，行业在国家法规框架内发展是必然的。

农业部几年前就组织国内外50多位专家做了中国农业的战略规划，最后写了一本名为《真知灼见：透视中国农业2050》的书籍，这本书中涉及的内容是农牧行业人士所要关注的。

另外，中国的规模化养殖才刚刚拉开帷幕，快节奏的工作和生活已经使得人们再也无法拷贝曾经行之有效的历史经验。面对持续不断的技术进步，想拥有巨大的市场前景和迅速的市场利润，就必须懂得如何“向未来学习”。所谓向未来学习，就是通过对未来的想象、预测和构想，创造“未来的经验”并把它应用到企业的运营管理中，这是一种面向未来的管理理念，是一种主动出击、抢占先机的战略意识。

二、认识终端需求的变化

2007年猪价涨了，养猪的人的信心也涨了。

2008年猪病更多了，养猪的人开始迷茫了。

2009年猪价跌了，养猪的人开始真正思考未来了。

2010年猪价还是不高，很多养猪的人也开始想做品牌肉了。

面对养殖者的这些心态，兽药企业的产品推广会开始比规模、奖励搞旅游、兽医给回扣，对此有些养殖人也是“乐此不疲”。但是这些是养殖人的真正需求吗？

有人调侃中国未来10年，饲料与兽药企业将如何“被消失”，因为品种是国外引进的、豆粕行情是美国控制的、药品疫苗是国外品牌在占主导，一旦终端的大型养殖集团、国外资本开始介入，我们的饲料与兽药卖给谁？面对逐渐被边缘化的境遇，我们是时候该深思如何进入资本化、品牌化、营销化运作了。

三、认识市场思维方式的转变

大部分兽药企业在市场宣传中，几乎所有的产品广告都是在反反复复地“证明”自己产品的科技含量、产品疗效等，但是我们的终端客户需要的是这些所谓的“证明”吗？

如今的兽药市场已经开始发生转变，诸如北京九州互联，其营销理念定位于帮助客户选择市场、赢得市场；福建丰泽农牧，采取以技术服务为核心的营销模式经营饲料，成立“猪科医院”，提供终端用户从疾病到营养的全方位服务指导，他们帮助终端用户合理地选择药品而不是去卖产品，从而赢得了终端用户的信赖。这些案例都启示着我们未来的市场思维方式该如何转变。

（摘自：http：//www.jbzyw.com/cms/html/1/shouyao _ jingxiaoshang/010/ 0925/10098.html）

营销观念的发展

营销观念是指企业从事市场营销活动的基本指导思想或经营哲学。它是一种意识形态，表明是以什么样的观点、态度和方法去从事营销活动。

企业的营销观念是企业制定营销战略和营销策略的指南和理论根据，其正确与否直接关系到企业营销目标的实现。所以说，每一个兽药企业都必须十分重视确立正确的营销观念，明确经营方向，借以指导企业的营销活动。

营销观念是在一定的社会政治和经济基础之上产生和形成的，并且随之发生变化。

一、以生产为先导的营销观念

19世纪末至20世纪初，资本主义生产处于较低水平，产品相对不足，市场基本上是供不应求的“卖方市场”，企业基本上是蜘蛛式的等客上门的经营方式，形成了“我能生产什么，我就出售什么”的以生产为中心、以产品为出发点的“以产定销”的经营指导思想。此阶段形成了两种市场营销观念，即生产观念和产品观念。

（一）生产观念

生产观念是指企业的一切活动都是以生产为中心，注重大量生产产品，并“以产定销”。生产观念认为：消费者喜爱那些可以随处得到的、价格低廉的产品，企业应致力于努力提高生产效率，降低成本，扩大生产和广泛的销售覆盖面。在这种观念指导下，企业将关注于集中一切力量来扩大生产，降低成本，生产出尽可能多的产品来获得更多利润。

（二）产品观念

产品观念是指企业的一切活动都是以生产为中心，在提高产品质量的前提下大量生产产品，并“以产定销”。它与生产观念相类似，其区别在于：产品观念不仅注重于大量生产产品，而且在同价的情况下，把提高产品质量和增加产品的功能及使产品具有某些特色作为企业的主要任务，借此吸引顾客购买。

奉行产品观念的企业往往患有“营销近视症”，认为只要产品好，不怕卖不了，只注重技术的开发，而忽略消费需求的变化，只注重内部经营管理，不注重外部环境的变化。

随着市场形势的发展、供求关系的变化，生产观念和产品观念逐渐成了企业生存与发展的障碍。

二、以销售为先导的营销观念

20世纪20年代末，由于科技进步和科学管理，大规模生产得到推广，社会商品产量迅速增加，市场供过于求，销路有困难，竞争加剧。特别是1929年世界性经济危机的爆发，许多企业担心的已不是生产问题，而是销路问题，他们提出的口号是：“我们卖什么就要尽快卖掉。”于是推销技术受到企业的特别重视，推销观念便成为企业营销的指导思想。所谓推销观念，是指企业的一切活动都以推销为中心，注重于大量销售产品，通过各种推销手段来刺激购买，解决产品销路，并从中获取利润。推销观念认为，企业只有大力刺激消费者的兴趣，消费者才能买它的产品，否则，消费者将不买或少买。因此，当时许多企业纷纷聘请一些推销专家，培训推销人员，建立专门的推销机构，采取蜜蜂式的推销方式，大力开展高压式推销工作。奉行这种观念的企业强调它们的产品是被“卖出去的”，而不是被“买去的”。

从生产导向转变为销售导向，是指导思想上的一大变化，但仍属“以产定销”的范畴。

三、以市场为先导的营销观念

20世纪50年代中期，社会生产力迅速发展，市场趋势表现为供过于求的买方市场，同时消费者个人收入迅速提高，具备了对产品进行选择的能力，企业间的竞争加剧。越来越多的企业发现，将产品简单地向市场推销的做法行不通，产品的生产必须适应用户的需要。在这样的形势下，西方企业经营的指导思想终于转向了以消费者为中心的市场导向阶段，形成了市场营销观念。

市场营销观念是指企业的一切活动都以市场为中心，以顾客的需要和欲望为出发点，通过实行整体营销来取得顾客的满意，并从中实现企业的长期利益。简而言之，市场营销观念是“发现需要并设法满足它们”，而不是“制造产品并设法销售出去”；是“制造能够销售出去的产品”，而不是“推销已经生产出来的产品”。因此，“顾客至上”、“顾客是上帝”、“顾客永远是正确的”、“爱你的顾客而非产品”、“顾客才是企业的真正主人”、“顾客第一”等口号，就渐渐成为现代企业家的信条。

市场营销观念是企业经营思想上的一次根本性变革。传统的经营思想都是以生产为中心，把企业及其利益放在第一位，着眼于把已生产出来的产品变成货币；市场营销观念则是以市场即以顾客为中心，把顾客放在第一位，实行按需生产，“以销定产”。市场营销观念最大的局限性在于过于强调顾客的需求，而忽视了企业的主动性需要以及政府、自然环境等社会其他利益的存在。

四、现代营销观念的新发展

（一）创造需求的营销观念

现代市场营销观念的核心是以消费者为中心，认为市场需求引起供给，每个企业必须依照消费者的需要与愿望组织商品的生产与销售。几十年来，这种观念已被公认，在实际的营销活动中也备受企业家的青睐。然而，随着消费需求的多元性、多变性和求异性特征的出现，需求表现出了模糊不定的“无主流化”趋势，许多企业对市场需求及走向常感捕捉不准，适应需求难度加大。另外，完全强调按消费者购买欲望与需要组织生产，在一定程度上会压抑产品创新，而创新正是经营成功的关键所在。创造需求的营销观念是指市场营销活动不仅仅要适应、满足需求，还要刺激、生产需求的营销指导思想。

创造需求的营销观念认为：生产需要比生产产品更重要，创造需求比创造产品更重要；创造需要比适应需要更重要，现代企业不能只满足于适应需要，更应注重“以新产品领导消费大众”。

（二）关系市场营销观念

事实证明，顾客的满意度直接影响到重复购买率，关系到企业的长远利益。20 世纪 80 年代起，美国理论界开始重视关系市场营销，即为了建立、发展、保持长期的、成功的交易关系进行的所有市场营销活动。它的着眼点是与和企业发生关系的供货方、购买方、侧面组织等建立良好稳定的伙伴关系，最终建立起一个由这些牢固、可靠的业务关系所组成的“市场营销网”，以追求各方面关系利益最大化。这种从追求每笔交易利润最大化转化为追求同各方面关系利益最大化是关系市场营销的特征，也是当今市场营销发展的新趋势，兽药企业树立关系市场营销理念有利于保持与养殖户、兽药经销商等良好的关系。

关系市场营销观念的基础和关键是“承诺”与“信任”。承诺是指交易一方认为与对方的相处关系非常重要而保证全力以赴去保持这种关系，它是一种保持某种有价值关系的愿望和保证。信任是当一方对其交易伙伴的可靠性和一致性有信心时产生的，它是一种依靠其交易伙伴的愿望。承诺和信任的存在可以鼓励兽药营销企业与伙伴致力于关系投资，抵制一些短期利益的诱惑，而选择保持发展与伙伴的关系去获得预期的长远利益。因此，达成“承诺—信任”，然后着手发展双方关系是关系市场营销的核心。

（三）绿色营销观念

绿色营销观念是在当今社会环境破坏、污染加剧、生态失衡、自然灾害威胁人类生存和发展的背景下提出来的新观念。20 世纪 80 年代以来，伴随着各国消费者环保意识的日益增强，世界范围内掀起了一股绿色浪潮，绿色工程、绿色工厂、绿色商店、绿色商品、绿色消费等新概念应运而生，不少专家认为，我们正走向绿色时代。在这股浪潮冲击下，绿色营销观念也就自然而然地产生。

绿色营销观念主要强调把消费者需求与企业利益和环保利益三者有机地统一起来，它最突出的特点，就是充分顾及到资源利用与环境保护问题，要求企业从产品设计、生产、销售到使用整个营销过程都要考虑到资源的节约利用和环保利益，做到安全、卫生、无公害等，其目标是实现人类的共同愿望和需要——资源的永续利用与保护和改善生态环境。为此，开发绿色产品的生产与销售，发展绿色产业是绿色营销的基础，也是企业在绿色营销观念下从事营销活动成功的关键。

在此观念指导下，兽药企业生产产品的过程中，不仅要考虑动物疾病防治效果，更要考虑药品在猪、牛、羊、家禽类产品中的药物残留以及对食用者身心健康的影响。

（四）整体营销观念

1992 年菲利普·科特勒提出了跨世纪的营销新观念——整体营销，其核心是从长远利益出发，公司的营销活动应囊括构成其内、外部环境的所有重要行为者，它们是供应商、分销商、最终顾客、职员、融资机构、政府、同盟者、竞争者、传媒和一般大众。前四者构成微观环境，后六者体现宏观环境。公司的营销活动，就是要从这十个方面进行。

1. 供应商营销　对于供应商，传统的做法是选择若干数目的供应商并促使他们相互竞争。现在越来越多的公司开始倾向于把供应商看做合作伙伴，设法帮助他们提高供货质量及其及时性。为此，一是要确定严格的资格标准以选择优秀的供应商；二是积极争取那些成绩卓著的供应商使其成为自己的合作者。

2. 分销商营销　由于销售空间有限，分销商的地位变得越来越重要。因此，开展分销商营销，以获取他们主动或被动支持成为制造商营销活动中的一项内容。具体来讲，一是进行“正面营销”，即与分销商展开直接交流与合作；二是进行“侧面营销”，即公司设法绕开分销商的主观偏好，而以密集广告、质量改进等手段建立并维持巩固顾客偏好，从而迫使分销商购买该品牌的产品。

3. 最终顾客营销　这是传统意义上的营销，指公司通过市场调查，确认并服务于某一特定的目标顾客群的活动过程。

4. 职员营销　职员是公司形象的代表和服务的真实提供者。职员对公司是否满意，直接影响着他的工作积极性，影响着顾客的满意度，进而影响着公司利润。为此，职员也应成为公司营销活动的一个重要内容。职员营销由于面对内部职工，因而也称“内部营销”。它一方面要求通过培训提高职员的服务水平，增强敏感性及与顾客融洽相处的技巧；另一方面，要求强化与职员的沟通，理解并满足他们的需求，激励他们在工作中发挥最大潜能。

5. 融资机构营销　融资机构为企业提供一种关键性的资源——资金，因而融资机构营销至关重要。兽药企业的资金能力取决于它在融资机构的资信，因此，企业需了解融资机构

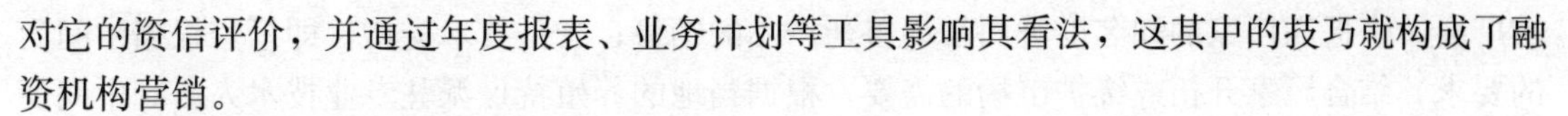

对它的资信评价，并通过年度报表、业务计划等工具影响其看法，这其中的技巧就构成了融资机构营销。

6. **政府营销** 所有公司的经济行为都必然受制于一系列由政府颁布的法律。为此，开展政府营销，以促使其制定于己有利的立法、政策等，已成为众多公司营销活动中的内容。

7. **同盟者营销** 因为市场在全球范围的扩展，寻求同盟者对公司来说日益重要。同盟者一般与公司组成松散的联盟，在设计、生产、营销等领域为公司的发展提供帮助，双方建立互惠互利的合作关系。如何识别、赢得并维持同盟者是同盟者营销需要解决的问题，需根据自身实际资源状况和经营目标加以选择，一旦确定，就设法吸引他们参加合作，并在合作过程中不断加以激励，以取得最大的合作效益。

8. **竞争者营销** 通常的看法是，竞争者就是与自己争夺市场和赢利的对手。事实上，竞争者可以转变为合作者，只要“管理”得当，这种对竞争者施以管理，以形成最佳竞争格局、取得最大竞争收益的过程就是竞争者营销。

9. **传媒营销** 大众传媒，如广播、报刊、电视等直接影响公司的大众形象和声誉，公司有时甚至得受它摆布。为此，传媒营销的目的就在于鼓励传媒进行有利的宣传，尽量淡化不利的宣传。这就要求一方面与记者建立良好的关系，另一方面要尽量赢得传媒的信任和好感。

10. **大众营销** 公司的环境行为者中最后一项是大众，公司逐渐体会到大众的看法对其生存与发展有着至关重要的影响。为获得大众喜爱，公司必须广泛搜集公众意见，确定他们关注的新焦点，并有针对性地设计一些方案加强与公众的交流。如资助各种社会活动、与大众进行广泛接触、联系等。

（五）文化营销观念

文化营销观念是指企业成员共同默认并在行动上付诸实施，从而使企业营销活动形成文化氛围的一种营销观念，它反映的是现代企业营销活动中，经济与文化的不可分割性。企业的营销活动不可避免地包含着文化因素，企业应善于运用文化因素来实现市场制胜。

在企业的整个营销活动过程中，文化渗透于其始终。一是商品中蕴含着文化。商品不仅仅是有某种使用价值的物品，同时，它还凝聚着审美价值、知识价值、社会价值等文化价值的内容。二是经营中凝聚着文化，主要体现为企业内部拥有全体职工共同信奉和遵从的价值观、思维方式和行为准则，即所谓的企业文化。如德国拜耳公司以“科技创造美好生活”为使命，把“追求成功的意愿，对股东的热诚、正直、坦诚与诚实，尊敬人与自然，行动的可持续发展”作为全体员工的价值观。

企业文化的因素是把企业各类人员凝集在一起的精神支柱，是企业在市场竞争中赢得优势的源泉和保证。

（六）技术营销观念

技术营销观念是近年来技术服务市场逐步形成的一种新的营销理念，强调通过为客户和终端用户提供技术服务来促进产品销售，从而达到营销目的。技术营销观念对兽药企业的营销思路产生了较大的影响，为企业的发展起到了积极的促进作用。

兽药企业对技术营销观念的运用主要体现为以下几种方式：一是通过技术讲座及新技术

推广会，来提高厂家的知名度进而带动兽药产品的销售；二是技术支持，即厂家根据中间商的要求，结合厂家开拓或维护市场的需要，根据当地的养殖特点派驻专业技术人员到中间商的门市，进行较长时间的服务，这也是技术营销的核心内容；三是对中间商的从业人员进行技术培训；四是厂家选派专业技术人员，协助中间商进行一、二级市场的开拓；五是协助解决中间商对疾病的误诊或用药方法不正确而造成的一些纠纷问题。

在技术营销观念指导下，兽药企业营销有如下几个特点：

第一，打破了传统的巡回服务的模式，对技术人员的需求大大增加；

第二，变被动营销为主动营销，传统的服务更多的是指在养殖场畜禽发生疾病后，而该营销观念更多的是强调事先预防；

第三，是通过服务手段"间接"推销产品，因而更容易被人接受；

第四，由于和经销商相比，技术营销人员更熟悉本公司的产品，因而服务质量明显提高。

五、现代营销观念对兽药生产经营企业的启示

（一）按照现代市场营销观念的要求转变企业的经营态度

经营态度的转变是应用现代市场营销观念的最主要的问题。长期以来，我国的兽药生产经营企业一直按照传统经济的模式进行活动，对市场和用户的关心程度不够。买方市场的出现，要求企业把自己的立足点迅速转移到用户一边，想用户所想、急用户所急，才能赢得更多的用户，企业才能获得应有的利益并达到预期的经营目标。

（二）按照现代市场营销观念的要求改革企业的经营方式

为了更好地满足用户的需要，兽药企业在改变经营态度的同时，还必须对过去的经营活动进行改革。企业经营活动的改革主要有以下几方面：重视市场信息，做好市场营销调研和销售预测工作；做好市场营销的科学决策工作；在产品、定价、分销渠道和促销等方面全方位地开展市场营销活动。

（三）按照现代市场营销观念的要求改革企业的组织机构

兽药企业要贯彻应用现代市场营销观念，建立起以市场营销为中心的体制，设置企业的组织机构，必须采取以下措施：

（1）在上层决策机构设一名领导人专门负责营销工作，运用营销观念制定企业活动的方案；

（2）在决策机构领导下设现代经营部，由营销副总经理领导，把营销业务统一起来，有组织地开展营销活动，保证企业整体目标实现的最优化；

（3）配备一批受过专业训练的营销人员，在企业的整个销售活动中贯彻现代市场营销观念。

（四）按照现代市场营销观念的要求建立企业的管理程序

从满足兽药市场需要的目标出发，把市场调研贯穿于企业管理的始终，建立系统和管理

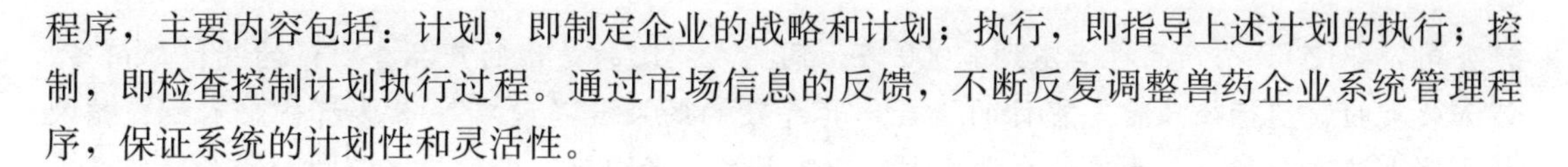

程序，主要内容包括：计划，即制定企业的战略和计划；执行，即指导上述计划的执行；控制，即检查控制计划执行过程。通过市场信息的反馈，不断反复调整兽药企业系统管理程序，保证系统的计划性和灵活性。

（五）用现代市场营销观念评价利润标准

兽药企业获取利润的多少，归根到底取决于满足用户需要的程度。因此，企业不仅要有短期的利润目标，更要有长远目标。企业一般的目标有：投资收益率、销售增长率、市场占有率等。企业要以产品市场占有率和投资收益率作为衡量利润的标准，决不能以短期赢利的多少来判断经营效果。例如，一个兽药企业刚开始推出的新产品，可能没有利润，但只要它能满足潜在需求，一旦占领市场，就能长时间地保持较高的销售额，从而获得长期的更大的利润。

学习卡片

剖析兽药行业发展五个阶段的营销定律

任何一个行业都有其发展的境界，即行业的“高度、广度与深度”。任何一个行业的竞争演变都会经历五个阶段，兽药行业也不例外，以下就是对其的境界诊断。

一、“产品驱动”阶段

这时行业内的兽药生产厂家还不是很多，在这个功能需求拉动行业增长的阶段，只要企业有足够的生产能力，产品就有销路、就有客户需求，所以，这时的营销很简单，就是卖产品，企业根本不需要投入过高的成本来做营销理念的推广。

二、“技术驱动”阶段

这个阶段营销的竞争点在于产品的类别、功能、包装、名称创意等方面，为了增加营销带来的产品附加值，开始靠所谓的“技术创意”转移客户注意力，作为营销之外的服务筹码，从而赢得成交的机会，这个阶段的营销模式基本上是“批发”，各地的兽药批发市场也是在这个阶段发展起来的。

三、“市场驱动”阶段

这个阶段，大家开始在市场营销渠道上进行“拉锯式”营销，企业间为争夺某一市场领域，采用不同形式的营销手段去占领市场，但由于彼此间实力相当，所以很难用某一营销模式制胜，经销商也是在这个阶段快速成长起来的，这个阶段的营销核心就是靠“渠道利益设计”改变客户的购买习惯，如果政策设计不好，即使有好产品也很难打进市场，因为在经销商的营销理念中，销售对自己“有用”的产品理念占70%，对养殖户“有用”的产品理念占30%，整个行业都处于一种市场驱动的演进中。

四、“管理驱动”阶段

国家政策法规的完善加大了对兽药生产企业的管理力度，GMP（药品生产质量管理规范）认证的强制实施，一定程度上规范了行业的有序发展，于是在企业的营销概念里，部分企业开始有意识地探索内部管理和营销管理，但真正摸索到“门道”的企业并没有几家，多数企业对营销的实践还是停留在“产品配方漫天飞”的局面——一个企业几个甚至十几个营销公司，即使50个产品也卖不到5 000万，同行之间比的是谁的产品全、谁的营销部门多，诸如此类的营销行径只能是盲目的慌乱，其导致的结果就是没有一家兽药企业不缺营销人员，这也是这个行业人才流动非常严重的原因所在。所以说，营销不是简单的模仿，而是综合配套的相互牵拉。

五、“战略驱动”阶段

这是一个要靠一套核心的营销理念去引领行业发展的阶段。这一时期，最后的赢家必然属于“三明主义”的“明牌”企业，所谓的“三明主义”就是想明白、做明白、活明白。要知道“名牌”不一定能赢到最后，只有那些懂得如何运筹帷幄、智慧嫁接，有思想、有理念的企业才会彰显实力，才能成为名副其实的品牌企业，才能成为行业的领跑者。

（摘自：http：//www. jbzyw. com/cms/html/1/shouyao _ jingxiaoshang/2010/ 0925/110098. html）

小结

营销活动的前提是必须对相关的概念和开展活动的理念有个正确的理解和把握。本部分主要介绍了市场、兽药、兽药营销等几个核心概念，对传统营销观念的发展过程及现代营销观念的新发展作了详细叙述和分析。通过本部分的学习，学生对兽药营销有了一个正确的认识，有利于树立正确的兽药营销观念并热爱兽药营销工作。

小测验

1. 营销学中的市场是指（　　）。

A. 商品交换的场所　　B. 购买者

C. 具有购买欲望的个人或组织　　D. 人口

2. 某制药企业在制定市场营销策略时，在考虑消费者需要和企业利润的同时，还兼顾到社会利益，该企业所奉行的营销观念属于（　　）。

A. 推销观念　　B. 市场营销观念

C. 关系营销观念　　D. 社会市场营销观念

3. 现代营销观念和传统营销观念有何区别？

4. 兽药生产经营企业如何奉行现代营销观念？

5. 对一家兽药企业进行调研，分析其营销现状。

【基本知识点】

◆ 了解兽药营销组织的含义及其组织形式的演变
◆ 掌握兽药营销组织设计的原则及影响因素
◆ 掌握兽药营销部门与其他部门的协调
◆ 了解兽药营销计划，掌握兽药营销计划的制订和实施
◆ 了解兽药营销控制，掌握常见兽药营销控制的方法和技术

【基本技能点】

◆ 营销组织设计的能力
◆ 制订营销计划的能力
◆ 对兽药企业营销管理状况进行分析诊断的能力

导入案例

销售队伍庞大，营销费用失控

20世纪的最后十年，是兽药行业发展的黄金时期，丰厚的利润使得一大批兽药企业脱颖而出，快速成长，此时的营销手段是非常简单的。与此同时，兽药行业的竞争正逐渐加剧，利润逐渐有所降低，但还是很可观的，所以直到进入21世纪，一直有新军在不断加入，但此时销售上已显得比较困难。这时，一种崭新的具有划时代意义的兽药营销模式——业务+技术服务的营销模式应运而生，它适应了中国养殖业的现状，迅速取得成功并确立起在行业内的优势地位。但是，这种模式迅速被克隆和复制，成为行业通行的营销模式。当70%～80%的兽药生产企业都采用这种模式的时候，还有什么优势可言呢？另外这种模式的唯一优势就是上量较快，而它与生俱来的缺点就是销售费用较高。当优势丧失后，剩下的就只有“费用高”这一缺点了。然而可怕的是，这时的销售经理、业务员和经销商都已经形成了严重的“技术员依赖综合征”。

这就像分羹，别人都拿个小勺，突然有人拿个大勺来分，显然他会分得更多的羹，可是当大家都换了大勺子后，其结果就跟大家都拿小勺子分羹一样了，因为羹的总量并没有增加。其实谁都知道大勺子拿着有点儿沉，然而这时谁换回小勺子谁就肯定会吃亏，谁会干呢？山药烫手也得咬牙拿着。

据了解，兽药生产厂家技术服务人员与业务人员的比例大概在1～2∶1，多的可达2.5∶1，庞大的销售队伍以及背后更为庞大的技术服务队伍，造成人力资源的巨大浪费，销售费用居高不下。各厂家营销的费用普遍在30%以上，高的可达40%多，这大大压缩了厂家的赢利能力。生产厂家要赢利要转嫁成本、经销商要赚钱，养殖户别无选择，只有忍受高价药。殊不知当养殖户的赢利空间被压缩殆尽的时候，生产厂家和经销商的日子还会好过吗？正所谓：皮之不存，毛将焉附？

（摘自：http：//www.zzdade.com/news _ show.aspx？id=365）

思考题：

1. 你觉得目前兽药企业的营销管理状况如何？

2. 你能想出销售队伍庞大、营销费用失控的解决办法吗？

市场营销管理是指企业为了实现目标，创造、建立和保持与目标市场之间的互利交换关系，而对市场营销过程进行的组织、分析、计划、执行和控制的过程。由于营销环境的不稳定性，企业必须十分重视市场营销管理，根据市场需求的现状与趋势，制订计划，配置资源，组织营销活动，从而赢得竞争优势。

兽药营销组织

兽药营销活动是从营销策划到营销目标实现的一个完整过程，对营销组织进行分析，有利于企业更好地适应变化多端的市场环境，正确把握营销活动状态，维持市场营销资源与目标的平衡。

一、兽药营销组织及其沿革

兽药市场营销组织是指兽药企业为了实现其营销目标具体制订和实施市场营销计划的职能部门。

根据市场营销组织承担的职能划分，市场营销组织经历了以下五个演变过程（图1）：

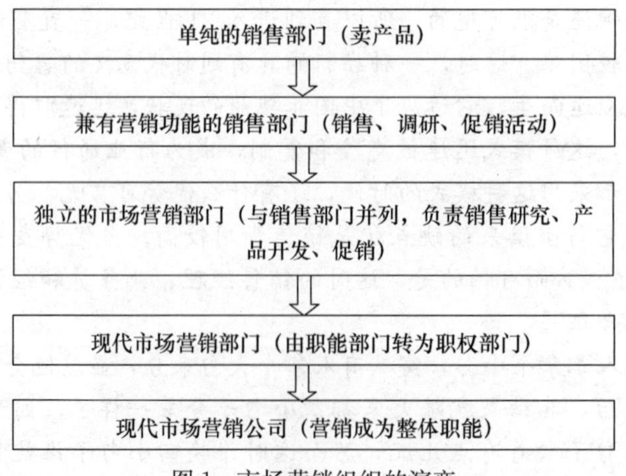

图1　市场营销组织的演变

1. 单纯的销售部门 在20世纪30年代以前，市场营销组织仅以销售部门的形式存在，只负责产品销售工作，通常由一位销售主管领导几位销售人员从事单纯的产品推销，促使他们卖出更多的产品。产品生产和库存管理等完全由生产部门决定，销售部门对产品种类、规格、数量等问题几乎没有任何发言权。

2. 兼有附属职能的销售部门 20世纪30年代以后，市场商品供应增加，竞争激烈，企业大多以推销观念作为营销活动的指导思想，需要进行经常性的市场营销调研、广告宣传以及其他促销活动，后来这些工作逐渐成为专门的职能，由富有经验的销售经理来承担，销售部门除了负责产品推销工作之外，还兼做市场调研、广告宣传以及顾客服务等方面的工作。

3. 独立的市场营销部门 尽管销售部门兼有附属职能，但由于销售主管容易偏向推销职能，把过多的时间与精力放在销售上，对市场营销的其他职能关注不够；与此同时，企业市场营销研究、新产品开发、广告宣传和为顾客服务等方面的作用日益凸显，于是独立的市场营销部门便形成了，由专门的营销经理负责。

4. 现代市场营销部门 在独立的市场营销部门形成一段时间后，虽然销售经理与营销经理的工作理应步调一致，但实际上，他们之间的关系常常难以协调。销售经理趋向于短期行为，侧重于取得眼前的销售量；市场营销经理多着眼于长期效果，侧重于制造适当的产品计划和市场营销战略，以满足市场长远需要。在解决两个部门之间的矛盾和冲突的过程中，撤销了销售部门，营销经理全面负责产品推销和其他市场营销职能。营销部门由“职能部门”变成了“职权部门”，有力地推动了以顾客为主的营销观念的实施。

5. 现代市场营销公司 现代市场营销公司是指独立和专门从事市场营销工作的机构，以顾客作为营销核心，以营销作为整体职能。兽药营销公司常见的模式有以下几种：一是生产企业自建的营销公司，实行产销分离，营销专业化；二是和生产企业结合紧密的营销公司，以租赁生产线、托管企业或全部代理某系列药品为模式与生产企业合作；三是和生产企业结合松散的营销公司，以部分批号的包销为模式与生产企业开展合作；四是区域性的营销公司，或者经销多家企业的产品，或者包销某些企业的某些产品。

二、兽药市场营销组织形式

现代市场营销部门有多种多样的组织机构，兽药企业市场营销组织机构形式主要有以下几种：

（一）职能型组织

职能型组织是指在兽药市场营销组织内部分设不同的职能部门，如广告部、销售部、市场调研部等。不同的职能部门分别担负不同的工作，市场营销副总经理负责协调各专业部门的工作（图2）。职能型组织比较适用于企业只有一种或少数几种产品，或者企业所有产品的市场营销方式大体相同的情况。

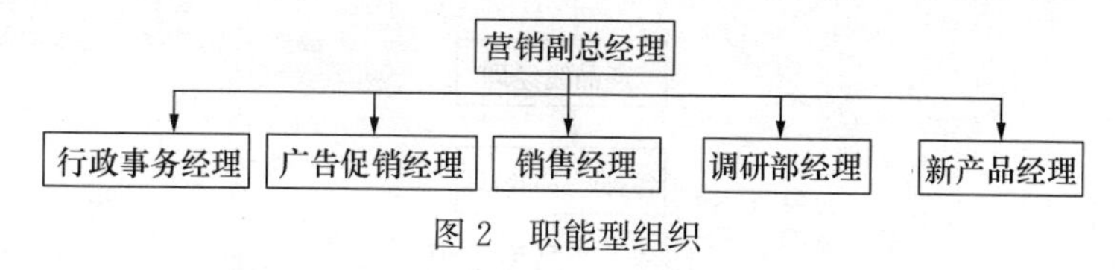

图2 职能型组织

(二) 地区型组织

地区型组织负责兽药推销，而且负责地区的市场调研、广告方案和营销计划制订等，市场营销副总经理负责协调各地区经理的工作（图 3）。一个销售范围遍及国内或国际很多地区的兽药企业，通常都按照地理区域安排其销售队伍。

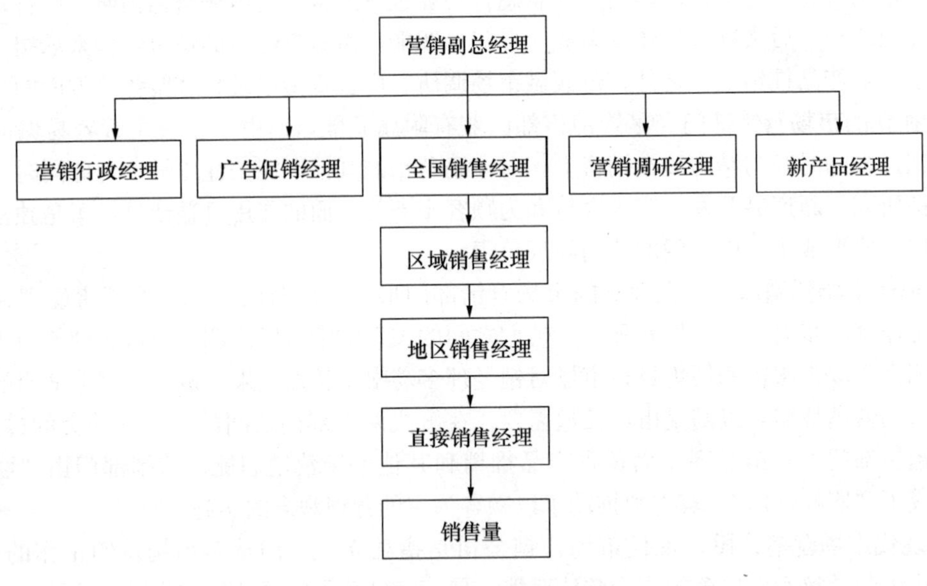

图 3 地区型组织

地区型组织形式的优点是考核方便，易于密切销售经理与当地业界的关系；缺点是易于造成销售经理过于追求短期利益而影响企业整体计划的执行，并且所需兽药销售人员过多，从而使得开支过大。

一般来说，地区型组织比较适宜于市场地区比较分散和市场范围比较广泛的兽药企业。

(三) 产品型组织

产品型组织是指在市场营销部门内部分设不同的产品经理，产品经理负责某一种或某一类具体兽药的全部市场营销工作，营销副总经理负责协调各产品经理之间的工作(图4)。

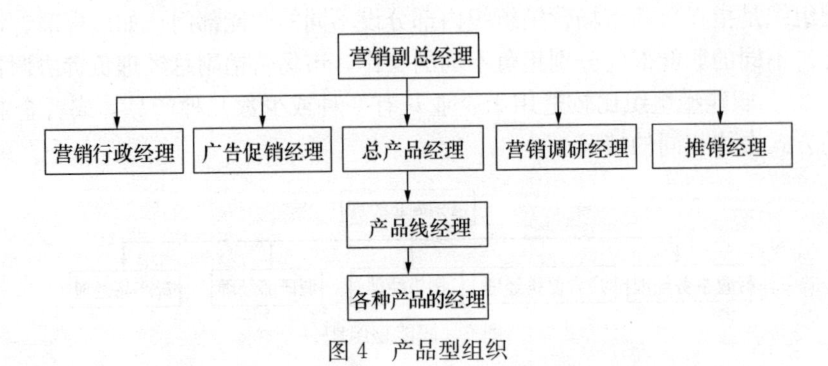

图 4 产品型组织

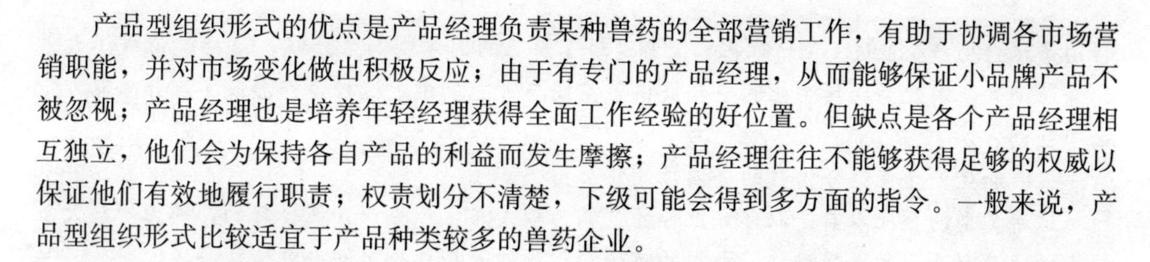

产品型组织形式的优点是产品经理负责某种兽药的全部营销工作，有助于协调各市场营销职能，并对市场变化做出积极反应；由于有专门的产品经理，从而能够保证小品牌产品不被忽视；产品经理也是培养年轻经理获得全面工作经验的好位置。但缺点是各个产品经理相互独立，他们会为保持各自产品的利益而发生摩擦；产品经理往往不能够获得足够的权威以保证他们有效地履行职责；权责划分不清楚，下级可能会得到多方面的指令。一般来说，产品型组织形式比较适宜于产品种类较多的兽药企业。

（四）市场型组织

市场型组织是由一个总市场经理管辖若干细分市场经理，各市场经理负责自己所管市场发展的年度计划和长期计划。其核心内容是在以市场为中心的营销观念指导下，通过开展兽药市场研究、用户研究，建立目标市场及市场目标，并由市场经理进行管理。这种组织结构的最大优点是企业可针对不同的细分市场及不同顾客群的需要，开展营销活动。这种组织形式中市场经理与产品经理的职责相类似，这种组织制度有着与产品型组织相同的优缺点。目前在西方国家，越来越多的企业营销活动都是按照市场管理型结构建立的。

（五）产品—市场型组织（矩阵型组织）

这是一种既有产品经理，又有市场经理的两维矩阵组织。当企业面对纷繁复杂的市场，生产经营多种不同的兽药产品时，产品经理难以把握市场的特点及其变化规律，而市场经理也不可能对所有的兽药都十分了解。解决这个难题的办法是将产品型组织和市场型组织有机地结合在一起，以适应市场竞争和企业规模扩大的需要。

产品—市场型组织对那些多品种、多市场的兽药企业来说是适用的。但这种类型的组织管理费用太高，而且容易产生矛盾与冲突。

由于现代兽药流通领域的开放，兽药物流行业发展迅速，兽药生产企业、兽药流通企业和养殖场（户）之间的联系形式更广泛，兽药企业的营销组织形式也更具有多样性。

学习卡片

兽药营销公司的几种常见类型

一、生产企业自建的全国性销售公司

这种模式可概括为“生产基地化、研发学院化、销售公司化、服务基层化”，简称“四化建设”。实现产销分离，让销售部门成为独立的销售公司是中国兽药企业的必然选择。同时以产业不同设置不同的销售公司，也是自建销售公司的生产性企业的另一个选择。如根据自己的产品划分，成立专门的禽用药品销售公司、大家畜产品销售公司、水产类产品销售公司、宠物保健产品销售公司等。

二、和生产企业结合紧密的全国性销售公司

这种类型的企业以租赁生产线、托管企业或全部代理某种系列药品为模式与生产型企业合作。中国兽药企业布局的地域性差异比较明显，水针优势企业集中在以四川、江西为主的南方地区，禽类产品优势企业主要集中在山东、河北、河南、北京等北方地区。而许多企业特别是水针生产企业过GMP时基本上都通过了自己的固体制剂生产线，这样就形成了大量的资源闲置，因此为销售企业的整合提供了空间与可能。于是这种合作形成了，并给双方带来了互利。

三、和生产企业结合松散的全国性销售公司

这种类型的企业以前是以部分批号的包销为模式与生产企业开展合作的，因为规模大多较小，生产企业同时也在运作同类型的市场，但用的是销售公司的包装、商品名。

四、区域性的销售公司

这类公司大多从批发商转型而来，可能经销多家企业的产品，也有部分公司包销某些合作企业的某些产品。具有物流优势、资金优势和成型的网络，是部分针剂企业的首选或候选。

（摘自：http：//www.huifengshouyao.com/shownews.asp? id=122）

三、兽药营销组织设置的原则

1. 实现目标原则 为什么要建立营销组织，就是要保证营销目标的实现。兽药营销组织的建立必须和兽药企业的发展相适应，甚至要适当超前，在未来的2～3年能支撑企业发展目标的实现。

2. 因事设人原则 兽药营销组织的目标是通过对兽药营销人员活动的安排来实现企业的目标，并实现整体效果大于局部效果之和。兽药营销人员的设置应按照岗位要求进行招聘、选拔、培训，这是基本原则。

3. 整体协调和主导性原则 兽药营销组织必须与企业内其他组织相互协调，营销组织内部的人员结构、职位层次设置要相互协调。按照现代市场营销观念，营销不仅仅是营销部门的任务，也是企业各个部门的共同任务，兽药营销部门是兽药企业经营管理中的主导性职能部门。

4. 顾客导向原则 营销组织的设计必须首先关注市场，考虑满足市场需求，服务消费者。以此为基础，建立起一支面向市场的营销队伍。其实这也是营销的本质，组织也只有围绕这个本质，才能体现其价值。

5. 精简、高效原则 精简与高效是手段和目的的关系，提高效率是组织设计的目的，而要提高组织的运行效率，又必须精简机构。具体地说，精简、高效包含三层含义：一是组织应具备较高素质的人和合理的人才结构，使人力资源得到合理而又充分的利用；二是组织中不能有游手好闲之人；三是组织结构应有利于形成群体的合力，减少内耗。

6. 幅度合理原则 管理幅度是一个上级直接有效管理的下属人数。管理幅度是否合理，取决于下属人员工作的性质以及经理人员和下属人员的工作能力。正常情况下，兽药营销经理的管理幅度应尽量小一些，一般为6～8人。但随着企业组织结构的变革，出现了组织结构扁平化的趋势，即要求管理层次少而管理幅度相对增大。

7. 稳定、弹性原则 兽药营销组织应当保持员工队伍的相对稳定，这对增强组织的凝聚力、提高员工的士气是必要的，这就像每一棵树都有牢固的根系。同时，组织又要有一定的弹性，以保证不会被强风折断。组织的弹性，就短期而言是指因经济的波动性或业务的季节性而保持员工队伍的流动性。

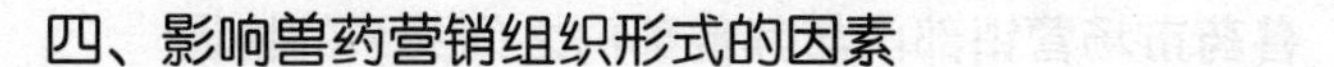

四、影响兽药营销组织形式的因素

兽药企业适宜采取哪种组织形式，一般受以下几方面因素的制约：

1. 企业规模 一般情况下，企业规模越大，市场营销组织结构越复杂；企业规模越小，市场营销组织结构也就相对简单。随着生产技术和经济的发展，兽药企业所面对的市场规模进一步扩大，加之实现兽药企业规模经济的要求使兽药企业大都有扩大生产经营规模的趋势。

2. 市场状况 市场的地理位置往往是决定市场营销人员分工和负责区域的依据。如果市场由几个较大的细分市场组成，企业需要为每个细分市场任命一位市场经理。销量较大的市场一般需要较大的市场营销组织，组织越大需要的各种专职人员和部门也就越多，组织也越复杂。从兽药市场定位来看，各个畜种、病症、年龄都有适用的兽药，不可能一种兽药对所有的病症都适用，所以大型兽药企业的组织也越来越复杂。

3. 产品特点 产品特点包括企业经营的产品种类、产品特色、产品项目的关联性以及产品在技术服务方面的要求等。对于经营产品种类多、特点突出、技术服务要求高的企业，一般应建立以产品型模式为主的营销组织机构。

五、兽药营销部门与其他部门之间的冲突与协调

（一）兽药市场营销部门与其他部门之间的冲突

为了实现兽药企业整体利益和长远目标，企业内部各职能部门之间应加强合作，密切配合。但事实上企业各职能部门之间几乎总是存在着矛盾和冲突。

1. 与兽药研究开发部门之间的冲突 兽药研究开发部门一般是由技术人员组成的，他们擅长解决技术问题，却不关心成本和利润，这与营销部门注重成本和获利性相冲突。

2. 与兽药原材料采购部门之间的冲突 兽药企业的采购部门负责以最低成本买进质量和数量合适的原材料，他们会考虑进货成本和贮存成本，以减少费用。而市场营销部门则认为应推出多种形式的兽药产品，对原料供应要求多品种并及时到库，能根据消费者的需要采购。

3. 与兽药生产部门之间的冲突 兽药生产部门负责生产的正常进行，以实现用适当的成本、在适当的时间，生产出适当数量兽药的目的，他们希望兽药品种结构简单，长期生产单一品种，使生产均衡化、标准化。而市场营销部门一方面希望生产部门根据顾客需要经常变换产品品种和规格，另一方面对生产部门为满足顾客需要而增加的成本却未能显示出足够的关心。

4. 与企业财务部门之间的冲突 市场营销部门往往认为企业财务部门控制资金太紧，预算没有适应市场变化的需要，不够灵活，他们认为财务人员过于保守，不愿冒风险，致使与许多好的机遇失之交臂，存在着兽药营销费用控制与营销实施之间的矛盾。

5. 与信贷部门之间的冲突 信贷部门强调投资风险要低，严格供货条款和手续。对客户进行全面财务审查，他们最关心的是顾客的还贷能力。市场营销人员则倾向于增加对顾客的商业信贷以刺激需求，他们常觉得信贷部门标准定得太高，会失去很多笔买卖和利润。

（二）兽药市场营销部门与其他部门之间关系的协调

如何减少企业内部各部门间的矛盾，又不导致错误的妥协，关键是确立市场营销导向。市场营销导向是兽药企业在现代市场竞争中取胜的关键所在，企业应意识到，为消费者提供满意的兽药和服务是企业获取成功和立于不败之地的基础，同时要使全体员工和各级主管都牢牢树立这种思想，并且将这一观念渗透到企业文化中，这样企业才能真正成为营销导向的企业，营销部门与各职能部门的关系也才能趋于协调。

兽药营销计划与实施

一、兽药营销计划

兽药营销计划，是指兽药企业在研究目前市场营销状况的基础上，分析企业所面临的主要机会与威胁、优势与劣势，对市场营销战略、市场营销目标、市场营销行动方案以及预计损益的确定和控制。

没有营销计划，营销管理就是一种盲目的活动。营销计划的制订，有利于明确营销目标，减少营销风险，降低营销成本，有利于企业实现对营销活动的有效控制。

（一）兽药营销计划的要素

营销计划的要素就是营销计划的基本内容。一个完整的兽药营销计划，一般包括八个部分：

1. **内容概要**　是对主要营销目标和措施的简短摘要，目的是使管理高层迅速了解该计划的主要内容，抓住计划的要点。

2. **当前营销状况分析**　主要提供该产品目前营销状况的有关背景资料，包括市场、产品、竞争、分销以及宏观环境状况的分析。

3. **营销环境分析**　即对计划期内营销活动所面临的外部环境的机会和风险、企业内部优势和劣势等问题进行系统分析。

4. **目标**　确定企业的目标，是市场营销计划的核心内容。企业管理者在对市场营销活动现状和环境进行分析的基础上必须对计划目标做出决策。主要应建立两种目标，即财务目标和营销目标。

5. **营销战略**　计划的这一部分是概要表述企业将采用的营销战略，包括目标市场选择和市场定位战略、营销组合战略、营销费用战略等。

6. **行动方案**　即对各种营销战略的具体实施制定详细的行动方案。如每项营销活动何时开始、何时完成、怎样完成、何时检查、费用多少等。

7. **营销预算**　即开列一张实质性的预计损益表。

8. **营销控制**　对计划执行过程进行督查、纠偏、反馈，保证整个计划能井然有序并卓有成效地付诸实施。

（二）兽药营销计划的类型

1. **按内容不同分类**　可将营销计划分为品牌计划、产品类别市场营销计划、新产品计

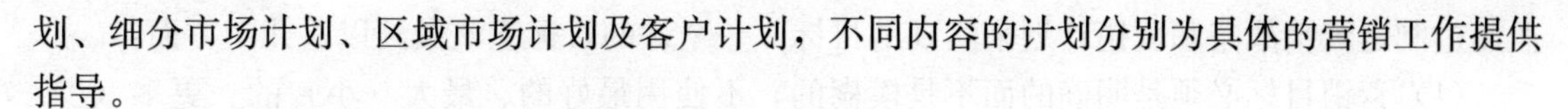

划、细分市场计划、区域市场计划及客户计划，不同内容的计划分别为具体的营销工作提供指导。

（1）品牌计划。即单个品牌的市场营销计划。

（2）产品类别市场营销计划。是关于一类产品、产品线的市场营销计划。

（3）新产品计划。是在现有产品线上增加新产品项目、进行开发和推广活动的市场营销计划。

（4）细分市场计划。是面向特定细分市场、消费者群的市场营销计划。

（5）区域市场计划。是面向不同国家、地区等的市场营销计划。

（6）客户计划。是针对特定的主要消费者的市场营销计划。

2. 按时间跨度不同分类 按照时间跨度不同可将营销计划分为长期的战略性计划和年度计划。战略性计划需要考虑哪些因素将会成为今后驱动市场的力量、可能发生的不同情境、企业希望在未来市场占有的地位以及应当采取的措施。年度计划则是战略计划的具体化，必要时，企业需要每年对战略性计划进行审计和修改。

（三）兽药营销计划制订的步骤

1. 现状分析 现状分析主要研究企业目前所处的营销环境，回答“我们目前的位置在哪里”和“我们正在向何处去”等问题。具体来讲，现状分析包括以下四个方面：

（1）营销环境因素分析。营销环境因素包括法律和条例、社会态度、经济条件、技术因素和竞争因素等。市场营销的一个重要工作就是发现并利用市场机会，而市场机会来自营销环境的变化。兽药企业在分析营销环境因素的过程中，需把握以下几个问题：

① 企业目前遵循的法律有哪些；

② 立法将会发生哪些变化而影响企业的业务（如环境污染控制、产品安全性、广告和价格控制等法律）；

③ 哪些文化趋势将影响对企业产品或服务的需求；

④ 企业可以利用哪些新的趋势；

⑤ 哪些畜牧业发展趋势会改变企业的顾客结构；

⑥ 新技术将如何影响企业产品或服务的需求、分销方式、销售方式和生产方式；

⑦ 生产和分销企业的产品对环境有何影响。

（2）客户分析。企业需要寻找固定的模式，确定谁是最好的客户，并去寻找最可能的客户，即确定目标市场。

（3）竞争对手分析。企业在根据自身优势制定营销战略时，应该考虑竞争者的优势与劣势。了解竞争者的营销战略将帮助企业预测对手的行动及其对本企业的营销战略和策略的反应，可以从竞争者那里学到很多东西来加强自己的竞争优势。竞争优势包括很多方面：博识的推销员、出色的服务部、原辅料的供应、尽责的配送系统、便利的位置、声望、人们心目中的企业形象及财务状况等。

（4）企业自我分析。现状分析的前三个部分收集了大量关于经营环境的信息后，企业还需进一步了解自身的优劣势，通过仔细检查，把企业与竞争者做一比较，确定企业发展的机会和威胁。

2. 确定营销目标 确定营销目标是用来回答“我们想干什么”的问题。营销目标是企业通过制定营销战略和营销计划来实现的目标。一个好的目标应该做到以下几个方面：

（1）营销目标必须是明确的而不是模糊的，不使用最好的、最大（小）的、更多（少）等模糊不清的术语；

（2）营销目标必须是在执行中可以测量的，尽可能以定量指标来表示；

（3）营销目标必须是可以行动的方案，不要把目标定在处理那些企业难以影响的因素方面；

（4）营销目标必须考虑到时间因素，尤其是开始的时间和结束的时间。

3. 制订计划，编制计划书 制订营销计划，也就是回答以下问题：如何实现目标？何时实现？谁将对此负责？将要花多少钱？应以计划书的形式把解决问题的方法和措施表达出来，计划书应清晰、简洁、便于阅读。

二、兽药营销计划的实施

兽药营销计划的实施，是指兽药企业为确保营销目标的实现，将兽药营销计划转化为具体的营销活动的过程。兽药营销计划是解决兽药企业“应该做什么”和“为什么这样做”的问题，而计划的实施则是要解决“什么人在什么地方、什么时候、怎么做”的问题，即计划实施的具体安排，包括人员配备、目标分解、资源分配、时间要求等方面。兽药营销计划是做出决策，营销实施是执行决策。一个兽药营销计划必须得到有效的实施才能体现出它的价值。为保证市场营销计划能够被成功地实施，要按科学的步骤进行，同时要注意解决存在的问题，做好以下工作：

1. 检查与控制 兽药市场营销计划的检查与控制要求计划的执行能沿着既定目标推进，通过销售分析、赢利分析以及市场营销活动内外部各因素的综合考察，对计划的执行情况进行监控。

2. 审视和修正 营销计划在制订时，应保持一定的弹性，因为影响营销计划执行的环境和条件都是在不断地发生变化的，尤其是对于计划期较长的计划，其影响就更大。因此，兽药营销计划要定期根据变化的环境和条件进行审视和修正。

3. 评估 兽药营销计划的评估是指在营销计划实施过程中，通过数据的分析比较来判断计划能否成功，确定发展趋势，并为修正计划提供依据。

三、影响市场营销计划有效实施的原因

尽管兽药市场营销计划极为重要，但在实施过程中往往不能够被很好地贯彻，以至于计划流于形式。主要原因有：

1. 战略计划脱离实际 如果市场营销计划脱离企业实际，则市场营销计划就难以执行。由于市场营销计划通常是由上层专业人员制订的，专业人员有时由于不了解计划执行过程中的具体问题，往往导致市场营销计划与企业实际不相符，致使计划难以落实。为保证营销计划的落实，要尽量避免专业人员不切合市场实际而盲目遵从营销的金科玉律来制订计划的现象。应该让专业人员协助市场营销人员制订计划，以市场为导向，针对市场的实际运作和竞争对手的状况，制订一系列的营销战略计划。

2. 缺乏具体执行方案 专业人员制订市场营销计划，往往只考虑总体战略而忽视执行中的细节，致使计划过于笼统而难以执行，缺乏以实战为基础的、鲜明的、差异化的战术计

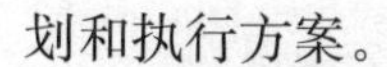

划和执行方案。

3. 营销人员追求短期利益 兽药市场营销战略和计划通常着眼于企业长期目标，涉及今后3～5年的经营活动。而对兽药市场营销战略和计划的执行者——市场营销人员的考核和评估标准则主要依据短期工作绩效，如兽药销售量、市场占有率和利润率等指标，因此，市场营销人员往往选择短期行为。

4. 组织机构之间配合不够 对于兽药企业来说，计划好制订，执行过程难把握。这是因为在执行过程中缺少必要的协调管理和一致的目标导向。要想将制订的市场营销活动计划贯彻执行并达到预期的目标，企业组织机构的配合与企业市场营销的流程是关键。要建立完善合理的企业市场营销体系，制定一套规范、标准的市场营销流程，避免部门之间配合不好、相互推卸责任的不良现象。

5. 企业因循守旧的惰性 企业新的战略如果不符合企业传统和习惯，往往就会遭到抵制。新旧战略差异越大，执行新战略遇到的阻力就越大。因此，要想执行与旧战略截然不同的新战略，常常要打破企业传统的组织机构、营销模式和供销关系。

市场营销实施与市场营销计划同等重要，只有良好的实施才能产生完美的结果，否则，再好的计划也只能是纸上谈兵。

学习卡片

兽药公司如何做下一年的年度渠道规划

渠道规划要做到符合企业实际，要做到四个字："望闻问切"。

第一：望。"望"市场，总经理带队，至少主管销售副总经理带队，区域总监与渠道管理部经理一起参与，选定样板市场，好的市场问经验，差的市场问教训，两者都要兼顾。一个一个市场"望"，"望"代理商，"望"终端市场，"望"竞争品情况，"望"上一年的渠道规划落实成果。通过"望"一定要总结自己的看法，市场变化是朝着什么方向，通过"望"一定要形成自己的意见。

第二：闻。"闻"市场，就是在走访市场过程中，认真听取分公司、代理商、经销商甚至专卖店店主、导购员的看法，从中得到渠道政策制定的大概框架。

这些人在市场一线，对市场较为敏感。虽然他们有时候所说的信息是零散的，是不成逻辑的，但作为渠道管理人员，要从中"辨真去伪"，提炼出有价值的信息。

"闻"市场比较好的办法就是头脑风暴法，分公司经理、代理商、经销商、店主与导购员济济一堂，坐在一起，畅所欲言，有好的想法与建议可以当场奖励，这样在头脑"碰撞"过程中往往会出现智慧的火花。

第三：问。走访市场切忌走马观花，独自欣赏，这样肯定会错过有价值的数据信息。"问"这个环节必不可少，带着疑问走访市场。在与市场一线人员交流过程中，大胆问，把所有的疑问都说出来，一线人员往往会给你不同的答案。

第四：切。经过了"望"、"闻"、"问"环节后，每个人都会对渠道规划有一个大概的了解，每个人都有一个"药方"，这个药方准不准，就要看上述三个环节是否做得用心仔细。"切"准确，企业如虎添翼，"切"错了，企业的发展往往会被拖慢。

除了以上几个环节，没有以下几点举措，渠道规划是不完整的，甚至会出现偏差。

1. 数据总计，总结规律　在做渠道规划之前，可以让分公司上报年度渠道拓展规划，让分公司从数量与时间两个维度进行数据上报，然后将全国所有分公司的数据汇总，得出总公司所需要的年度渠道拓展计划。在一定程度上，可以为渠道规划提供参考。

2. 集思广益，总结思路　渠道规划不能闭门造车，渠道管理人员同样需要多方面收集资料、多形式了解市场、多渠道明白消费者。

所谓集思广益，找谁集思，找谁广益，不要自我设限，市场上每一位人员的讲法都有可能对渠道规划带来大的帮助，有时候，导购员一句话，说不定就是年度渠道策略。

3. 渠道研究，总结方法　年度渠道规划得出来了，那么这些渠道有哪些特征、如何操作、有几个关键点，对于渠道管理人员来说，还是一头雾水。对于分公司来说，没有指导文件，只能再从头摸索，反而会延缓渠道开拓进度。

所以，渠道规划得出后，就要开始由专人负责对进入渠道进行方法总结，对新渠道进行研究、总结方法，甚至可以制作出简单易学的方法，让分公司能够看到就学会，学会就能用，用了就有效果，这样的渠道研究是成功的。

（摘自：http：//www.sysczn.com/news/chenggongyingxiao/yingxiaoguanli/2010/11-22/101122858DF3J179I1HGCK8E_2.shtml）

兽药营销控制

一、兽药市场营销控制的必要性

控制是一个管理过程，其目的是确保企业按照管理意图或预期目标运行。兽药营销控制是指兽药企业管理者对兽药营销计划执行情况和效果进行检查与评估，了解计划与实际是否一致，找出两者之间的偏差及造成偏差的原因，并采取修正措施以确保营销计划的有效执行。

营销控制的必要性主要表现在以下三个方面：

1. 计划与实施并不能总保持一致　首先，计划通常是建立在事先对众多不确定因素的某种假定基础之上的，在实施过程中难免会遇到各种意外事件；其次，计划与环境之间的相互作用往往也是难以预计的，从而使计划本身就存在问题。

2. 控制有助于及早发现问题和避免可能的事故　例如，控制兽药地区市场的获利性，可使兽药企业保持较高的获利水平；严格筛选新产品，可避免新产品开发失误导致巨额损失；实行兽药质量控制，可确保兽药性能有效可靠、使用安全，从而避免顾客购买兽药后产生不满情绪。

3. 控制还具有监督和激励作用　如果兽药推销人员或产品经理发现市场营销经理非常关注产品销售的获利性，他们的报酬和前途也主要取决于利润而不是销售量，那么，他们对工作将会更积极，并更符合营销目标任务的要求。

二、兽药营销控制的基本程序

有效的兽药营销控制包括以下三个步骤：

1. 确定控制的目标及标准 控制范围广、内容多，可获得较多信息，但会增加控制费用。因此，在确定控制范围、内容和额度时，管理者应当注意使控制成本小于控制活动所能够带来的效益或可避免的损失。企业最常见的控制目标是销售收入、销售成本和销售利润等。

企业在营销活动中常将利润、销售量、市场占有率、顾客满意度等指标作为控制标准。控制标准应当是明确的而且尽可能用数量的形式表示，例如规定每个推销人员全年应增加30个新客户、某项新产品在投入市场6个月之内应使市场占有率达到3%等。

2. 找出偏差并分析原因 计划执行后的实际情况与预期一般不可能完全吻合，一定程度的差异是可以接受的，因此在执行的过程中必须确定一个衡量偏差的界限，当差异超出这一界限时，企业就应当采取措施。

找出了偏差后就必须分析造成偏差的真正原因。有时原因比较明显，例如兽药销售量的下降是因为失去了一个重要客户；但很多情况下原因并不是显而易见的，需要进一步的深入分析才能得出。例如一个品牌的营销投入很大但市场份额却持续下降，则原因可能同时来自于产品质量、销售人员的积极性、竞争对手的实力等多个方面。

3. 采取纠正措施 设立控制系统的主要目的就是纠正偏差。纠正偏差可以从两个方面入手：要么在发现现实与标准之间的偏差时修改标准；要么与之相反，维持原来的标准而改变实现目标的手段。一般情况下，营销经理更倾向于后者，因为标准一经设定，如果没有充足的理由，则不应被任意修改。

三、兽药营销控制的方法

（一）销售额控制

销售额控制分析就是衡量和评估实际销售额与计划销售额之间的差距。具体方法有两种。

1. 总量差额分析 即分析实际销售总量与计划销售总量之间差额的原因。例如，假定某兽药企业年度计划第一季度完成兽药销售额120万元，但实际只完成了100万元，比计划销售量减少了16.7%，是什么原因造成的呢？经过分析，发现其原因有两个，销售量不足和销售售价下降。通过总量差额分析得知：1/2的差额是由于产品降价出售造成的，另外1/2的差额是由于没有达到预期销售量造成的。对此，企业需要认真寻找未达到预期销售量的原因。

2. 个别销售分析 即分析具体产品或地区实际销售量与计划销售量差额的原因。这种方法也被菲利普·科特勒称为微观销售分析。例如，假定某兽药企业经营A、B、C三类兽药，计划要求的月销售总量为400件，三类产品销售量分别是150件、50件和200件，而实际销售量分别是140件、55件和150件，总销售量只有345件。其中A完成了93%，B完成了110%，C完成了75%，通过个别销售分析发现问题主要出在C类产品上。对此，营销主管必须重点寻找C类产品销量与计划明显不符的原因。

（二）市场份额控制

市场份额控制通常是通过市场占有率来进行分析控制的。市场占有率分析就是衡量和评估实际市场占有率与计划市场占有率之间的差距。具体方法有三种。

1. 总体市场占有率分析 总体市场占有率是指本企业销售额占整个行业销售额的百分比。分析总体市场占有率有两个方面的决策：一是要决定分析销售量还是分析销售金额；二是要确定行业界限。如一家生产抗生素药的企业如果将自己所属行业范围扩大到所有兽药，则其市场占有率自然很低。

2. 有限地区市场占有率分析 有限地区市场占有率是指企业在某一有限区域内的销售额占全行业在该地区市场销售额的百分比。如某中兽药生产厂家某兽药销售额占山东市场的90%，但其总体市场占有率却可能很低。

3. 相对市场占有率分析 相对市场占有率是指本企业销售额占行业内最领先竞争对手销售额的百分比。相对市场占有率大于1，表示本公司是行业的领先者；等于1，表示本公司与最大竞争对手平分秋色；小于1，表示本公司在行业内不处于领先地位。

一般来说，市场占有率比销售额更能反映企业在市场竞争中的地位，但也要注意有时市场占有率下降并不一定就意味着公司竞争地位下降。例如，新的兽药企业加入本行业、企业放弃某些获利较低的产品等，都会造成产品市场占有率下降。

(三) 销售费用控制

销售费用也是衡量计划执行情况好坏的一个重要指标。销售费用控制常用“销售/费用”作为控制指标。销售费用分析就是分析年销售额与年销售费用的变化情况，要确保企业为达到销售额指标而不支付过多费用，关键就是要对销售额与市场营销费用比率进行分析。营销费用控制对象包括策划费用、广告费用、人员推销费用和营销调研费用等。

(四) 获利性控制

获利性控制就是通过对财务报表和数据的一系列处理，把所获利润分摊到诸如产品、地区、渠道、顾客等各个因素上，从而衡量每个因素对企业最终赢利的贡献大小和赢利水平。这种分析将帮助企业决定哪些产品或市场应该扩展，哪些应该缩减以至放弃等，从而更具实用价值。

例如，假定某企业分别在A、B、C三个区域销售兽药，根据资料可编制出各区域经营情况的损益平衡表（表1）。

表1 某兽药企业区域经营损益表

单位：万元

项目 \ 区域	A	B	C	总额
销售收入	3 200	2 500	2 000	7 700
销售成本	2 200	1 700	1 400	5 300
毛利	1 000	800	600	2 400
推销费用	100	250	250	600
广告费用	500	400	100	1 000

（续）

项目＼区域	A	B	C	总额
运输费用	100	300	150	550
总费用	700	950	500	2 150
净利	300	－150	100	250

从表1可知：A区域不仅销量最大，而且为企业贡献利润最多；C区域虽然总销售收入低于B区域，但由于费用低，特别是广告费用和运输费用大大低于B区域，故也为企业贡献了可观的利润；B区域的运输费用和人员推销费用较高，前者可能是由于距离较远或交通不便引起的，后者则说明促销效率低或B区域的潜力客观上较C区域小，或者企业在B区域的促销策略有问题，或者负责B区域销售工作的人员不得力等。

（五）营销效率控制

效率控制是指企业使用一系列指标对营销各方面的工作进行日常监督和检查。一般来说，兽药企业应从以下几个方面对营销效率进行控制：

1. 推销员工作效率控制 评价推销员工作效率的具体指标有：每位推销员每天平均访问客户的次数；每次销售访问的平均收益；每次推销访问的平均成本；每百次推销访问获得的订单数量；每期的新增客户数和失去的客户数。

通过对上述资料的分析，可使企业发现一些有意义的问题：如每次访问的成本是否过高？每百次推销访问的成功率是否太低？如果访问成功率太低，应考虑是推销人员推销不力，还是选择的推销对象不当，或许应减少访问对象，增加对购买潜力大的目标顾客的访问次数。

2. 广告效率控制 评价广告效率的具体指标有：各种广告媒体接触每位目标顾客的相对成本；注意、收看或阅读广告受众占全部受众的百分比；目标顾客在收看广告前后态度的变化；目标顾客对广告内容与形式的看法；消费者受广告刺激增加对产品询问的次数。

能使公众对产品的知晓度上升10～20个百分点的广告投入是值得的，因为这样有可能在今后的6个月内使产品销售额上升3～5个百分点。公众对产品的知晓度上升不足10个百分点的，广告投入是不值得的。

3. 促销效率控制 评价促销效率的具体指标有：按优惠办法售出的产品占销售量的百分比；赠券收回的百分比；每单位销售额的商品陈列成本；现场展示或表演引起顾客询问的次数；促销费用占营业成本的比例等。

4. 分销效率控制 评价分销效率的具体指标有：存货周转率；特定时间内的平均脱销次数；接到订单后的平均交货时间；分销费用占营销成本的比例等。

（六）营销战略控制

在复杂多变的市场环境中，企业制定的各种目标、政策、战略和计划往往很快就会过时。因此，每一个企业都应对其进入市场的总体方式进行重新评价，这就是战略控制。企业在进行战略控制时，可以运用“营销审计”这一工具，定期评估企业的营销战略及其实施情况。

营销审计是对一个公司或一个业务单位的营销环境、目标、战略和活动所做的全面、系统、独立、定期的检查，其目的在于确定问题的范围和机会，提出行动计划，以提高公司的营销业绩。

学习卡片

兽药企业营销管理要重视的几个方面

一、建立一支高素质的营销队伍

事在人为，以人为本。兽药营销人员是企业与经销商和广大用户联系的纽带和桥梁。他们的行为代表着企业的形象。一个优秀的业务员应该具备的素质是：爱岗敬业，忠于职守，视公司事业为己任，有理想，工作踏实，吃苦耐劳，文明礼貌，善于社交，思维敏捷，应变能力强。既懂专业技术，又有推销技巧。的确，这样的人才确实是凤毛麟角，为数甚少。但是，人才在于培养。刚从大专院校毕业的学生，具有一定的专业基本知识，稍缺乏社会经验和技术实践。优秀的企业应该是培养人才的摇篮，只要企业重视人才，并下大力气进行人才培养，定期培训，以老带新，让有志青年在实践中经风雨、见世面、增才干，那些奋发图强、艰苦努力、勤学好问的佼佼者一定能够成为企业的精英。一个充满活力的团队，是企业做大做强的根本。

二、兽药产品营销的地域差异

我国地域辽阔，各省、市、自治区有其独特的自然环境和不同的畜禽饲养种类，不同畜禽种类发病和用药品种有很大差异。如我国西北地区以饲养马、牛、羊为主，内陆地区以饲养猪、鸡为主，而沿海地区及江、河、湖周围以饲养鸭、鹅为主。城市以饲养宠物为主，还有个别地区饲养鹿、狐等特种动物。不同畜禽种类，发生的疾病不同，使用的兽药品种也有差异。兽药企业应当根据自己产品的特点，有针对性地选择销售区域，才能使产品适销对路。

三、兽药产品销售的季节性

畜禽疾病的流行除部分疫病为一年四季流行之外，许多疫病的发生有明显的季节性。如秋寒冬初、冬末春初是病毒性传染病的多发季节，如流感、乙脑等。夏季蚊子等吸血昆虫较多，是鸡痘、白冠病、中暑病多发季节，秋季阴雨连绵，舍内潮湿多发生球虫病。兽药企业应根据不同季节，向市场投放相对应的兽药产品，避免盲目发货造成积压、滞销和浪费发货费用。

四、善待竞争对手

目前有许多经销商同时经销几个兽药厂家的产品，相同类型的产品会发生冲突，这是不可避免的。如果营销人员对自己的产品了如指掌，坚信自己的产品质量占有绝对优势，那么就应该在售后服务上多下工夫，争取优势，战胜对方。人贵有自知之明，明知自己的产品质量不如对方，那就应该明智地主动撤出与对方冲突的品种，更换与对方不同的品种，以缓解矛盾。切记，营销人员在推销产品时，应只讲自己产品的优点，不要讲别人产品的缺点，避免发生矛盾，互相贬低对方结果必然会两败俱伤。要知道任何一个企业，它的产品都不可能全部垄断整个市场。竞争是市场经济的必然产物，竞争应该是公平、友好的竞争。了解竞争对手的产品特点，做到知己知彼，调整自己的营销策略，取人之长，补己之短，在做好兽药市场这个大蛋糕的前提下，各自得到属于自己应该得到的那块就可以了。

五、发货一定要及时

在畜禽疫病流行时，治病如救火，你不能及时供货，用户就会去购买其他厂家的产品。这样不但会失去商机，而且还会失去用户对自己的信任，丢掉了自己坚守的阵地，使多年辛苦经营的成果，功亏一篑。

六、以优质服务带动产品销售

目前我国的养殖业普遍存在的问题是设备简陋，管理粗放。养殖户缺乏专业知识，素质较差。基层兽医知识老化，不能适应新形势发展的需要。养殖户迫切需要兽药企业的售后服务人员能为他们解决畜禽饲养管理和疫病防治中出现的问题。谁能为他们排忧解难，谁就能取得他们的信任，他们自然就会选择谁的产品。

［摘自：曲宝林．2005. 浅谈兽药的生产与营销［J］．中国动物保健（11).］

小结

兽药企业市场营销管理是对兽药营销活动的计划、组织、实施和控制的过程，由于营销环境的不稳定性，企业必须十分重视市场营销管理，根据市场需求的现状与趋势，制订计划，配置资源，组织营销活动，从而赢得竞争优势。本部分对兽药企业营销管理的主要环节进行了具体介绍，要求了解相关概念，掌握兽药营销组织的设计和协调，学会制订兽药营销计划，熟悉常见兽药营销控制的方法和技术，并能运用所学知识对兽药企业营销管理状况进行分析和诊断。

小测验

1. 兽药营销目标的制定主要体现在营销管理的哪个环节？（　　）

A. 计划　　B. 组织
C. 实施　　D. 控制

2. 当企业面对纷繁复杂的市场，生产经营多种不同的兽药产品时，应采用哪种组织结构形式？（　　）

A. 职能型　　B. 产品型
C. 市场型　　D. 产品—市场型

3. 销售额控制是指（　　）。

A. 衡量和评估实际市场占有率与计划市场占有率之间的差距
B. 衡量和评估实际销售额与计划销售额之间的差距
C. 用销售/费用作为控制指标衡量计划执行工作好坏
D. 衡量企业最终赢利的贡献大小和赢利水平

4. 如何协调兽药营销部门与其他部门的冲突？

5. 如何制订兽药营销计划?

6. 影响兽药营销有效实施的主要因素有哪些?

7. 兽药营销控制的程序是什么?

8. 对一家兽药生产经营企业的营销管理进行调研，分析其优点和存在的问题，并试着提出解决方案。

认识市场

[兽药营销shouyaoyingxiao]

兽药市场概述

【基本知识点】

◆ 了解兽药产业的发展情况

◆ 熟悉兽药行业的进入者类型

◆ 了解兽药企业的研发状况

◆ 掌握兽药市场买方、供方状况及竞争状况

◆ 掌握兽药市场的发展趋势

【基本技能点】

◆ 分析兽药市场的能力

◆ 应对兽药市场变化的能力

导入案例

后GMP时代兽药企业资源整合

随着兽药企业GMP认证工作接近尾声，国内兽药企业围绕生存和发展这两大主题展开了更深层次的竞争。2005年4月8日，山东信得科技集团并购四川华西动物药业公司，该并购堪称中国动物保健行业发展20年来最大、最快速的一次整合。从双方第一次见面有初步合作意向、签订框架协议，到山东信得派出的管理团队进驻华西、接管华西，前后不到一个月。该并购完成后，山东信得跃居国内兽药行业的首席，拥有了动物保健行业全面的产品生产线、完善的市场网络及强大的服务团队和产品研发队伍。此外，国内另外七家通过GMP认证的优秀动物保健企业组成了“中优动保企业联合会”，从形式到内容进行了实质性的融合，为行业的整合发展迈出了坚实的一步，也拉开了国内兽药企业后GMP时代兼并、重组的序幕。业内人士认为，当前阶段是收购和兼并兽药企业的最好时期，因为GMP认证需要企业投入巨额资金进行GMP改造，对于许多中小型兽药企业而言，只能通过转让、兼并、重组等形式吸引资金，这是企业GMP改造前的一道门槛。而那些投入大量资金改造通过GMP认证的中小企业，在GMP认证后时代，又将面临更大的压力。这些压力主要表现在企业资金上的压力，如果经营不善，企业将面临又一道生存难关，这是企业GMP认证后时代的一道门槛。

（摘自：http：//www.yonjan.com/jb/NewsInfo.asp？id=200）

思考题：

1. 实力强大的山东信得科技集团为什么要进行这一次整合？

2. 后GMP时代，兽药企业发展趋势是什么？

兽药市场特点

自20世纪80年代起，随着畜牧业的发展，兽药消费量逐年增加，兽药产业进入萌芽阶段。90年代后，兽药产业得到快速发展，利润增长较快，人们将其称为“永远的朝阳产业”，企业纷纷进入，市场竞争日趋激烈。目前，我国兽药市场主要呈现以下特点：

一、兽药产业起步晚、发展快

（一）生产企业

20世纪80年代，随着畜牧业的发展，动物疾病问题变得突出，一部分生产饲料的企业开始生产兽药产品。经过十多年的发展，1999年，全国共有2 604家兽药生产企业，总产值近140亿元，1亿元以上产值的厂家有17家，5 000万元以上的12家，2 000万元以上的138家，500万元以下的有1 700多家。2009年6月，全国90%以上的兽药生产企业是中小型企业，年产值200多亿，产值超1亿元以上的企业有45家，2 000万以上的企业有200多家，通过GMP验收的企业达1 550多家，产品29个剂型，近2 000个品种，企业缺乏国际竞争能力。我国兽药生产企业中，国有大中型企业市场份额占有率较高，如中牧股份；外资、合资及实力强大的股份制企业发展也较为迅速，如辉瑞、诺华、金宇集团等；另外还有一些中小型兽药生产厂，包括手工作坊单位。

（二）经营企业

2009年，全国有正规兽药经营企业72 000多家，6万多个乡镇畜牧兽药站参与经营，另外还有约20万家无证、无店面经营；个体经营占主导地位，行业中有不少的“夫妻店”、百货店，公司化运作的经销企业越来越多，全国年销售额达170亿元。兽药经营趋势由最初的兽药销售，到兽药销售与技术服务共存，目前，兽药经营企业开始重视品牌建设。

（三）政府立法

中国兽药行业GMP是在20世纪80年代末开始实施。1989年中华人民共和国农业部颁发了《兽药生产质量管理规范（试行）》，1994年又颁发了《兽药生产质量管理规范实施细则（试行）》。1995年10月1日起，凡具备条件的药品生产企业（车间）和药品品种，可申请药品GMP认证。2004年《兽药管理条例》颁布并执行，国家相关部门又陆续发布了在本条例框架内的若干系列配套法规，主要从研发、生产、经营、使用、监督、检验等层面进行整顿、规范。2008年10月，受苏丹红、瘦肉精、三聚氰胺等食品安全事件影响，国务院发布了《乳品质量安全监督管理条例》，其中对涉及兽药的奶牛繁殖、用药、疫病防控等作了技术要求和违规处罚界定。2008年11月4日发布《动物诊疗机构管理办法》、《执业兽医管

理办法》、《乡村兽医管理办法》(2009年1月1日生效施行),其后组织实施了国家执业兽医师资格考试,组织讨论修订了新的兽药GMP检查验收评分标准等。2009年2月28日,第十一届全国人民代表大会常务委员会第七次会议通过了《中华人民共和国食品安全法》,其中规定:对农药、肥料、生长调节剂、兽药、饲料和饲料添加剂等的安全性评估,应当有食品安全风险评估专家委员会的专家参加;禁止生产经营致病性微生物、农药残留、兽药残留、重金属、污染物质以及其他危害人体健康的物质含量超过食品安全标准限量的食品等,并规定了有关处罚细则。2009年3月9日,农业部农医发[2009]007号发布《2009年兽药市场专项整治方案》,旨在强化兽药全程监管,加大对违禁药物、假劣兽药、违反兽药GMP的查处力度,提高兽药产品合格率,保证用药和畜产品安全。此外,《兽药经营质量管理规范》(即GSP)已于2010年1月4日经农业部第一次常务会议审议通过,自2010年3月1日起施行。从目前的立法来看,未来兽药产业的违法风险越来越高、违规成本将越来越大。

二、兽药行业进入者众多

(一)生产领域

1. 饲料生产企业 饲料生产企业进入兽药行业可以追溯到20世纪80年代,它们的优势在于销售网络、资金、人才,近年来趋势越来越明显,影响力越来越大,如江西正邦、北京大北农、山东六和等公司都陆续进入兽药行业。

2. 医药企业 辉瑞、诺华、梅里亚等国际知名医药企业凭借自身药品研发优势,很多年前就进入兽药行业,现都取得不错的业绩。国内部分人药企业也意识到兽药市场巨大的潜力,纷纷加入兽药市场竞争,如鲁抗公司生产动物专用抗生素、华北制药建立动物保健品厂。

3. 兽药原料生产企业 兽药生产企业的上游原料生产企业也进入兽药制剂领域,它们的成本优势更强,竞争优势明显。

4. 兽药经销企业 一些实力强大的兽药经销企业牢牢掌握销售渠道,它们甚至可以指挥生产企业为其贴牌生产。

(二)经营领域

兽药经营领域进入容易,只需掌握买进卖出即可。目前,多数兽药经销商是“夫妻店”、“小门店”,乡镇畜牧兽医站也借助政府资源加入经营行列,“无证、无店”的经营者数量庞大,很多大学生、厂家技术员和销售员经过几年的学习后,也相继开办起兽药经营部,经销单位越来越多。

三、兽药企业研发弱

1. 产品同质化 2005年版的《中华人民共和国兽药典》中记录的兽药品种有1 500多种,而兽药市场销售的品种有十万种之多,大多数产品由多家甚至几百家生产企业同时生产。很多生产企业存在产品结构相近、重复报批、重复生产等现象,产品同质化现象严重。

2. 研发能力差 据调查,2009年,国内从事新兽药研发的人员不足1 000人,专门从事兽用化学药物研究的人员不足500人。新兽药制剂研发能力很弱，专门从事兽药研究的企业或院所很少，缺少对动物原料药的开发。复配技术受高技术人才、实验环境等因素限制，难以独立开展，大部分兽药生产企业以生产仿制药为主。2006—2009年，农业部共公布了55家兽药生产企业的73个国家级新兽药（包括生物制品），其中三类新兽药54个，已批准的一类新兽药只有4个。

四、朝阳产业，前景光明

1. 资产规模扩大 2006年后，我国兽药制造产业规模在不断扩大，2009年整个行业的总资产规模达到近290亿元，比2006年增加了约127亿元，2006—2009年年均增长21.17%。

2. 销售产值增加 1999年，兽药生产企业年销售产值近140亿元，2008年年销售产值达309亿元，2009年达到397亿，比2008年增长28.55%。

3. 销售利润率 2009年，我国兽药行业销售利润率为9.08%，比2008年8.74%的销售利润率增加了0.34个百分点；2009年，兽药行业销售毛利率为23.25%，比2008年23.56%的毛利率降低了0.31个百分点；2009年，兽药行业总资产利润率为12.12%，比2008年10.51%的总资产利润率增加了1.61个百分点。

学习卡片

出色的兽药经营带头人

太原市的张小梅是山西省兽药圈子里做了十几年的女中豪杰，她是山西省最大的兽药批发商，且完全实行的是公司化的运作模式。

张小梅进入兽药行业纯粹是巧合，1990年，财务出身的张小梅进入母亲的小型兽药经营部，该经营部主要以经营一些常规药为主，采取坐商形式。张小梅接手经营部后，开始主动为二级商送货，她的辛苦得到客户的认可。与此同时，张小梅着手组建自己的二级网络，自己主动跑市场，那时候兽药市场的竞争相对较弱，所以只要勤快一些，基本上客户是一跑一个准。由于自己非技术专业人士，张小梅没有采用产品定制做自己品牌的形式，她将小门市注册成了公司，命名为东方饲料兽药有限公司，以总代理为主。除了没有GMP生产基地以外，东方公司完全是按照公司化的运作模式来进行管理：引进现代化的管理方法，建立兽药配送体系，为客户提供药品配送业务，使二级经销商做到零库存；对于新产品，东方公司通过QQ、网站、短信平台等给客户发信息，让客户第一时间知道最近的新产品，以便订货；在选择上游合作伙伴时，重点选择一些在全国比较有知名度的厂家为主要的合作伙伴，一些中小型企业的产品作为辅助性的产品配合；经常性组织下面的二级经销商与厂家进行交流沟通，并帮助他们与厂家建立联系；东方公司建有五个专门的部门，分别为东方兽药、阳光兽药、规模化猪场、生物制品和宠物用品事业部，将产品进行了明确的细分化，并根据企业的品牌划分到相应的部门。

如今，张小梅的太原市东方饲料兽药有限公司已经发展成为山西省规模最大、品种最全的一级代理商。凭借标准化的管理流程、高效及时的物流配送体系、高标准的售后服务队

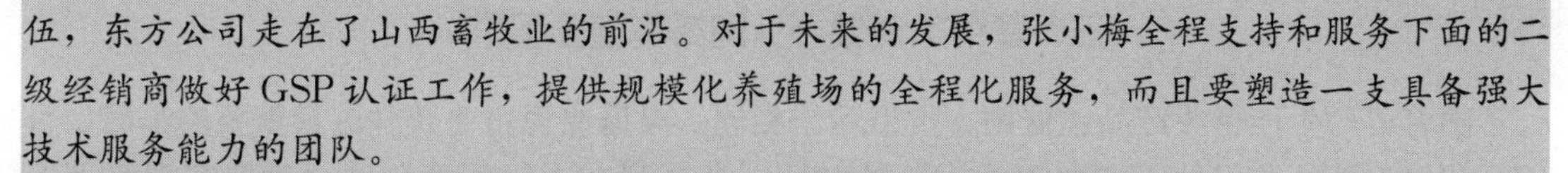
伍，东方公司走在了山西畜牧业的前沿。对于未来的发展，张小梅全程支持和服务下面的二级经销商做好GSP认证工作，提供规模化养殖场的全程化服务，而且要塑造一支具备强大技术服务能力的团队。

（摘自：http：//www.shouyao123.com/newslist.asp？id=18）

兽药市场的现状

一、买方市场要求高

过去我国畜禽养殖规模小，养殖户分散，兽药经营企业也呈现小、散等现象，企业缺少资金和技术，更欠缺远见的经营理念。近年来，随着养殖的规模化，规模养殖场越来越多，兽药经营也在国家的监管下越来越规范，他们的经营能力与经营理念都有较大的提升。

（一）经营企业

《兽药经营质量管理规范》规定如下：自2010年3月1日起，未通过兽药GSP检查验收的兽药经营企业不得再从事经营活动，将被勒令退出市场。兽药GSP出台有利于规范兽药经营行为：对兽药供应商实行严格的审计，如企业的合法性、产品的质量等；每批兽药的包装、标签、说明书、质量合格证等内容也需要进行检查，只有符合上述要求的兽药产品方可购进。因此，兽药经营企业不得不提高兽药产品、质量等要求。

目前，养殖规模在扩大，养殖区域趋于集中，兽药市场竞争日趋白热化，服务竞争成为兽药生产企业重要的制胜手段。生产企业逐步加强技术队伍力量，用强大的技术服务推动产品的销售，尤其是新产品销售，兽药经营企业从中获益。兽药经营企业对生产企业提供的技术服务要求越来越高，希望其能提供出诊、技术讲座等优质服务。

（二）养殖户（场或集团）

现如今，兽药市场充斥着诸多产品——同质化、夸大治疗效果、新概念炒作，甚至假冒伪劣及“三无”产品，例如，河北某兽药厂虽然通过了GMP认证，但是验收范围为粉剂和口服液，并没有生产消毒剂的资格，这就是欺骗消费者的行为。随着GMP和GSP验收通过，多数兽药企业承担起兽医职能，兽医和养殖户购买产品更加理智，他们也需要企业提供更加专业的技术服务，指导他们合理使用药品，从而提高产品的使用价值。

二、供方供给能力弱

当前，我国兽药生产企业研发能力较弱，产品品种单一，主要有口服液、粉剂、散剂、预混剂和普通注射剂，药物剂型和品种都比较少，其中近2/3的产品为抗菌药，主要用于食品动物，这与需方矛盾明显。另外，近几年发生多次畜禽疫情，养殖户恐惧心理严重，一旦疫情发生，养殖户期望得到技术服务人员快捷、有效的服务，然而，很多企业的服务人员是刚毕业的学生或新从业者，企业整体技术不高。同质化、单一化兽药产品及低水平的技术服务降低了购买者的满意度。

三、营销渠道单一，网络覆盖面不广

随着兽药生产企业产品、促销、价格趋于相同，渠道成为企业获胜的最重要的筹码。目前，我国兽药行业仍处于“渠道为王”的时期，企业都在进行深度分销，基本实现终端下沉，一级代理商也由省或市级转移到县、乡、村级。例如，山东省临沂一龙头经销商早期代理了一百余家兽药企业产品，现在已经有一部分代理厂家流失，一些企业在临沂抛开中间代理，不增设办事处，直接租赁仓库储存产品，业务员开始背着产品深入县、乡、村做销售。尽管渠道下沉是企业获得竞争优势的重要因素，但也会带来很多问题：客户购买力和消费量分散；物流系统成本增加及物流服务水平下降；渠道维护困难；市场混乱等。

由于渠道扁平化及变短，客户数量增多，原来一个省级辖区只有几家区域代理商，现在一个省可以开发几百家客户，客户可控性增强。然而，由于兽药生产企业资源和精力有限，企业大范围市场开发困难，多数乡镇网络无法覆盖，村级网点覆盖难度更大，现有网点覆盖率往往不及原代理商覆盖率。

四、竞争手段不多

后GMP时期，兽药业产能增加，而养殖业产量并没有同步增加，兽药市场供大于求，兽药生产企业为抢占市场不得不采取措施。但企业竞争手段不多，主要围绕价格、渠道、宣传、技术、服务、产品等开展。目前存在的问题有：企业打出“让利兽医、养殖户、经销商”以及“低于成本价”等销售口号，然而，兽医及养殖户既希望购买到低价兽药产品，又担心产品疗效差，或者是假冒伪劣产品；为抢占渠道，企业将渠道下沉到县、乡、村层次，客户数量增加，管理成本上升；通过宣传企业形象和产品来提升知名度，但很多企业宣传定位不明确以及宣传策略不理想；技术竞争与企业人才直接相关，然而，很多企业缺少基础专业人才，缺少懂药理知识的专业人才，缺少懂生产技术的专业人才，甚至部分企业没有专门的产品研发部门与研发团队；企业提供专业技术服务，养殖户满意度较高，但同行竞争者模仿容易；另外，部分企业产品不规范竞争问题较多，如产品含量和成分虚假、一品多名与文号多用、说明书编写随意、产品名称作秀等。

五、行业逐步整合

经过几年GMP运营，部分兽药生产企业的管理、研发、市场等都取得一定的竞争优势，他们渐渐成为行业的领先者。领先者为扩大产能和市场，通过资本运作，兼并收购一部分实力较弱的企业，形成综合性企业集团。另外，很多国外知名兽药生产企业已通过融资或合资等方法进入国内，如拜耳等。

学习卡片

兽药市场的真假迷局

GMP认证的实施使国家对兽药行业的管理更加规范和严格，国家监管部门可以在法律上将未获得批文或认证的药品认定为假药，但也存在一定问题，无法将它们彻底清除出市

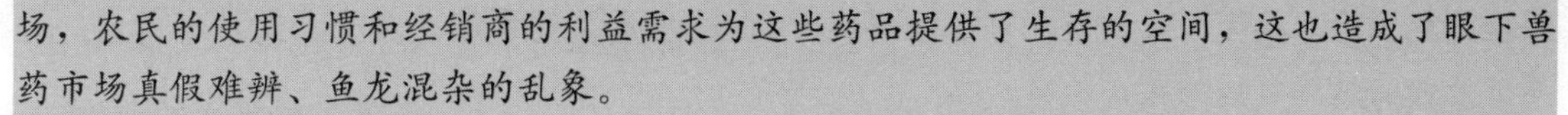

场，农民的使用习惯和经销商的利益需求为这些药品提供了生存的空间，这也造成了眼下兽药市场真假难辨、鱼龙混杂的乱象。

“进货时一定要仔细甄别，要不然，一不小心就成‘卖假药’的了。”佛山市一兽药经营者对南方农村报记者说，经销兽药需要注意的细节很多，作为经销商，必须样样核对清楚，例如药品的批文、商标、名称等，如果其中隐藏着套用批文的问题，却没有留意到，那就成“假兽药销售者”了。

一不小心卖了假药

《南方农村报》曾于2009年刊发《保吉安康“一桶金”系假药》一文，披露了河北某药厂涉嫌捏造药品批文号，生产片剂二氧化氯消毒剂一事。该厂虽然通过了GMP认证，但是验收范围为粉剂和口服液，并没有生产消毒剂的资格。

该报道见报后，在广州又出现类似情况。广州动物防疫机构在一家兽药店检查时发现，一种产自潍坊华实药业有限公司的“秀霸”牌二氧化氯和一种来自上海英德利国际原料贸易有限公司的“百毒杀”聚维酮碘均属假兽药。

南方农村报记者调查发现，潍坊华实药业有限公司以生产漂白剂、防腐剂等产品为主，虽然通过了GMP认证，但该厂并不具有生产水产用二氧化氯消毒剂的批文，“秀霸”牌二氧化氯的批文号属厂家捏造；而“百毒杀”聚维酮碘的生产厂家则是一个根本不具备生产实体的皮包公司，所有信息均系伪造。

被查处的药店老板感到冤枉，自己事先并不知情，而且客户在使用上述两种产品后也没有给予其药效不佳的反馈。

针对这种情况，执法人员表示，按照《兽药管理条例》第56条规定，销售假兽药的，将没收货物，并处2～5倍的罚款。即便经营者事先不知情，这也属于“销售假兽药”，只是在罚款方面可以酌情考虑。

农民不认批文认药效

“现在市面上所谓的‘假药’大多并非药效不济，很多是因批文存在问题，而被认定为假药的。这类现象在业内非常普遍。”兽药经营者说出现这种情况，原因多种多样。

据了解，有很大一部分兽药经销商出售此类产品，属于确实不知情。销售药品需要注意的细节很多，首先应检查厂家的药品生产批准文号、药品类型等信息；其次，还应严防“套批文”的现象，即厂家持有合法批文，但其可能生产某些自身不具备资质生产的药品，然后以合法的批文作为伪装，捏造一个其他类型药品的批文号，而这样做的目的很明确：多卖产品、多赚钱。

知假贩假就像走私

养殖户一旦用过某种药，觉得效果不错，就会形成固定的购买意愿，希望经销商能长期提供该药品。在GMP认证施行以前，市场上有一部分药品是由大专院校、科研院所研发生产的，这部分药品使用效果好，拥有自己固定的客户群体，形成了一定的市场口碑，但生产这些药品的单位又往往不具备通过GMP认证的实力。此外，有小部分药品仅针对局部地区的特殊病害使用，国家标准并未将其列入其中，这使得这些药品根本无法进行公开认证。以今天的标准看，这些药统统成了“假药”。

和正规药品相比，这类“假药”生产成本不高，销售价格也较低。如果使用效果尚佳，养殖户就很乐意接受，经销商也可以赚到钱。“卖这些产品就像贩走私货，没出事还好，一旦被查处，只能自认倒霉。”

兽药企业要通过GMP认证，仅建设一条生产线就需投资百万元以上。GMP是国际药品生产质量管理的通用准则，在规范药品生产和销售各个环节的同时，也提高了进入行业的门槛，很多实力不济的小厂只能望而却步，而一些投机企业则借GMP认证初期监管尚存漏洞的机会浑水摸鱼。有些厂家销售没有通过GMP认证的药品，除了省下高额成本外，还可以在成分中使用廉价的替代品。许多违规厂家通过捏造批文号，推出所谓“门类齐全”的产品，通过给予经销商略高的折扣，很容易在某个地区打开了市场，这也在一定程度上扰乱了兽药市场的正常秩序。

（摘自：http：//news. qq. com/a/20090824/001017. htm）

兽药市场的发展趋势

随着畜牧业发展以及科技水平的提高，畜牧养殖向规模化、集约化方向发展，兽药产品的市场需求增大，市场更趋集中；人们对畜产品绿色、有机、安全等要求增高，未来兽药市场将呈现新的发展趋势。

1. 生产企业规模化 后GMP时代，兽药产业进入及退出壁垒均提高，未通过GMP验收或实力弱小的企业将淘汰出局，实力强大的兽药生产企业将利用充足的资源对中小企业兼并重组，2005年年底以来整个行业就减少1 000多家生产企业。另外，农业部逐步取消兽药地方标准并统一执行国家标准，大量组方不合理、疗效不确切和存在安全隐患的兽药地方标准和品种被废止，行业内大量的小作坊式的生产企业也不得不升级改造，他们大量购买先进的生产和检测设备，引进科技人才，逐步转型为正规的兽药生产企业。目前，兽药生产企业数量减少，总产值增加，全国通过GMP的1 500多家企业的年设计生产能力都很大，企业规模化发展趋势明显。

2. 产品需求绿色化 俗话说，“民以食为天，食以安为先”，回顾近10年国内食品公共安全事件，瘦肉精、苏丹红、三聚氰胺、上海多宝鱼等事件层出不穷，食品安全不断挑战消费者的心理底线。动物产品的安全事关人们的身体健康，需要常抓不懈，其中重点是从源头开始，强化兽药市场监督，杜绝不健康、不安全兽药流入市场。动物食品兽药残留问题严重，长期食用含有兽药残留的动物食品会引起过敏、致畸、基因突变、致癌等不良后果。近年来，农业部相继出台《动物源性食品残留物质监控计划》、《食用动物禁用的兽药及其他化合物清单》以及《兽药停药期管理规定》等政策，加强疾病用药品种、用药量、残存时间等监管；兽药生产企业也意识到研究绿色产品的重要性，尤其是中药产品。消费者呼唤绿色动物产品，兽药产品绿色化是市场的必然趋势。

3. 市场终端垄断化 过去，基层养殖户生产经营各自为政，他们是兽药经销商的主要客户；近年来，基层养殖户认识到单打独斗的经营模式存在诸多问题，他们纷纷组织“养殖合作社”或“养殖协会”，众多规模大小不同的协会或合作社将养殖户联合在一起。例如，有时协会为成员供应猪崽、饲料、兽药、疫苗，最后统一出售生猪，协会甚至可以帮助成员垫付有关费用，垫付费用的支付在生猪出售后结清。养殖协会或合作社给养殖户带来较大的便利，养殖户有较强的归属感。兽药经销商原先的客户慢慢流失，终端兽药市场逐步被养殖协会或养殖合作社等组织垄断，市场终端呈垄断化之势。

4. 营销渠道扁平化 随着养殖业的规模化和集约化，规模养殖场、养殖协会或养殖合作社成为兽药市场最重要的组成部分，兽药经营模式也随之发生变化。由于兽药生产企业存在诸多矛盾，生产企业又急于提高市场份额，很多兽药生产企业越过经销商，直接将产品卖给终端养殖场、养殖协会或养殖合作社，兽药中间商利润空间下降。今后，规模养殖场、养殖协会或养殖合作社将成为兽药生产企业的直销对象，部分兽药专业销售公司成为区域性代理，营销渠道扁平化趋势明显。

5. 市场经营规范化 2007 年以来，从农业部贯彻落实党中央、国务院关于高致病性禽流感等动物疫病工作的整体部署开始，兽药行业的发展从国家层面得到重视，《中华人民共和国动物防疫法》、《动物诊疗机构管理办法》、《执业兽医管理办法》、《乡村兽医从业管理办法》等相继出台实施。2009 年，农业部再次下发《兽药市场专项整治方案》，重点整治产品包括禁用兽药、假劣兽药、兽药标签违规产品、非法改变兽药标准产品、兽药标准已被废止的非法产品及非法进口兽药产品，整治环节包括生产、经销和使用环节，如兽药生产企业GMP 后续监管工作，经销企业经营秩序治理，兽药使用的合法性检查等。此外，随着 GMP 验收通过，兽药生产企业整体水平将得到提高，生产的兽药产品更加安全、有效、稳定、方便、经济；随着处方药与非处方药分类管理办法及 GSP 的实施，兽药经营领域也会更加规范，只有 GMP 生产企业才能成为首选供应商。在政府兽药市场的强力监管、企业长远发展需要等因素的驱动下，兽药市场经营将更加规范化。

今后，随着社会生活水平的提高及社会时尚的变化，兽药产品时代性特征将更加明显，宠物养殖将增多，宠物用药市场将增大；以寄生虫为防治重点的高蛋白低脂肪牛羊需求量将增大，抗寄生虫药物将在市场中占有一席之地。

学习卡片

2011 年兽药行业发展走势

1. 行业监管会进一步加强　加强行业监管是食品安全的需要，也是企业自律的需要，GSP 认证的全面推广会快速净化兽药分销市场，淘汰一批不合格的代理商，这同时也是打击假冒伪劣产品的主要手段。各级兽药主管部门会重点打击一些企业的不良行为：如在产品含量上做文章，在产品成分上做文章，一品多名与文号多用，随意编写说明书等行为。

2. 兽药企业数量会越来越少　随着《中华人民共和国农产品质量法》等有关法律法规的实施，行政管理部门将出重拳强化兽药饲料等畜牧业投入品生产、经营和使用环节的监督管理。

兽药 GMP 验收将进一步规范兽药生产，而兽药 GSP 管理办法的出台也将逐步规范兽药经营市场，同时标准化、规模化养殖企业兽药采购和使用登记制度也在不断完善，养殖企业对兽药的选购会更加挑剔，今后以预防、保健、促增长为主的低残留或无残留用药将成为一种趋势，假冒伪劣产品的生存空间将进一步缩小，逐渐被挤出市场。

兽药市场格局将发生重大变化，未来企业在行业严管、外企冲击和自身发展障碍的多重压力下，数量必将减少，在这种情况下，兽药行业实现全面、协调、可持续发展，有两条路可走：一是常规同质化产品拼企业规模效益；二是走专业技术化道路，拼研发创新效益。

3. 兼并重组向规模化方向发展是行业快速进步的途径　任何一个行业的变革起决定作用的是其自身的发展规律，动保行业的发展趋势也应是趋于集中和规模化，发展原则是资源最省、效率最高、结构最合理。有理想的企业家可以组织区域市场上的同类兽药企业，大家资源共享，合并企业的共性职能，如研发、生产、培训、策划、人力、物流等，这样能大大降低经营成本，把有限的资源投入到市场开发和服务上，这样通过兼并联合减少生产企业数量，形成跨地域、专业化大企业集团，以提高效率。

4. 科技创新是企业赢得未来竞争的不竭动力　产品多元化策略和新产品研发是兽药企业关注的焦点，产品概念的炒作、花样翻新的促销已失去了威力，企业核心竞争力主要表现为强大的产品研发能力，谁能在研发工作上取得先机，谁就会成为兽药行业未来的领军企业。

用心为养殖行业发展保驾护航，想养殖企业之所想，急养殖企业之所急，吸纳或联合大专院校、科研院所优秀科研人才，学习借鉴其他领域和国外先进经验，争取政府支持，努力研制新产品是未来赢得竞争的关键。

5. 营销创新是兽药行业发展的内驱力　结合我国的实际情况，兽药营销创新应从以下几方面努力：由变态市场向准常态市场转变；由游击战上升到阵地战和持久战；由单一的产品竞争上升到企业资源竞争；从显性营销到隐性营销；从卖产品到卖解决方案；实力较强的企业可以实施区域事业部模式和产品线模式；小型企业可以实施重点市场模式，中小养殖场可以采用会议营销模式。

6. 兽药经销商将成为终端和品牌的服务商　首先兽药经销商会前向一体化，成为提供初级产品、服务、回收最终产品的一条龙服务商，如目前有的兽药经销商已经开始把养殖场的鸡蛋收回来寻找出路，同时帮助养殖户进鸡苗，并提供技术支持。其次是后向一体化，成为厂家区域化的经营服务机构，比如做省市总代理，这部分经销商会努力提升自身的专业技术水平，减少对厂家的依赖。再次是厂商互相渗透，经销商成为厂家营销及服务队伍中的一员，结成战略联盟。经销商和厂家的战略联盟，不仅是生产和销售的关系，生产企业必须为经销商的未来发展考虑，反过来经销商要及时捕捉养殖一线疾病流行和产品使用情况，比如当地流行什么样的疾病，需要什么样的产品，什么样的产品有效，什么样的包装受欢迎等，经销商要给企业提供这些信息，只有彼此互相关注对方利益，才会实现企业和经销商的共同成长。

7. 业务员队伍将发生变化　企业要求业务员数量减少，业务员能力要加强，不仅要懂技术还要懂沟通，不仅能服务经销商还要能服务养殖场，企业选择的业务员不一定要有阅历，但一定要有激情。经销商员工化是行业发展的一个大趋势，也是业务员队伍结构调整的趋势之一。

8. 建立区域性服务型垄断企业是实施品牌营销的捷径　质量可靠、信誉良好的兽药企业能够长久生存，其品牌会逐步树立起来。制假售假的企业必将被市场淘汰。兽药增值是有限的，兽医技术的附加值是无限的，优秀的兽药企业未来以畜牧兽医技术服务为主导，开展社会化、合同化服务承包，建立区域性服务型垄断企业，这也是兽药企业进行品牌营销的一个捷径。

9. 非食品动物用药得到重视　如宠物、皮毛等经济动物用药逐步得到重视，利润空间也较大。

（摘自：http：//www.jbzyw.com/cms/html/1/2/20110107/120124.html）

小结

近年来，我国兽药市场主要有以下特点：兽药产业起步晚、发展快；兽药产业门槛低、入行易；企业实力弱，研发差；朝阳产业，前景光明。

兽药市场现状主要表现在几个方面：买方市场要求高；供方供给能力弱；营销渠道单一，网络覆盖面不广；竞争手段不多；行业逐步整合。

后GMP时期，兽药市场的发展趋势：生产企业规模化，产品需求绿色化，市场终端垄断化，营销渠道扁平化，市场经营规范化等。

小测验

1. 兽药GSP管理主要是针对哪一类企业？（　　）
   A. 兽药生产企业　　B. 兽药经销企业　　C. 养殖户　　D. 兽药行业协会
2. 调查动物疫苗生产企业行业动态。
3. 查找资料，分析家禽用药市场特点。
4. 通过调查，分析兽药生产企业及药品经销企业发展趋势。
5. 请你帮助一家新成立的兽药企业制订调研计划，并开展一次市场调研。

兽药营销环境分析

【基本知识点】

◆ 理解营销环境的含义

◆ 熟悉营销环境的特点

◆ 理解营销环境分析的意义

◆ 掌握宏观环境及微观环境的内容

◆ 学会辨别外部机会与威胁

◆ 学会分清内部优势与劣势

【基本技能点】

◆ 用 SWOT 分析外部与内部环境的能力

◆ 针对环境选择合理营销策略的能力

导入案例

生猪业对兽药营销的影响

改革开放 30 多年来，我国生猪业得到快速发展。2007 年及 2008 年上半年更是我国养猪行业的黄金时期，2007 年生猪年末存栏量为 4.40 亿头，年均增长 1.82%；出栏量为 5.65 亿头，年均增长 6.16%；2008 年上半年，全国生猪存栏 4.30 亿头，同比增长 5.0%，生猪出栏 2.92 亿头，同比增长 3.7%，由于数量增长，生猪和猪肉的市场价格从 2007 年 3 月下旬以来由高价位开始平缓地回落。截止到 2008 年 8 月末，生猪和猪肉的市场价格每千克分别为 14.36 元和 23.07 元，比年内最高价格分别回落 15.53%、12.38%。但是进入 9 月份以来，育肥猪以及仔猪的价格快速下跌，有的地区生猪的价格已经跌到 11 元甚至以下，跌到成本以下，这引起养猪场的惊慌！2009 年，大批育肥猪上市，由于行情不好，难以维持，许多养殖户纷纷加大抛售量，价格下跌的速度加快，国内绝大多数养猪散户没有心思考虑使用兽药，猪用兽药销售量下降。

（摘自：http：//www.gyagri.com.cn/a/scdt/2008/1030/6358.html）

思考题：

1. 生猪价格下降的主要原因是什么？

2. 生猪价格下降与猪用兽药销售量之间有何关系？

兽药营销环境概述

兽药市场营销环境是指能够决定或影响兽药企业营销活动以至生存和发展的所有因素的总和，包括微观环境和宏观环境。微观环境指与兽药企业紧密相连，直接影响企业营销能力的各种参与者，包括兽药企业本身、兽药营销渠道企业、顾客、竞争者以及社会公众。宏观环境指影响微观环境的一系列巨大的社会力量，主要包括人口、经济、政治法律、科学技术、社会文化及自然地理等因素。因此，兽药企业在进行营销活动时，必须考察和分析企业所面临的市场营销环境，明确企业营销环境中所蕴含的机会与威胁，以利用机会、规避威胁，主动去适应环境，利用环境条件确保企业更好地生存和发展。

一、兽药营销环境特点及分析的意义

（一）营销环境特点

兽药市场营销环境的特点主要表现在：

1. **客观性**　兽药企业总是在特定的社会经济和其他外界环境条件下生存、发展的，只要从事市场营销活动，就必须面对这样或那样的环境条件及因素，并受其影响和制约。

2. **差异性**　表现为不同兽药企业受不同的环境影响，同一种环境的变化对不同企业的影响也不相同。兽药企业必须采取适当的营销策略才能应对和适应各种环境的变化。

3. **相关性**　营销环境是一个系统，系统中的各个因素是相互依存、相互作用和相互制约的，存在着因素相关性。例如，动物疫苗价格不但受市场供求关系的影响，还受到政府采购政策的影响，兽药企业应充分注意各种因素之间的相互关系。

4. **动态性**　随着畜牧业的兴衰，兽药营销环境也会不断变化，环境是个动态的概念。兽药企业的营销活动必须随着环境的变化，不断地调整和修正自己的营销策略。

5. **不可控性**　新的动物疫情的出现，使得兽药营销环境变得更加复杂，环境表现出不可控性和不断的变化性。一般情况下，兽药企业很难改变环境，只能去适应环境。

（二）分析市场营销环境的意义

1. **清醒认识环境**　由于兽药市场环境的复杂性，兽药企业必须加强营销环境的研究和分析，认清环境中潜在的机会和威胁。

2. **把握环境机会**　分清兽药营销环境中的机会和威胁，企业可充分利用自身的优势，抓住环境机会，避开环境威胁，并做出相应的营销决策，这样在市场竞争中才能立于不败之地。

二、宏观营销环境

宏观环境是影响和制约整个微观营销环境和企业营销活动的广泛社会性因素，兽药生产企业与供应商、营销中间机构、顾客、竞争者和公众，都在一个大的宏观环境中运作，宏观环境既创造机会，也带来威胁。这些环境力量是不可控制的，但企业必须加强监测并对此做出相应反应。

(一) 人文环境

人口是构成市场的第一要素，人口的多少直接决定着畜牧业的潜在容量，畜牧业好坏又影响兽药市场状况。人口越多，市场规模就越大。而人口的年龄结构、地理分布、家庭状况、受教育程度、人口增长速度等特征会对兽药市场格局产生深刻影响，并影响兽药企业的市场营销活动。企业必须重视对人口环境的研究，密切注视人口特征及其发展趋势，不失时机地抓住市场机会。

1. 人口数量和增长速度 众多的人口及人口的进一步增长，对企业营销会产生两个方面的影响。一方面，人口增长意味着对畜禽产品的需求扩大，这是营销人员所希望的；另一方面是，人口增长有可能导致人均收入下降，限制经济发展。

2. 人口分布 我国人口地理分布的总体特征是东南部地区人口密度大，而西北部地区人口密度相对较小。居住在不同地区的人们，由于地理位置、气候条件、生活习惯不同而表现出消费习惯和购买行为的差异。例如，沿海发达地区对乳制品消费呈逐年上升之势，奶牛产业将得到较快发展，用于预防和治疗奶牛疾病的药品需求量将有所升高。

(二) 经济环境

经济环境主要指影响养殖户购买力及支出模式的诸因素。社会购买力是指一定时期内社会各方面用于购买产品的货币支付能力。它直接或间接地受到养殖户收入、支出模式、储蓄和信贷等经济因素的影响。因此，在进行经济环境分析时，应着重分析以下内容：

1. 收入水平的变化 养殖户收入水平决定了购买力的大小，它是分析市场规模大小的一个不可忽视的因素。在分析收入变化时，必须区分收入、可支配收入以及可随意支配的收入。其中，可支配收入是指扣除缴纳的各种税款和交给政府的非商业性开支后可用于自身消费、储蓄、投资的那部分收入。可随意支配的收入是指可支配收入中减去用于购买生活必需品的固定支出（如房款、保险费、其他已购置项目的分期付款等）所剩下的那部分收入。可随意支配的收入一般用于购买非必需品，如保健品、奢侈品及文化、娱乐、智力投资等。消费者收入的提高，有利于宠物、牛肉、羊肉等畜禽和畜禽产品的销售，间接拉动兽药营销。

2. 国家或地区的消费结构发生变化 德国统计学家恩格尔于 1857 年发现了家庭收入变化与各方面支出变化之间的规律性，其主要内容表述为：随着家庭收入的增加，用于购买食品的支出占家庭收入的比重下降，用于住宅和家务经营方面的支出占家庭收入的比重大体不变，而用于医疗保健、教育、交通、服装、娱乐（如宠物养殖）等方面的支出以及储蓄等占家庭收入的比重会上升，这种趋势就称为恩格尔定律。其中，消费中用于食品方面的比重称为恩格尔系数，其大小为

$$\text{恩格尔系数}=\frac{\text{食品支出总额}}{\text{家庭消费支出总额}}$$

一般说来，恩格尔系数越大，则该国家或地区就相对越贫穷。因此兽药企业营销人员也必须注意这种收入与消费支出模式之间的关系。

3. 储蓄变化 消费者的支出及购买力不仅受其收入水平的影响，还受消费者储蓄及信贷的影响。在一定时期内，货币收入总量不变，如果储蓄增加，现实购买力便减少，如宠物、牛羊肉、乳制品等；反之，如果用于储蓄的收入减少，现实购买力便增加。一般说来，

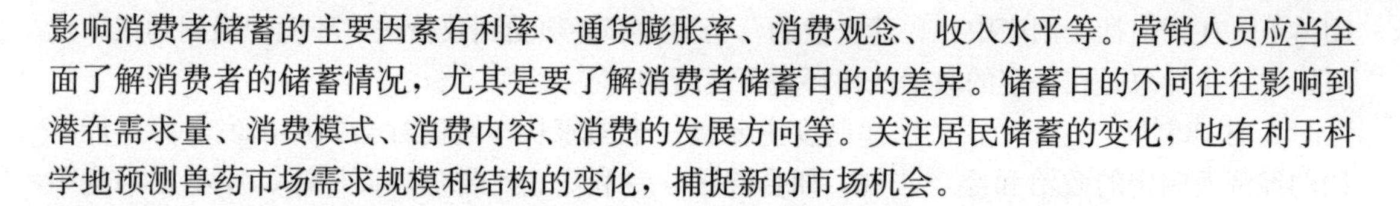

影响消费者储蓄的主要因素有利率、通货膨胀率、消费观念、收入水平等。营销人员应当全面了解消费者的储蓄情况，尤其是要了解消费者储蓄目的的差异。储蓄目的不同往往影响到潜在需求量、消费模式、消费内容、消费的发展方向等。关注居民储蓄的变化，也有利于科学地预测兽药市场需求规模和结构的变化，捕捉新的市场机会。

（三）自然地理环境

社会生产活动是在一定的自然地理条件下进行的，这种自然地理条件就是企业所面对的自然地理环境。

1. 自然环境 如水网地区适合于发展养鸭等水禽养殖业，而不适合养鸡业的发展。对于兽药企业的营销者来说，就应该根据自然环境不同带来的养殖业的变化有目的地营销相应兽药。

2. 地理环境 一个地区所处的地理环境包括地形、地貌和气候条件等。企业在开展营销活动时，不可能凭借自身的力量去左右地理环境，只能主动地去适应，针对不同情况调整营销计划。

（1）地理位置的优劣直接影响着当地经济发展水平。我国沿海地区由于交通便利，信息灵通，其经济发展水平往往高于中西部地区。我国东部地区拥有全国1/2的人口、1/3的耕地和创造着70%的工业产值的企业，而中西部地区财源稀少，有的地方靠中央补贴过日子。这就要求兽药企业在制定产品（宠物药品、畜禽药品）策略时，应考虑其目标市场的经济发展状况和购买力水平。

（2）气候条件作为地理环境的重要组成部分，常常影响产品在市场上的供求状况。就动物药品来说，由于气候的因素，各地的温度、湿度差异很大，很多在本地区适用的动物药品往往不能适应外地环境的需要。因此，在开拓全国市场时，必须及时调整产品的设计和制作工艺，使产品与当地的气候特征相适应，创造一个有利的营销环境。

（四）科学技术环境

科学技术是人类在长期实践活动中所积累的经验、知识和技能的总结，是社会生产力中最活跃的因素，它影响着人类社会的历史进程和社会生活的各个方面。每一种新技术的出现都是一种“创造性的毁灭力量”，会给有些企业带来发展机会，同时也会给有些企业带来危险。所以，任何兽药企业的市场营销都必须关注科学技术环境的变化。科学技术环境对企业市场环境的影响至少有以下两个方面：

1. 新技术的出现为新产品出现提供机遇 例如，澄清技术、树脂吸附纯化技术等现代新技术新方法的应用，为中兽药新产品的问世打开了方便之门。

2. 新技术的出现有利于增加兽药生产、提高经销企业的综合竞争力 新技术的出现能提高劳动生产率，降低生产成本，改变企业管理的手段等。

随着新技术的出现，营销人员应与动物药品研究开发人员密切合作，了解变化着的技术环境以及新技术为消费者服务的方式。同时，新技术的出现鼓励营销人员面向市场研究，这将使营销方案更接近养殖户。

（五）政治法律环境

政治法律环境主要指制约和影响兽药企业营销活动的政府的方针政策、法律制度及公众团体等。在任何社会制度中，兽药企业的营销活动都必须受到政治法律环境的强制约束，也可以说，企业总是在一定的政治法律环境下运行的。

1. 法律制度 这里所说的法律制度主要指一个国家从本国的社会制度出发，为发展本国的经济而制定的政治和经济法规，如合同法、专利法、广告法、商标法、反不正当竞争法、消费者权益保护法等。在我国，针对兽药这一特殊商品的生产经营还制定了以《兽药管理条例》为核心的兽药法规体系。

2. 政府的方针政策 政府在不同的时期会根据不同的需要颁布一些畜牧业发展的方针和政策，这是每个企业都必须服从和执行的，兽药企业应该根据政府在各个时期的方针政策相应调整自己的市场营销策略和经营方向，以取得生产经营的主动权。例如，当发生动物疫情时，要关注政府集中招标采购兽药等。

（六）社会文化环境

社会文化环境通常是指一个国家或地区的传统文化，由价值观念、信仰、风俗习惯、行为方式、社会群体及相互关系等内容所构成。人们所处的社会文化环境对人们的素养、价值观念和行为规范影响非常大，中国有句古话："入境而问禁，入国而问俗，入门而问讳。"了解目标市场消费者的禁忌、习俗、避讳、信仰、伦理等是企业开展市场营销活动的重要前提。不同的社会与文化代表着不同的生活方式，不同国家不同地区的人民，对同一产品可能持有不同的态度，这将直接或间接影响着产品的设计包装、信息传递方法、产品被接受程度等。

1. 价值观念 价值观念是人们对是非善恶的评价标准，它决定了消费者的生活方式和价值取向。

2. 教育水平 教育水平的高低对企业营销活动产生一定的影响，如兽药的推广方式，因为受教育水平不同会导致养殖户对兽药广告内容的理解程度和理解方式的差异。一般来讲，教育水平高的地区，养殖户对兽药的鉴别力强，容易接受广告宣传、接受新产品，购买的理性程度高。

3. 风俗习惯 风俗习惯对消费嗜好、消费方式起着决定性的作用。例如，在有的少数民族地区有不吃猪肉的习惯，他们不可能养猪，在那里就无法销售猪用兽药。

学习卡片

关于2009年兽药GSP强制实施的思考

GSP即经营质量管理规范，是兽药经营质量管理的基本准则，是为加强兽药经营质量管理、保证兽药质量而制定的一整套管理程序。GSP的实施标志着政府主管部门对兽药流通领域开始进行整治。

我国从2009年10月1日起强制实施兽药经营准入制度GSP标准，部分不达标的兽药经营企业被勒令退出了市场或被重组。同人药一样，大体系、大连锁、大流通、大协作是今后兽药流通市场的发展方向。市场竞争表现的是企业实力的竞争、销售模式的竞争和技术服务的竞争，单一的经销店将很难存活。作为一个体系，GSP有机地衔接了企业的产供销、人财物各个方面，管理和控制更加有序。有了GSP，员工就知道该干什么，怎么干，怎么干好。一切操作力求规范化，每件事都落实到人，包括时间、地点、人员，效率自然就提高了。比如询价系统建立和操作流程的执行，有效降低了采购成本，对企业经营起到较好的促进作用。

综观世界知名企业，可口可乐、美国通用等，能生存这么多年，企业目光远大是很重要的一点，反之目光短浅是不会长久的。20世纪90年代靠代理起家的不少经销商，有的凭借实力与厂家联手，以入股的形式成了厂家的股东；有的建立起自己的工厂，打出了自己的品牌，成为知名企业。但大部分经销商生意一落千丈。如果目光不远大，不注重学习，不分析趋势，只靠经验，当市场环境变化时，经验会变得一文不值。老子说，“道，可道，非常道”，规律是运动的，而不是静止的。

有的经销商不注重自己门市品牌的打造，以短期利益为主，信誉度较差，面对新形式缺乏主动的应对；有的只是依托厂家的业务或技术，运作市场缺乏自己的体系。但是现阶段有的代理商在发挥自己的技术和资金优势的同时，开始了品牌的打造之旅，在一些地方拥有较大的影响力。要想把自己的门市做成品牌店，不是一朝一夕能实现的，需要经销商树立品牌意识，全力以赴，不断提升自己的综合竞争力。而对大多数实力不强但又非常有远见的经销商，选择加入有实力的连锁体系将是一条很好的出路。

（摘自：http：//www. cqagri. gov. cn/detail. asp？pubID=226709）

三、微观营销环境

（一）企业内部环境

兽药企业为开展营销活动，必须设立某种形式的营销部门，而且营销部门不是孤立存在的，它还面对着其他职能部门以及高层管理部门。企业营销部门与财务、采购、制造、研究与开发等部门之间既有多方面的合作，也存在争取资源方面的矛盾（兽药生产企业内部环境因素如图5所示）。这些部门的业务状况如何，它们与营销部门的合作以及它们之间是否协调发展，对营销决策的制定与实施影响极大。高层管理部门由董事会、总经理及其办事机构组成，负责确定企业的任务、目标、方针政策和发展战略。营销部门在高层管理部门规定的职责范围内做出营销决策，市场营销目标是从属于企业总目标，并为总目标服务的次级目标，营销部门所制订的计划也必须在高层管理部门批准后实施。

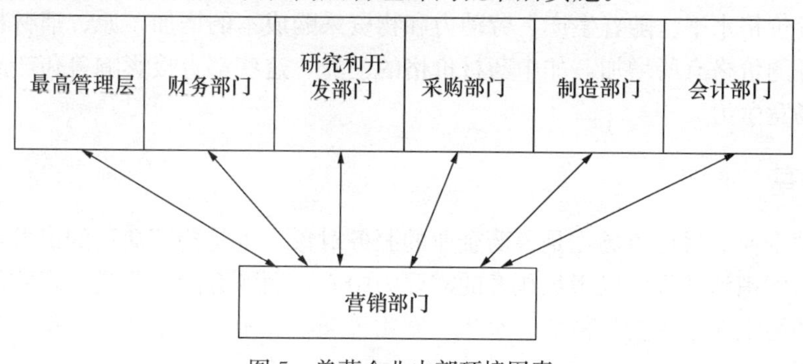

图5 兽药企业内部环境因素

市场营销部门一般由市场营销副总裁、销售经理、推销人员、广告经理、技术服务经理、营销研究与计划以及定价专家等组成。营销部门在制订和实施营销目标与计划时，不仅要考虑企业外部环境力量，而且要充分考虑企业内部环境力量，争取高层管理部门和其他职能部门的理解和支持。

兽药市场有淡旺季之分，淡季时较为清闲，企业应把忙时无暇兼顾的各项管理及营销工作进行修整，建立和完善适应新市场的企业内部环境，如合理调用人力、重要人员调整、员工培训、机能修缮、引进技术、战略转型等。淡季时内部环境的有效调整为即将到来的旺季积蓄强劲力量。

（二）营销渠道企业

1. 营销中介 营销中介是指为兽药生产企业营销活动提供各种服务的企业的总称，它是保证企业的产品顺利到达目标消费者手中的重要环节，直接影响企业营销活动。中间商是营销中介的重要部分，它是兽药产品从生产者流向最终顾客的中间环节，是专门从事药品流通的经济组织。在整个经济活动中，兽药批发商和零售商是企业营销环境中的重要因素和分销系统的一个重要环节。企业在和中间商建立彼此的合作关系后，要随时了解和掌握其经营活动，并采取一定的激励性措施来推动其业务活动的开展，而一旦中间商不能履行其职责或市场环境变化时，兽药企业应及时终止与中间商的关系。除兽药中间商外，营销中介还包括广告公司、咨询公司、金融机构、物流企业等，这些机构提供的专业服务对企业营销活动产生直接影响。目前，部分兽药生产企业与物流公司签订服务协议，物流公司的代收货款等服务减少了兽药企业营销工作，小型企业将有更多的精力投入到市场营销工作中去。

2. 供应商 供应商是向兽药企业提供生产产品和服务所需资源的企业或个人。兽药生产企业从事生产和经营活动，没有原材料、资金、能源、人力、设备等资源的输入是无法正常运转的。所以，供应商是营销微观环境的重要因素。供应商对兽药企业营销活动的影响具体表现如下：

（1）供货及时性和稳定性。现代兽药市场变化很快，兽药企业必须针对瞬息万变的市场及时调整计划，而这样的计划需要相应的生产资料相适应，因此，企业应该和药品原材料或辅助材料的供应商保持良好的关系。

（2）供货质量水平。目前，兽药产品鱼龙混杂，药品及疫苗质量与供应商供应的原、辅材料等生产资料的质量及供应商的服务好坏有密切联系。

（3）供货价格水平。随着生产、劳动力和物资采购成本的增加，原、辅材料等生产资料及供应商服务的价格有所增加，如中药材价格的上涨，这些都直接影响兽药产品成本，最终影响产品市场竞争力。

（三）顾客

顾客就是企业的目标市场，是兽药企业的服务对象，也是营销活动的出发点和归宿。兽药企业的一切营销活动都应以满足顾客的需要为中心，而顾客的需要是以畜牧的健康为出发点，兽药市场终端顾客主要是畜禽、水产、宠物等动物养殖户。因此，养殖户是兽药企业最重要的环境因素。

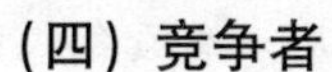

(四) 竞争者

在市场经济条件下，一个兽药企业不可能长期垄断一个市场。任何兽药企业在目标市场上进行营销活动时，都会不可避免地遇到竞争对手的挑战。因此，兽药企业必须时刻关注竞争对手，随时调整相应的营销策略，提高兽药品质。近年来，随着宠物用药逐渐增加，辉瑞、拜尔等国外大型动物保健品企业竞相进入，宠物用药市场竞争越来越激烈。

(五) 社会公众

公众是指对兽药企业实现营销目标的能力有实际或潜在利害关系和影响力的团体或个人。兽药企业面对的广大公众的态度，会协助或妨碍企业营销活动的正常开展。所有的兽药企业都必须采取积极措施，树立良好的企业形象，力求保持和主要公众之间的良好关系。

1. 融资公众　指影响企业融资能力的金融机构，如银行、投资公司、保险公司等。兽药企业发展壮大，尤其是经过 GMP 建设、资金紧张的中小型企业，更离不开融资公众的支持。

2. 媒介公众　主要是报纸、杂志、广播电视等大众传播媒体。

3. 政府公众　指负责管理兽药企业营销业务的有关政府机构，如农业部门、林业部门和环保部门等。企业的发展战略与营销计划，必须和政府的发展计划、产业政策、法律法规保持一致，注意咨询有关产品安全卫生、兽药监管等法律问题。

4. 社团公众　包括畜牧业协会、动物保护组织、消费者权益保护组织、环保组织及其他群众团体等。兽药企业的营销活动关系到社会各方面的切身利益，因此必须密切注意来自社团公众的批评和意见。

5. 一般公众　指上述各种关系公众之外的社会公众。一般公众虽未有组织地对企业采取行动，但兽药企业形象会影响他们的惠顾。

6. 内部公众　兽药企业的员工，包括高层管理人员和一般职工，都属于内部公众。企业的营销计划，需要全体职工的充分理解、支持和具体执行。企业应经常向员工通报有关情况，介绍企业发展计划，发动员工出谋献策，关心职工福利，奖励有功人员，这样有利于增强内部凝聚力，减少兽药从业人员的流失率。员工的责任感和满意度将传播并影响外部公众，从而有利于塑造良好的企业形象。

学习卡片

兽药企业人才经营五部曲

目前，兽药人才是最稀缺的资源，然而中国的兽药企业却处在人才危机中，由于管理的缺失，人才没有发挥应有的作用。所以，解决人才资源的浪费已经刻不容缓。

兽药企业为什么缺乏人才，特别是销售人员呢?

首先是主管招聘的人并非“伯乐”，不少兽药企业由于对人才没有长远规划和缺乏足够的重视，出现在招聘第一关的工作人员基本为公司基层员工，一个非真正的人才焉能找到优秀人才呢?

第二，兽药企业在人才投资方面总是最少的，企业舍得花钱建GMP厂、购设备、建大楼，往往舍不得高薪聘请优秀人才，包括平时对人才的关注也是少得可怜。

第三，兽药企业的分配机制跟不上时代的发展，原本优秀的人才都被竞争对手高薪挖走。其实，不善于分钱也是很难赚大钱的。另外，企业缺乏健全的人才培养体系。

企业若想拥有优秀人才，应从以下几方面着手：

1. 筑巢引凤：不筑好巢怎能招到金凤凰　兽药企业必须把人才引进当作企业战略来抓，首先要筑好巢。企业的巢好与不好，关键看企业是否具有很强的综合实力，是否能给员工提供良好的舞台，是否拥有合理规范的管理机制，是否对人才足够的重视。这些是吸引人才的基本要素。

2. 慧眼识鹰：千里马常有而伯乐不常有　招聘是企业领导者最重要的工作之一，领导力的核心是选对人才非培训人才。所以，企业领导人至少要将1/5的时间用在人才的选拔上。

3. 造梦聚才：构建威力无比的企业磁场　通常团队有三种情形：一是人心分散，各自为政，如同一盘散沙；二是有志同道合者，也有团队破坏者，造成许多资源的浪费；三是同心同德，劲往一处使，所谓人心齐，泰山移。有时，因上下目标不一致，许多高层战略未能与下级沟通一致，以致员工人心涣散。

所以，企业需要一个思想家，为团队成员塑造共同的梦想，因为人因梦想而伟大。梦想可以团结人、激励人、吸引人才，梦想是企业困难时或不断变化时的方向舵，梦想是在竞争中取胜的有力武器，梦想能够把企业凝聚成一个共同体。

4. 设槽供跳：让跳槽成为企业中的积极能量　跳槽在职业人士中比较普遍，那么是什么原因让人才不愿意待下去呢？很多人把跳槽看做是升迁的捷径，或者是企业文化与制度让其觉得没有发展前途，薪酬太低、工作单调，没有学习与发展的空间，没有成就感和和谐的人际关系，承诺的事项没有兑现，没有从事自己感兴趣的工作。

人们频繁跳槽总是基于“人往高处走，水往低处流”的思想，如果能够在企业内部设置“高槽”，就能让跳槽成为企业中的积极能量。所以，企业必须从以事为中心转变为以人为中心，关注人的成长与发展。

5. 制造人才：生产的不是产品而是人才　为什么伟大的企业难以复制？世界五百强某企业曾有这样一句话：我们是人才工厂！优秀企业之所以能够在全球的很多市场获得成功，真正的核心竞争力并不是在制造业或者服务业，而是制造人才的能力。

企业在销售队伍建设方面，一定要以内部员工选拔、提升为基础，以空降销售精英为辅助，增强新锐思想与活力。一个没有新鲜血液加入的销售队伍，一定是没有创新与活力的团队，但空降人员不要太多。人人都是千里马，应放对位置并让其参与赛马。

（摘自：http：//www.zgjq.cn/Technique/ShowArticle.asp? ArticleID=286125)

环　境　分　析

一、环境不确定性程度分析

企业要分析和把握环境，首先要能识别环境的不确定性程度。环境的不确定性主要受构成环境的各类因素的多少及变化程度的影响，分为低不确定性、中低不确定性、中高度不确

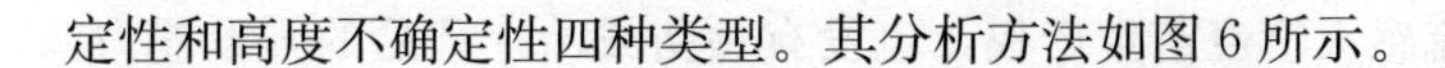
定性和高度不确定性四种类型。其分析方法如图6所示。

简单+稳定=低不确定性	复杂+稳定=中低不确定性
简单+多变=中高度不确定性	复杂+多变=高度不确定性

注：① 简单：构成环境的因素少，且是类似的。
② 复杂：环境存在大量外部因素，且不相似。
③ 稳定：因素保持相同或变化缓慢。
④ 多变：因素变化频繁且不可预测。

图6 环境不确定性的分析

二、内外部环境的综合分析——SWOT分析法

（一）SWOT分析法简介

SWOT分析法又称态势分析法，或波士顿矩阵，是最常用的内外部环境综合分析方法，由美国学者安德鲁斯（Andrews）于1971年在《公司战略概念》中首次提出，其广泛应用于战略研究与竞争分析。SWOT分别代表：Strengths（优势）、Weaknesses（劣势）、Opportunities（机会）、Threats（威胁）。

SWOT通过对被分析对象的内部优势与劣势、外部机会与威胁的综合评估与分析得出结论，通过将内部资源、外部环境有机结合来清晰地确定被分析对象的资源优势和缺陷，了解所面临的机会和挑战，从而在战略与战术两个层面加以调整，以保障被分析对象实现战略目标（表2）。

表2 SWOT矩阵

企业内部因素 / 企业外部因素	优势（S）	劣势（W）
机会（O）	SO战略	WO战略
威胁（T）	ST战略	WT战略

优势（S）：即企业内部相对竞争对手所具有的优势资源、产品、技术以及其他特殊能力。具体的优势可以是以下资源：核心竞争力、充足的资金、良好的管理水平和企业形象、完善的服务体系、先进的工艺及设备、成本优势、市场优势、长期稳定的供方或买方关系、良好的雇员关系等。目前，我国动物疫苗生产企业总体实力的评价标准主要体现在以下几个方面：是否是农业部强制免疫疫苗定点生产企业；是否拥有强制免疫疫苗种类。

劣势（W）：企业内部相对竞争对手的不利因素，使企业在竞争中处于劣势。具体的劣势可表现为如下方面：没有长期的战略规划、无关键技术和能力、设备及工艺落后、管理混乱、产品开发能力差、产品成本过高、营销渠道不畅等。GMP强制实施前，国内多数兽药生产企业与国外知名兽药巨头差距较大。

机会（O）：企业经营环境中有重要的有利形势。机会可表现为如下方面：竞争格局的有利变化、政府有利的宏观调控、技术发展、经济发展等。机会有时一闪而过，企业必须有敏锐的洞察力，适时抓住机会，当然，机会与企业内部资源需相一致。比如禽流感的暴发，

若兽药企业没有国家强制免疫禽流感灭活疫苗生产权，也没有预防或治疗药品的开发能力，则将成为市场的旁观者。

威胁（T）：企业经营环境中不利的重要因素，将成为企业发展的障碍。威胁可表现为如下方面：政府法规变化、强大竞争对手的加入、市场形势变坏、买方或供方竞争地位的加强、关键技术改变等。例如，金宇集团由于涉假禽流感疫苗事件，企业禽流感疫苗生产受到较大威胁。

（二）SWOT分析法下的企业战略选择

（1）SO战略。利用企业内部的长处（如研发优势、分销网络优势、国家定点生产单位等）去抓住外部千载难逢的机会。

（2）WO战略。利用外部机会来改进企业内部弱点，如加强自身研发力量、健全营销网络等。

（3）ST战略。利用企业的长处去避免或减轻外来的威胁，不因为环境变坏而使企业面临破产的境地。

（4）WT战略。直接克服内部弱点，避免外来威胁，兽药企业可采取收缩和退出策略。

三、兽药企业外部环境应对策略

根据SWOT分析，外部环境对企业的影响主要体现为给企业带来的机会和威胁。

（一）环境机会应对策略

不同的环境条件和机会，能给兽药企业带来不同的潜在利润，从而形成不同的潜在吸引力，同时企业可利用环境机会，战胜同行竞争者。环境对兽药营销活动带来的机会如图7所示。

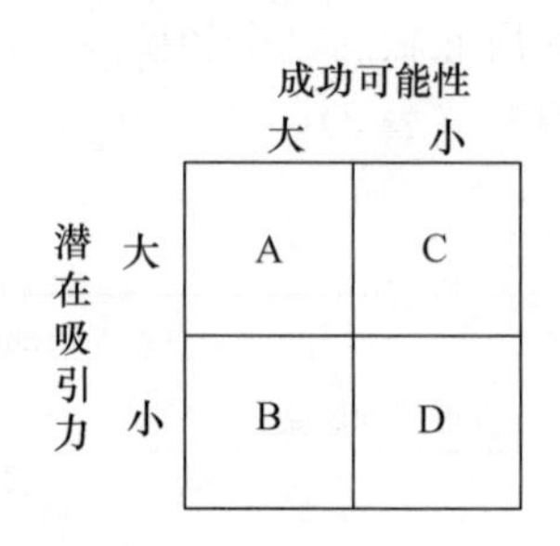

图7　潜在吸引力—成功可能性矩阵

A象限属于机会潜在吸引力和成功可能性都高的状态，兽药企业在这一条件下应全力发展，如预防、保健药品开发和生产实力强的企业，在当前潜力巨大的市场环境下有更广阔的发展空间。

B象限属于机会成功可能性大但潜在吸引力较小，即赢利能力小，大型兽药企业对这种机会往往不重视，小型企业可以抓住机遇。

C象限属于机会成功可能性小但一旦成功则赢利高，兽药企业一定要想方设法改善自身不利条件，使其转化为A象限的有利环境。

D象限机会成功可能性小且成功赢利能力弱，此时，兽药企业既要积极改善自身条件，又要静观市场变化趋势，随时准备利用其转瞬即逝的机会。

（二）环境威胁应对策略

环境对兽药营销活动带来的威胁如图8所示。对于A象限的威胁，兽药企业处于高度的警惕状态，并应做好应对预案，尽量避免或降低损失；对于B、C象限，兽药企业也不能掉以轻心，

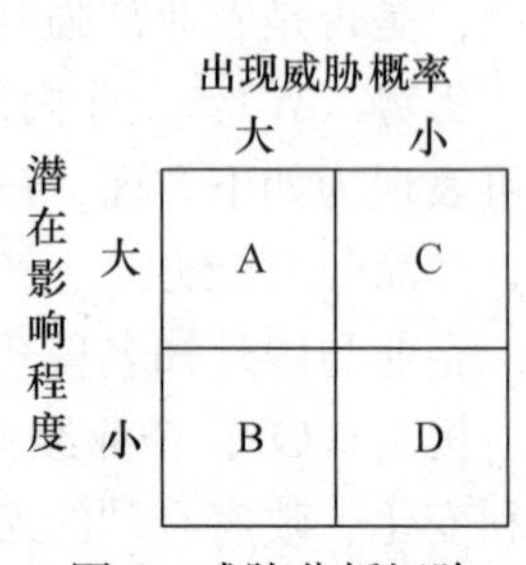

图8　威胁分析矩阵

要给予足够的重视，制定应变方案；对于D象限，企业只要做好动态观察，若有向其他象限转换的迹象，则采取应对方法。

一般来讲，兽药企业对环境的威胁可选用以下几种对策：

(1) 对抗。对抗可以限制或扭转不利因素的发展，如通过法律诉讼等方式，促使政府通过某种法令或政策等保护自身合法权益不受侵犯，改变环境威胁。例如，针对某些国家对我国动物食品的反倾销调查，畜牧行业可以上诉世界贸易组织，争取合法利益，甚至请国家制定反制措施。

(2) 缓解。通过调整市场营销组合来改善环境、适应环境，减轻环境威胁。针对兽药市场中的低价、假冒伪劣产品，企业可采用加大产品的宣传力度、适当降低产品价格、协助药监部门打假等措施，保护自身市场份额。

(3) 转移。由于受到严重环境威胁，可逐步调整业务范围或转移原有业务，进入新的赢利高的细分行业或市场。

学习卡片

如何研究和制定动物药品企业的战略

目前，在众多购买影响因素中，养殖户购买行为主要受兽医的影响，兽医对养殖户购买行为影响重大主要是由我国养殖户目前的行为特征所决定。从养殖户的购买动机来看，产品功效是养殖户购买时的主要考虑因素，其次是产品的价格，兽药行业90%以上为中小企业，因此市场集中度低，未来兽药企业的战略控制点将转向价值链的两头，即上游的产品研发和下游的渠道终端控制。目前市场上多种渠道共存的市场体系要求市场管理的适应性，从渠道未来发展来看，问题将与机会并存，渠道的扁平化、整合化和一体化将是渠道发展的主要方向。随着GMP认证的实施，兽药行业的非正当竞争行为将减少，由散乱走向有序，实施兽药GMP后，通过对兽药企业的硬件和软件的规范，通过实施新《兽药管理条例》和《兽药注册办法》、《兽药产品批准文号管理办法》等配套规章以及政府部门强化执法监督，可以提高兽药合格率，保证用药安全；引导企业通过性价比、药品效果、营销服务、品牌等正当渠道进行高水平竞争，实施兽药GMP的总体效果会使兽药产业由过去的散乱走向有序。

市场透明度的提高将引发兽药企业间的激烈斗争，残酷的价格竞争行为将成为兽药企业的主要竞争方式。随着GMP认证的推行，兽药生产企业的竞争平台已在GMP标准的宏观调控下趋于一致，生产硬件和产品标准的一致性，产品的无差别性，必然增加了企业间的竞争程度。大量中小企业的退出使兽药市场竞争由混乱走向有序，企业数量的减少，将提高整个市场的透明度，兽药企业将更容易收集到对方的生产和销售信息，辨别自己的竞争对手，并制定针对性竞争策略，从而引发面对面的格斗。为了避免市场竞争的失败而导致的巨大成本损失，面对激烈的竞争，通过GMP认证的企业会因为“笼中困兽”而奋力一搏，在没有竞争优势的情况下会通过降价，甚至把正常利润降为零以维持企业生存。

在动物药品企业的发展战略体系中，每一项战略在企业发展中所起的作用是不同的。其中，企业发展核心战略对企业发展具有特别重大的指导作用，对其他战略具有特别重大的带动作用。研究企业发展战略首先要研究好企业发展核心战略，善于用核心战略统帅其他战略，用其他战略保证核心战略。企业发展中的主要矛盾就是木桶理论中所说的最短的那块板。任何企业在任何时期也都存在一种主要矛盾，主要矛盾能不能准确地抓住，能不能有效地解决，对企业发展具有决定性的影响。要灵活使用扬长补短与扬长避短这两大策略。对企业之短应该宜补则补，宜避则避。对企业之长则要扬。扬长就是要发挥和再造优势，而发挥和再造优势是企业发展的重要条件。任何企业在任何时期都会有若干优势需要发挥和再造。发挥和再造优势也要突出重点，要善于用主要扬长点带动企业的各项发展工作。抓主要扬长点要灵活机动，主要扬长点究竟是在经营方向方面、技术开发方面、市场营销方面，还是在其他方面，都不是可以随心所欲的，一定要把需要与可能有机结合起来才能准确选定。

提出一项富有价值的企业发展核心战略是很不容易的，因为它不仅需要一般战略研究能力，而且需要对各种战略的综合分析与比较能力；不仅需要抓住主要矛盾或主要扬长点，而且需要拿出一整套解决主要矛盾或实现主要扬长点的有效办法。总之，这是一个严峻的挑战。发现主要矛盾或主要扬长点需要智慧，相应提出科学、实际、新颖、独特、简单的解决办法更需要智慧。任何企业领导的智慧都是有限的。智慧越有限，越要集思广益，广泛听取各个方面的意见，其中包括社会各界专家的意见。要舍得花大精力研究企业发展核心战略，因为一旦把这个核心战略制定好了，就能够事半功倍地展开许多工作，从而加速企业的健康发展。

在竞争日趋激烈的兽药市场，渠道竞争将成为兽药企业非价格竞争的主要方式。大企业营销发展策略常为增加人力、物力、财力的投入，建立自己的营销网络；增加广告宣传，提高企业的知名度和市场影响力；建立终端客户服务机构，通过技术服务和产品服务赢得终端客户。小企业营销发展策略为招聘有经验懂专业的营销人员，加大宣传争夺终端大客户；寻找产品具有互补性的企业，借助其他企业的营销网络帮助营销产品，以降低产品营销成本。

为了在残酷的竞争中谋求生存，并获得持久竞争优势，新产品研发将成为未来市场竞争的焦点。通过 GMP 认证的企业短期战略目标（短期利益）为兽药产业的新产品研发由于投资大、研究周期长、投资风险大，同时通过兽药 GMP 认证的企业因为 GMP 改造的巨大投入，资金紧张，故短期内兽药企业的产品竞争仍集中在现有产品上，竞争方式主要集中在价格竞争和非价格竞争的营销竞争上。长期战略目标（持久竞争优势）为由于实施兽药 GMP 以后，兽药企业竞争实力势均力敌，在价格竞争和非价格竞争的市场中难决雌雄，并不会引发企业高速成长。因此，一些具备实力的企业终究会把目光集中在产品研发上，通过产品研发获取具有垄断能力的新产品，并以此获取高额利润使企业高速成长。

纵观兽药行业的发展趋势，未来兽药产业会发生兼并，从而出现新一轮的市场洗牌。国外企业由于关税降低到极限以及逐步熟悉了中国兽药市场特点，会全面进军中国兽药市场。在实施兽药 GMP 很长时间后，一些大企业通过新产品研发获得垄断地位，企业实力不断壮大。我国一些兽药龙头企业开拓了国际兽药市场，特别是南美、非洲、中东和周边国家，并表现出一定竞争能力。国内企业为了扩大产能、提高规模经济水平与国外企业对抗，会在不同地区兼并其他兽药企业；国外企业为了实现药品生产和销售本土化，全面进军中国市场也会通过收购、合资等形式兼并国内兽药企业。中国的兽药产业会出现新一轮的市场洗牌，兽药市场份额会集中在国内和国外少数几家企业里，兽药企业数量会减少，并由少数几家公司控制市场。

（摘自：http：//www. cqagri. gov. cn/detail. asp? pubID=228295）

小结

兽药市场营销环境是指能够决定或影响兽药企业营销活动以至生存和发展的所有因素的总和。环境包括微观环境和宏观环境，微观环境指与兽药企业紧密相连，直接影响企业营销能力的各种参与者，包括兽药企业本身、兽药营销渠道企业、顾客、竞争者以及社会公众。宏观环境指影响微观环境的一系列巨大的社会力量，主要是人文、经济、政治法律、科学技术、社会文化及自然地理等因素。

兽药企业内外情况是紧密联系的，企业应利用 SWOT 工具加以分析，通过将内部资源、外部环境有机结合来清晰地确定被分析对象的资源优势和缺陷，了解所面临的机会和挑战，从而在战略与战术两个层面加以调整，以保障被分析对象实现战略目标。

小测验

1. 下列不属于影响兽药生产企业宏观环境的因素是（　　）。
   A. 兽药经销商　　B. 经济环境　　C. 国家法律法规　　D. 科学技术
2. 下列属于影响兽药生产企业微观环境的因素是（　　）。
   A. 人口结构　　B. 科学技术　　C. 同行疫苗企业　　D. 自然因素
3. 如何进行兽药企业内外部环境分析？
4. 假设我国某地发生禽流感疫情，兽药经营企业应如何抓住这一环境变化带来的商机？
5. 用 SWOT 方法分析 2009 年全球甲型 H1N1 流感疫情以后，我国兽药企业应采取何种营销策略？

兽药企业竞争对手分析

【基本知识点】

◆ 熟悉兽药企业竞争能力的影响因素

◆ 了解企业核心竞争力的含义及特点

◆ 了解兽药市场竞争者的类型

◆ 掌握竞争对手分析的方法

◆ 认识兽药市场竞争的内容

◆ 掌握兽药市场竞争对手分析的注意点

【基本技能点】

◆ 识别竞争对手的能力

◆ 分析竞争对手的能力

◆ 提高竞争优势的能力

导入案例

中牧股份与金宇集团的竞争优势

中牧股份和金宇集团是上市公司中主营动物保健品的两家企业。中牧过去是由农业部所属的几家生物药品厂重组而成，属于“国家队”，而金宇集团所属的内蒙古生物药品厂属于“地方队”。中牧和金宇都是动物疫苗的龙头企业，特别是口蹄疫疫苗，两家公司基本上平分秋色。中牧的主要竞争优势表现在：其产品线的广度、深度以及研发实力；营销网点的全国性分布；另外，中牧过去是农业部企业，和防疫系统关系密切，同时作为“国家队”企业，承担了一定的政策性任务，例如应对四川的猪链球菌疫情，农业部将中牧股份定为猪链环菌疫苗生产企业。金宇的竞争优势在于：民营企业机制灵活；销售激励措施比较激进，发展很快；公司在口蹄疫产品开发方面有一定优势，主要通过对外合作开发产品，口蹄疫疫苗通过世界动物卫生组织下属实验室的认证；企业喜欢走产品异化竞争之路；另外，尽管金宇受涉假禽流感疫苗事件影响而被吊销生产许可证，对其经营业绩产生很大的负面影响。未来几年，中牧股份与金宇集团竞争将更加激烈。

（摘自：http：//www.taoniu.com/shouyao/2007/0711/91.html）

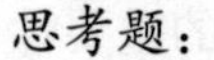

1. 中牧股份的竞争优势在哪里？

2. 金宇集团的竞争优势在哪里？

兽药企业竞争力

竞争是市场经济的基本特征。市场经济所形成的优胜劣汰，是推动市场经济运行的强制力量，它迫使企业不断研究市场，开发满足市场需求的新产品，改进技术，更新设备，降低运营成本，提高运营效率和管理水平。兽药企业必须重视研究竞争者的优势和劣势、竞争者的战略和策略，明确自己在竞争中的地位，有目的地为企业制定市场竞争战略，并通过战略的实施，建立自身的竞争优势。

一、兽药企业竞争能力影响因素

根据美国著名管理学家波特的理论，影响企业竞争力的主要因素有五个方面：现有竞争者之间的竞争、行业潜在的新进入者、替代品的威胁、购买者讨价还价的能力和供应商讨价还价的能力（图 9）。

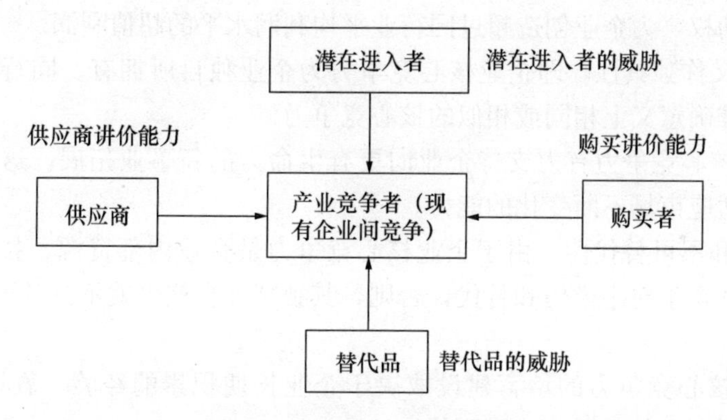

图 9　波特的五力分析模型

1. 行业潜在的新进入者　兽药行业潜在的新进入者是兽药行业竞争的一种重要力量，新进入者一般都拥有新的生产能力和一些必需的资源，想在行业中建立有利的市场地位。新的兽药企业的进入，会增加行业的生产能力，从而加剧行业的竞争。例如，海口农工贸（罗牛山）股份有限公司为完善公司畜牧产业链及产业配套体系，有效控制成本，收购上海同仁药业，进入兽药生产行业。

2. 替代品的威胁　兽药行业的某一企业有时会与另一企业处于竞争状态，其原因是这些企业的产品具有相互替代的性质，如针对动物同一种病源的治疗用药物有中、西药，它们之间具有替代性。

3. 购买者讨价还价的能力　兽药购买者主要有经销商、规模养殖户（场）、养殖集团、政府等，购买者的竞争力量需要视具体情况而定。但主要考虑如下方面：购买的数量、购买者购买其他替代品的转换成本、购买者所追求的目标。购买者可能要求兽药企业降低产品价格、提供优质服务和产品质量，这样可能会降低兽药企业的经营利润。

4. 供应商讨价还价的能力　对于兽药行业来说，供应商为企业提供原材料、半成品、辅助产品、设备、能源等，供应商竞争性通常由市场状况以及供应商提供产品的重要性等决定。为提高利润，供应商或者直接提高供应品价格，或者降低产品质量和服务水平，这将增加兽药企业经营成本。

5. 现有竞争者之间的竞争 这种竞争力量是企业所面对的最强大的一种力量，竞争者有自己的企业规划、营销手段，都想在行业中处于领导地位，对行业构成的威胁最直接、影响最大。随着辉瑞、诺华等国外知名品牌的进入，我国兽药企业正面临着前所未有的压力，尤其是宠物药品市场、动物疫苗市场等。

这五种基本竞争力量的状况及综合强度，决定着行业的竞争激烈程度，从而决定着行业中最终的获利潜力以及资本向本行业的流向强度，这也最终决定着企业保持高收益的能力。

二、兽药企业核心竞争力

核心竞争力是指企业的主要能力，也就是使企业在竞争中处于优势地位的强项，是其他对手很难达到或者无法具备的一种能力。核心竞争力主要是关乎各种技术和对应组织之间的协调和配合，从而可以给企业带来长期竞争优势和超额利润。兽药企业为在行业中立于不败之地，应注重核心能力的培养和提升。核心竞争力的特点主要表现为：

1. 价值性 核心竞争力富有战略价值，它能为顾客带来长期的关键性利益，为企业创造长期的竞争主动权，为企业创造超过同行业平均利润水平的超值利润。

2. 独特性 又称独具性，即企业核心竞争力为企业独自所拥有。同行业中几乎不存在两个企业都拥有准确意义上相同或相似的核心竞争力。

3. 延展性 核心竞争力有力支持企业向更有生命力的新事业拓展。这种能力是一种应变能力，是一种适应市场不断变化的能力。

4. 难以模仿和不可替代性 由于企业核心竞争力是企业内部资源、技能、知识的整合能力，常常难以让竞争对手模仿和替代，否则，其独特性自然也就不具备了，竞争优势也相应丧失。

5. 长期性 核心竞争力的培育建设取决于企业长期积累的经验、教训、知识、理念，需要一个漫长的过程，绝不可能一蹴而就。

核心竞争力是兽药企业在较长的特殊历史进程中形成的产物，是一种“管理遗产”。它是企业竞争优势的支撑，是企业在竞争中获取领先地位的关键能力，影响着企业未来的收益和战略选择。强有力的核心竞争力决定兽药企业特有的战略活动，兽药企业拥有核心竞争力，则将拥有竞争优势。

三、兽药企业竞争力共性

1. 兽药企业普遍实力弱 目前，国内兽药企业普遍基础差，规模小，至2009年年底，年销售额超过亿元的大型兽药企业仅45家，销售额2 000万～10 000万的中型兽药企业200多家。

2. 产品同质化严重 市场中兽药企业产品同质化严重。究其原因，主要是兽药企业研发能力差、高技术人才匮乏、实验条件差。

3. 兽药企业渠道终端化 兽药企业将销售渠道直接放到终端，它们绕过经销商，直接联系消费者，同时委派技术服务人员下基层。

4. 兽药市场竞争白热化　由于兽药市场产品同质化严重，兽药企业竞争的重点主要是价格、促销、服务等。

5. 国际兽药竞争者实力强大　国际兽药竞争者大举抢占国内市场，竞争优势明显，且大型养殖集团比较信任国外兽药。

学习卡片

核心竞争力决定动物药品企业的高端

动物药品行业是朝阳产业，但企业是不是朝阳企业，主要取决于企业的战略高度和是否已经具备综合竞争实力，尤其是核心竞争能力。

一、动物药品企业的核心竞争力

动物药品企业的核心竞争力是一种战略竞争能力，主要包括核心技术能力、组织协调能力、对外影响能力和应变能力，其本质内涵是让消费者（兽医、养殖户）得到真正好于、高于竞争对手的不可替代的价值、产品、服务和文化。其中，创新（产品创新、技术创新、服务创新、管理创新、观念创新等）是核心竞争力的灵魂，主导产品（产品战略整合）是核心竞争力的精髓。

二、动物药品企业的核心竞争能力的综合体现

1. 管理和生产经营能力　管理和生产经营能力是企业竞争力的核心内容，包括企业获得信息能力、推理能力、决策能力和迅速执行决策能力，也可以理解为狭义的“企业核心能力”。管理能力的提高有利于企业更有效率地利用其资产，扩大经营范围，提高在市场中的竞争力。

2. 技术开发和创新能力　拥有自己的核心技术是企业获得核心竞争力的必要条件，但不是充分条件。研究开发和创新能力是企业获得持久制造技术或专利技术从而获得长期利润的源泉。

创新囊括观念创新、管理创新、技术创新、体制创新等诸多方面。观念创新在动物药品企业中应当有很深的内涵，“人品先于产品，竞合优于竞争，发展高于发财，地位源于作为”就是一种观念。

3. 创造品牌和运用品牌的能力　现代营销学理论认为，品牌是由一系列包括产品功能利益、服务承诺以及情感的象征性价值等构成的复合组织。所以创建成功品牌就意味着一个品牌获得了可持续的差异优势，它体现了特定产品或服务的真正价值。优秀的品牌是时间的积累，是金钱的积累，是品质的积累，是智慧的积累，是企业的灵魂，品牌规划要着眼于战略，着眼于核心价值，要运用一切营销传播手段和方法，进行品牌演绎和品牌传播。

4. 员工的知识和技能　有企业家说：“企，上面一个人，下面一个止。意即：什么样的人决定什么样的企业，什么样的企业决定什么样的产品，什么样的产品决定什么样的市场。”人是企业发展壮大的决定性因素，人才是企业竞争的根本优势。

三、企业战略定位打造和强化动物药品企业核心竞争力

1. 明确的产业战略定位　选择一个好产业远胜于选择一种好产品。纵观动物药品企业的现状，要成为市场的领导者，必须清楚地认识到自己所处产业生命周期的阶段性，分析企

业外部环境和内部条件，适时进行战略调整和转移，变换或重组自己的产业领域，重新构建自己的核心竞争力，而不是贪大求全或故步自封。

2. 恰当的市场战略定位　在所谓后GMP竞争时代，第一是成本领先战略；第二是差异化战略；第三是目标集聚战略，即企业着眼于产业内的一个狭小空间做出选择。

3. 准确的经营战略定位　目前，我国动物药品企业出现了以下态势：一是上市、兼并、联合、重组成为许多企业已经着手或正在思考的变革模式，意在提升企业的综合竞争实力。二是一部分企业加大分离力度，放弃那些低效率的、不赢利的甚至亏损的环节，收缩阵地，突出主业，将有关的业务活动移交给在业务上有优势的企业，以弥补自己的不足。三是产品生产有突出成本优势的企业，乐于代加工，不断强化自己的兽药产品生产能力，形成生产环节的核心竞争力，产品研发以项目形式委托大专院校代为开发。

4. 适宜的联盟战略定位　从目前来看，较为可行的企业结盟方式主要有四种类型：一是供应链型，即企业通过与供应商建立合作关系结成联盟；二是价值链型，主要是企业通过建立与供应商、经销商以及最终用户的价值链形成联盟；三是市场链型，主要是企业有选择地与包括供应商、经销商、竞争对手在内的有关的市场力量建立协作关系形成战略联盟；四是虚拟链型，即利用信息技术把各种资源和能力连接起来，形成一种有机的战略网络。

5. 企业的内部战略性资源的整合、培养与创新　企业核心竞争力是以企业资源为基础的能力优势，而且必须是异质性战略资源，如技术、品牌、企业文化、营销网络、人力资源管理、信息系统、管理模式等。只有在这些方面进行强化突出，建立互补性知识与技能体系，才能获得持续性竞争优势，别人才难以模仿。

6. 进行核心产品的战略性开发　核心产品是核心能力的物质体现和市场体现，大力开发核心产品才能为企业核心能力的培养提供物质保证。目前国内动物药品生产企业市场大战是制剂产品销售终端的竞争。但只要对核心产品（原料、特有剂型）进行不断开发、创新，就会使企业确立持久竞争优势。

7. 加强对核心竞争力的战略保护　企业的核心竞争力是通过长期发展和强化建立起来的，是一种无形资产，一旦丧失，带来的损失是无法估计的。因此企业必须通过持续、稳定的支持、资助和保护，以避免核心竞争力的丧失。

［摘自：张国红．2005. 核心竞争力决定着动物药品企业的高端［J］．中国禽业导刊(12)．］

竞争对手分析

一、兽药企业竞争对手分析方法

分析竞争对手的方法有很多，如价值链分析、组合矩阵分析和标杆法等。其中价值链分析使用得较为普遍。价值链分析方法视企业为一系列输入、转换与输出的活动序列集合，每个活动都有可能相对于最终产品产生增值行为，从而增强企业的竞争力。企业通过信息技术实现业务流程的优化是实现企业战略的关键。兽药企业通过在价值链过程中灵活应用信息技术，发挥信息技术的使能作用、杠杆作用和乘数效应，可以增强企业的竞争能力。

（一）竞争对手分析工具

竞争对手分析工具是一个系统性地对竞争对手进行思考和分析的工具，这一分析的主要目的在于估计竞争对手对本公司的竞争性行动可能采取的战略和反应，从而有效地制定客户自己的战略方向及战略措施。

（二）兽药企业竞争对手分析模型

在进行兽药市场竞争对手分析时，需要对那些现在或将来对客户的战略可能产生重大影响的主要竞争对手进行认真分析。这里的竞争对手通常意味着一个比现有直接竞争对手更广的组织群体。需要评价和分析的竞争对手包括现有竞争者和潜在竞争者（图 10）。

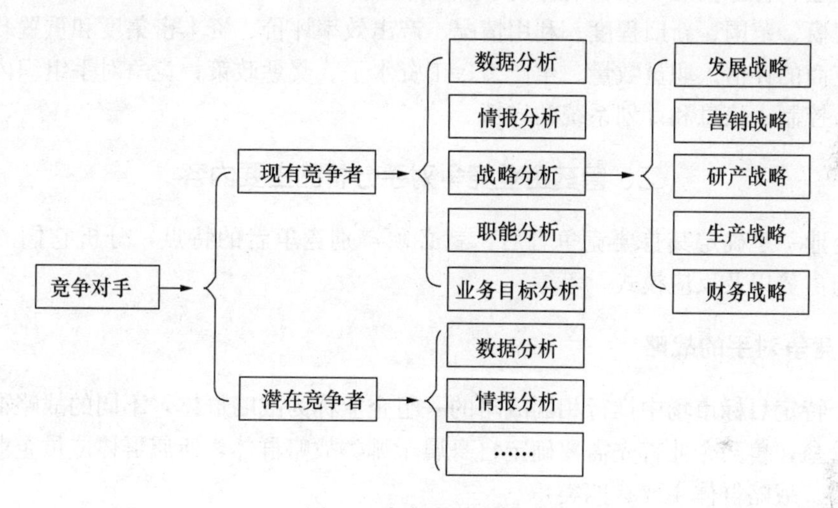

图 10　竞争者分析模式

1. 现有直接竞争对手　兽药企业应该密切关注主要的直接竞争对手，尤其是那些与自己同速增长或比自己增长快的竞争对手，必须注意发现任何竞争优势的来源。一些竞争对手可能不是在每个兽药细分市场都出现，而是出现在某特定的市场中。因此不同竞争对手需要进行不同深度水平的分析，对那些已经或有能力对公司的核心业务产生重要影响的竞争对手尤其要密切注意。

2. 新的和潜在的进入者　现有直接竞争对手可能会因打破现有市场结构而损失惨重，因此主要的竞争威胁不一定来自它们，而可能来自新的和潜在的竞争对手。新的和潜在竞争对手包括以下几种：进入壁垒低的企业，如医药企业；有明显经验效应或协同性收益的企业，如饲料生产企业；前向一体化或后向一体化企业，如部分养殖集团可能成为行业的进入者；非相关产品收购者，进入将给其带来财务上的协同效应；具有潜在技术竞争优势的企业。

（三）竞争对手情报来源

对兽药市场竞争对手的信息进行例行、细致、公开的收集是非常重要的基础工作。竞争信息的主要来源包括以下几部分：年度报告、竞争产品的文献资料、内部报纸和杂志、竞争对手的历史、广告、行业出版物、论文和演讲、销售人员的报告、顾客、供应商、专家意见、证券经纪人报告、高级顾问等。

（四）竞争对手分析数据库

兽药企业对大量收集到的竞争对手资料应建立完善的竞争对手分析数据库，以便充分、及时地使用。应当收集的数据包括以下内容：竞争对手或潜在竞争对手的名字；作业场所的数量和位置；每个单位的人员数量和特征；竞争对手组织和业务单位结构的详细情况；产品和服务范围情况，包括相对质量和价格；按顾客和地区细分的市场详情；沟通策略、开支水平、时间安排、媒体选择、促销活动和广告支持等详情；销售和服务组织的详情，包括数量、组织、责任、重要客户需求的特殊程序、小组销售能力和销售人员划分方法；市场（包括重要客户需求的确认与服务）的详情，顾客忠诚度估计和市场形象；有关研发费用、设备、开发主题、特殊技能和特征的详情以及地理覆盖区域；有关作业和系统设备的详情，包括能力、规模、范围、新旧程度、利用情况、产出效率评价、资本密集度和重置政策；重要顾客和供应商的详情；职员数量、生产力、工资水平、奖惩政策；竞争对手组织内部关键人员的详情；控制、信息和计划系统的详情。

二、兽药企业竞争对手分析的主要内容

兽药企业一旦确定其首要竞争者后，就必须辨别竞争者的特点，分析它们的战略、目标、优势与劣势以及反应模式，等等。

（一）竞争对手的战略

在一个特定目标市场中推行相同战略的一组企业称为战略群体，不同的战略群体设置相应的进入壁垒，兽药企业首先需要确定自身属于哪类战略群体，所属群体成员企业就是自身的竞争对手。战略群体主要有四类：

1. **群体A**　兽药产品线狭窄、生产成本较低、服务质量高、价格高。
2. **群体B**　兽药产品线中等、生产成本中等、服务质量中等、价格中等。
3. **群体C**　兽药产品线全面、生产成本低、服务质量良好、价格中等。
4. **群体D**　兽药产品线广泛、生产成本中等、服务质量低、价格低。

强大的竞争者将随着时间的推移而修改其战略，兽药企业必须不断观测竞争对手的战略，采取相应的对策。

（二）竞争对手的目标

兽药企业确定了竞争对手主要战略后，必须了解竞争者在市场上追求什么，其推动力是什么。竞争者的目标是由多种因素确定的，包括规模、历史、目前的经营管理和经济状况。另外，如果竞争者是一个大公司的组成部分，便应知道它的经营目的是为了成长，还是榨取利润。根据其在目标市场上所起的作用，可把竞争者分为领导者、挑战者、追随者和补缺者。

1. 市场领导者　兽药市场领导者要继续保持第一位的优势，就要从以下三方面开展有效工作：首先，兽药企业必须找到扩大总需求的方法，其次，企业通过进攻或防御手段保护其市场份额，第三，即使市场规模不变的情况下，企业也应扩大市场份额。如中牧股份作为动物疫苗行业龙头企业，其猪蓝耳病疫苗更是占有较高的市场份额。目前，中牧股份有能力

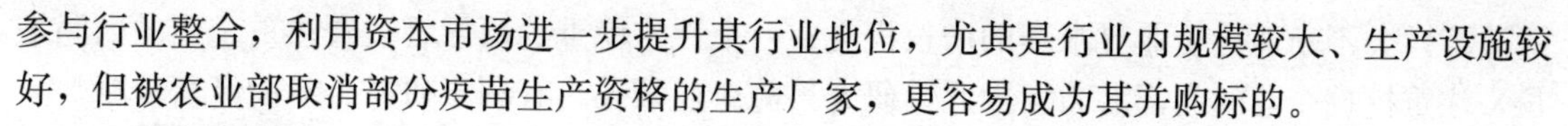

参与行业整合，利用资本市场进一步提升其行业地位，尤其是行业内规模较大、生产设施较好，但被农业部取消部分疫苗生产资格的生产厂家，更容易成为其并购标的。

2. 市场挑战者 市场挑战者指兽药行业中在市场占有率、新产品开发、促销强度等方面均处于第二位的公司，它们可以攻击市场领导者或其他竞争者，以夺取更多的市场份额。部分市场挑战者已经从领导者手中抢夺了很大市场，甚至超过领导者。它们的进攻策略有：正面进攻，向对手的长处和最强处发动进攻，其胜负决定于双方的优势大小及耐力，可进行完全正面进攻，也可进行略加变化的正面进攻；侧翼进攻，集中优势力量攻击竞争对手，挑战者可以进行地理攻击，也可以向尚未被服务的细分市场攻击。

3. 市场追随者 处于市场第二位的兽药企业有些会攻击其他竞争者，但也有一些企业喜欢追随而不喜欢挑战，这是因为市场领导者不会无视挑战者的进攻行为，一旦反击，挑战者会损失惨重。而追随者不需要投入大量人、财、物力，不冒很大风险，也可获得一定的利润。追随者可以有三种策略：紧密追随策略，追随者要尽可能在各个细分市场和市场营销组合领域模仿领导者；距离追随策略，追随者在主要市场、产品创新、价格水平和分销渠道等方面追随领导者，但仍与领导者保持若干差异；选择追随策略，追随者在某些方面紧跟领导者，而另一方面又自行其是。兽药市场绝大多数企业都属于市场追随者。

4. 市场补缺者 市场补缺者精心服务于兽药市场某些细小部分，而不与主要的企业竞争，专营大公司可能忽略或不屑一顾的业务，一般为企业中的小企业，它们的市场风险小并有利可图。市场补缺者有多种方案选择：最终用户专业化、垂直层面专业化、地理区域专业化、产品或产品线专业化、质量价格专业化、顾客规模专业化、特殊顾客专业化、产品特点专业化、加工专业化、服务专业化、销售渠道专业化。

（三）竞争者的优势与劣势

兽药企业必须搜集每个竞争者的优势与劣势，企业在其目标市场中占据六种竞争地位中的一种：主宰型、强壮型、优势型、防守型、虚弱型、难以生存型。这种分类可帮助兽药企业对在市场上向谁挑战做出决策。一般情况下，每个兽药企业在分析它的竞争者时，必须监视三个变量：市场份额、心理份额、情感份额，这三个变量中，心理和情感份额稳步上升的公司最终将获得市场份额和利润。为改进市场份额，兽药企业应向最成功的竞争者学习。竞争者的优势与劣势可以从以下五个方面开展研究：

1. 市场占有率分析 市场占有率分析不仅要分析竞争对手总体市场占有率，还要分析细分市场占有率。

2. 财务状况分析 竞争对手财务状况的分析主要包括赢利能力分析、成长性分析和负债情况分析、成本分析等。

3. 产能利用率分析 产能利用率是一个很重要的指标，尤其是对于兽药生产企业来说，它直接关系到企业生产成本的高低。产能利用率是指企业发挥生产能力的程度，很显然，企业的产能利用率高，则单位产品的固定成本就相对较低。

4. 创新能力分析 创新能力主要包括新兽药开发速度、科研经费占销售收入的百分比、销售渠道创新、管理创新等，将这些能力培育成核心竞争力是关键。

5. 竞争对手的领导人分析 领导者的风格往往决定了一个兽药企业的企业文化和价值观，是企业成功的关键因素之一。一个敢于冒险、勇于创新的领导者，会对企业做大刀阔斧

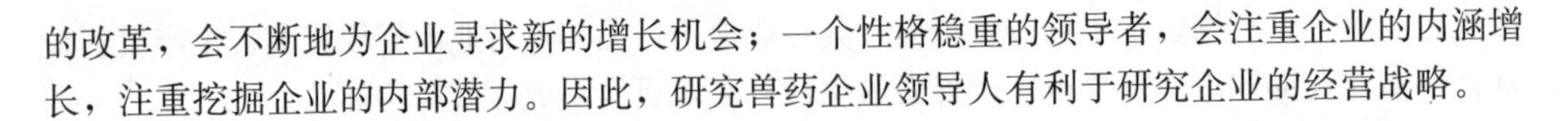

的改革，会不断地为企业寻求新的增长机会；一个性格稳重的领导者，会注重企业的内涵增长，注重挖掘企业的内部潜力。因此，研究兽药企业领导人有利于研究企业的经营战略。

（四）竞争者的反应模式

对竞争的反应因公司不同而有所差异，有些竞争者反应迟缓，有些竞争者可能只对某些类型的攻击做出反应，如兽药产品的降价等，也有些对任何进攻都会做出迅速而强烈的反应。兽药企业必须认清竞争对手，了解其可能的反应，方可做出竞争对策。

（五）竞争者的核心竞争力

兽药企业还应该分析竞争对手有无核心竞争力，如果竞争对手有核心竞争力，则要分析其核心竞争力主要表现在市场层面、技术层面还是管理层面。企业应尽量避开竞争对手的核心竞争力，同时也需要培育和发展自身核心竞争力。

三、竞争对手分析的注意事项

兽药企业要做好竞争对手分析工作，为企业制定战略提供充分的依据，除了要掌握一些常用的分析方法外，还要注意以下几个方面：

1. **建立竞争情报系统**　要对竞争对手进行分析，必须有一个基础作为保障，这个基础就是竞争情报系统和竞争对手基础数据库。竞争情报系统包括竞争情报工作的组织保障、人员配备以及相应的系统软件支持等方面的内容。只有建立了竞争情报系统，才会将对竞争对手的监测和分析变成一项日常工作。同时竞争对手基础数据库的建设也非常重要。现代企业的决策，强调科学性和准确性，更强调基于事实和数据的决策。

2. **建立符合兽药行业特点的竞争对手分析模型**　不同的行业有不同的特点，兽药行业更关注投资回报率，同时行业所处的阶段不同，关注的焦点也会不一样。因此，兽药企业有必要建立符合自身行业特点的竞争对手分析模型。

3. **强化竞争对手分析的针对性**　对竞争对手的分析，每一项都应该有其针对性。有的兽药企业在对竞争对手进行分析的时候，往往把所能掌握的竞争对手的信息都罗列出来，但之后便没有了下文。所以这里要明确对竞争对手分析的目的是什么。按照战略管理的观点，对竞争对手进行分析是为了找出本企业与竞争对手相比存在的优势和劣势，竞争对手给本企业带来的机遇和威胁，从而为企业制定战略提供依据。因此，对于竞争对手的信息也要有一个遴选的过程，要善于剔除无用信息。

学习卡片

当今兽药形势下的经营观

——八仙过海，各显神通

当前兽药市场不是太好，行情不稳，猪价、蛋价几起几落，养殖户没有太多赢利，规模化养殖尽管有利可图，但同比利润下降不少。当前的兽药市场可以说是八仙过海，各显神通。

第一类：做大者——企业通过自建、收购、合资等整合手段不断延伸产业链，从兽药制剂到疫苗、原料、饲料等方面来逐渐丰富产业链条以满足养殖需求。他们注重品牌、科研与管理。如天津瑞普、山东信得、洛阳惠中等企业应属此类。

第二类：做专者——企业从建厂开始就目标明确，或专做猪药，或专做禽药，或专做渔药，总之只专注某一领域并力求成为自己所擅长的领域。这些企业多年来，从人才、科研、市场等角度不断进行资源聚集，积累了专业基础，历练了对专业领域的深度掌控，有的已成为该领域领袖型企业，比如武汉回盛、河南牧翔等。

第三类：不大不强也不专者——企业通过多年沉淀，有一部分稳定的老客户群，也有个别产品效果优良、价位合理，和客户关系也不错。这类企业虽然效益不错，但管理落后，可以说没有核心竞争力。

第四类：销售企业——这几年此类企业不断增加，有的还有一定知名度，销售实力很强，其业务量并没有减少，一直在与经销商一起找寻机会寻求突破，他们与经销商关系密切，不光用脑且用心做。为什么会有如此情况呢？因为这类企业费用少、渠道硬、营销强，资金不足但凝聚了一批敢闯敢干、有胆有识的人才。

第五类：三无公司——他们把市场直接做到养殖户，经营的所有产品都有批号，不管国家有没有批，总之产品多、全且价格便宜，回扣还很高，这类企业扰乱了整个经营链条，违背了市场规律，不会长久。

五类划分也许并不能完全概括市场所有情况，但八仙过海，各显神通却是当前的最好写照。

（摘自：http：//shouyao. d288. com/hyxx/100214162740. html）

小结

竞争是市场经济的基本特征，影响企业竞争力的主要因素有五个方面：现有竞争者之间的竞争、行业潜在的新进入者、替代品、购买者讨价还价的能力和供应商讨价还价的能力。

通过竞争对手分析模型，分析其主要内容。根据分析结果，制定市场竞争策略：市场领导者策略、市场挑战者策略、市场追随者策略、市场补缺点策略。

小测验

1. 兽药市场竞争对手是（　　）。

   A. 同行业竞争者　　B. 潜在进入者　　C. 替代品生产者　　D. 全部

2. 兽药市场竞争对手的共同特点是什么？
3. 兽药市场竞争对手分析的主要内容是什么？
4. 请你帮助一家专业生产兽药的企业设计有效的市场竞争策略。
5. 通过查找资料，说一说我国强制免疫疫苗定点生产企业有哪几家？这些企业在市场中的地位是否牢固？

兽药企业客户分析

【基本知识点】

◆ 了解兽药市场客户类型及其含义
◆ 掌握不同类型客户购买行为特点
◆ 掌握客户分析内容

【基本技能点】

◆ 识别不同类型客户的能力
◆ 熟练分析客户行为的能力

导入案例

远征药业多样化的客户资源

河北远征药业有限公司是农业部定点生产优质动物保健品的大型综合性企业，在全国兽药制剂行业综合实力排名第一，“远征”也是中国兽药制剂行业首枚驰名商标，公司产品包括粉针、水针、粉（散）剂、消毒剂、预混剂、口服液、灌注剂、中药提取、原料药九大系列共200多个品种。远征公司以优良的产品品质、完善的售后服务，深得广大经销商和农民养殖户的信任，批发商、代理商、特许经销商、规模养殖场、养殖集团等都是其期望客户的重要组成部分。公司加强销售与服务两个团队建设，服务团队深入基层养殖户提供技术服务；公司经常性组织大的消费者到厂参观，让客户对远征药业增加了了解，加强交流合作；公司为回馈广大客户对远征的支持与关注，特在2010年8月份启动远征药业第一期积分抽奖活动，奖项包括电脑及手机等产品；远征公司还加强与世界养殖集团的交流，2010年8月21日，被称为世界现代农牧业产业化经营典范的正大集团对远征公司进行考察评审并选取该公司为兽药产品的最佳供应商。正大集团物料采购中心于晓光总裁以及国内多个省市养猪、养禽事业部的专家对远征公司的验收项目、条款达70项之多，验收的通过为远征产品进入正大集团奠定了基础，也为远征迎来了新的发展契机。远征公司提供优质产品和服务，培育优质客户资源成为其稳健发展的重要条件。

（摘自：http：//www. hbyuanzheng. com/html/zcfg/ggtz/1187. html）

思考题：

1. 河北远征药业有限公司是如何重视不同类型的客户的？

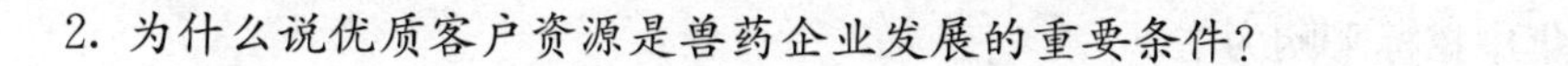
2. 为什么说优质客户资源是兽药企业发展的重要条件?

客 户 类 型

后GMP时代，由于GMP执行相同的标准，生产企业之间的生产硬件差距已经缩短。企业要在竞争中获胜，必须清楚谁是客户，客户期望什么，如何实现客户全面满意。同客户打交道，是兽药营销人员每天都应重复的工作。兽药企业客户主要指兽药的经营者和使用者，其主要有以下三种类型：中间商，养殖场（户），政府。

一、中 间 商

兽药市场中间商是指那些将购入的兽药产品再销售以获取利润的兽药生产企业，如批发商与零售商，他们创造时间、地点及所有权效用。中间商为其顾客扮演采购代理人的角色，购买各种兽药产品来转售给顾客。兽药中间商还可分为如下几种类型：

1. 批发商 兽药批发商是前几年比较盛行的一种经销商形式，主要有以下几种经营特点：产品多、品种全；资金实力较为雄厚；有自己的经营团队；有一定的经营网络；有一定的服务功能。

2. 以技术为主的零售商 以技术为主的零售商主要有以下几种经营特点：以自己的技术为主，厂家技术为辅；在局部地区有一定的知名度；自主性强，个人主意也比较多；代理有特色的产品，选择厂家较多，每个厂家的产品较少。

3. 使用与经营并存的养殖户 使用与经营并存的养殖户有别于一般意义上的经销商，也有别于普通养殖户，其有以下几种经营特点：自身拥有养殖场，并且规模较大；在养殖户中有一定的人脉；懂点技术，精通饲养管理；有一定的示范效应，部分养殖户愿意追随；资金实力弱。

4. 一条龙中的“龙头” 这些经营者有如下特点：相对封闭，自成体系，如在行情不好时，他们要求下面的客户必须在进鸡的同时用他们的药品，否则不回收成鸡；产品品种少，在用药高峰期单个产品用量大；相对垄断，不给任何谈判的机会；有自己的专职技术力量；合作厂家比较多。

5. 兼职型经销商 此类经营者有如下经营特点：既是经销商，又是业务员；有相对较高的产品利润；竞争方式灵活；熟悉地域特点，有一定的人脉优势。

二、养殖场（户）

养殖场（户）专门从事家禽、水产品、动物等养殖，养殖场（户）根据规模可分为：农户、养殖场、养殖集团等，兽药企业可以直接向他们推荐兽药，但由于规模大小不同，养殖场（户）对兽药产品的需求量有较大的差异，因此，小的养殖户一般向零售商购买兽药；大的养殖场可以直接和兽药企业开展业务活动；养殖集团更偏向于直接购买国内外知名兽药企业产品。

三、政　　府

发生重大动物疫情、灾情或者其他突发事件时，国务院兽医行政管理部门可以紧急调用国家储备的兽药；必要时，也可以调用国家储备以外的兽药。政府作为兽药市场的重要客户，其购买形式以集中招标采购为主。

此外，近年来，国内农业合作组织发展迅速，也成为兽药市场重要客户，影响兽药企业生产经营活动。

学习卡片

当前兽药流通市场走势分析

随着兽药行业竞争的加剧，传统兽药销售模式受到冲击，兽药流通市场出现了新的变化，主要有以下几个方面：

变化一：兽药企业的销售渠道正日益扁平化，企业销售开始越过中间代理商，直接做到终端用户，兽药经销商的利润空间被进一步削减。据山东省临沂市某位龙头经销商分析，其早期代理了一百余家兽药企业产品的销售，现在代理厂家已有部分流失，一些企业在临沂抛开中间代理，也不增设办事处，直接租赁仓库储存产品，其业务员背着产品深入县乡做销售。而代理商失去的不仅仅是代理厂家的利润，其终端市场的利润也被挖去。

变化二：终端用药市场正逐渐被养殖协会或养殖合作社等组织垄断。当前基层养殖户中存在着众多规模大小不一的养殖协会，协会把周围广大散养户组织成一个利益共同体，统一供应鸡苗、饲料、兽药、疫苗，统一出售毛鸡，会员可在卖鸡后再结清协会垫付的费用。这种模式带给养殖户极大的方便与实惠，但对兽药经销商形成了极大冲击，原有的终端市场客源大批流失。

变化三：企业与经销商的合作关系，由过去被动“求”转变为“挑选”经销商。随着兽药企业注重创建企业品牌，在选择经销商上也越来越看重信誉和实力，名牌企业都愿意把自己的产品交给有信誉、有理念、实力强的经销商来做。许多中小规模的经销商也想与优秀的企业合作，但又因自身实力弱小无法获得企业的青睐。

另外，兽药经销的进入门槛较低，从业者众多，层次也参差不齐。目前很大一部分经销商都是“夫妻店”、“百货店”，做的就是简单的买进和卖出，各家代理的产品成分、组方相似，治疗效果不分上下，价格相近，再竞争下去就有可能是价格战了。同质化的兽药经销模式会造成经营的恶性竞争，不利于各经销商的经营与发展。

兽药市场流通模式发生改变，使得兽药经销遭遇暂时的发展“瓶颈”，随着养殖户意识的提升和整个行业的逐步成熟，买方市场的需求上升决定了兽药供应必须做出改变。兽药经销要想永续经营和长久发展，就要“内求”，通过转变自身来适应市场。

第一，打造自己的品牌，好的品牌能产生最大的销售差异化利润。兽药厂家的产品需要品牌，经销商要做大做强，也需要拥有自己的品牌。品牌可以赋予顾客愿意购买的附加价值，使产品产生溢价能力。同时，品牌的树立更是避免与其他对手同质化竞争的最有效策略。围绕经营品牌的打造，兽药经销商的经营方式也将出现两类趋势变化。

① 兽药名店连锁经营出现。一些有实力、有理念的经销商出于创名店、创名牌的需要，实施区域性连锁经营，其统一品牌、形象及服务的各类要素有效提高了用户的信任度和忠诚度，提高了品牌知名度，并通过区域连锁减少了原来分销的诸多中间费用。连锁经营的实质就是经销商资本和品牌的进一步扩张。

② 兽药经营专业代理产生。顺应市场变化，一部分经销商开始调整经营模式和产品结构，由原来几十、上百家减为几家，重点选择几家大品牌的企业，有的甚至成为某个名牌企业的专业代理。走代理“简、专、精”之路，让品牌企业带动自身品牌发展，靠名牌产品赢利，达到“卖名品、创名店”的目标。

第二，兽药经销应由单纯产品销售向技术服务转化。如果兽药经销商的思想现在还停留在“卖药”的阶段，就已经跟不上时代的步伐。现在兽医定位已由治疗兽医转变为预防兽医，再进一步应是保健兽医。广大经销商的营销观念要跟着一起转变，只有靠服务赢得了终端，控制了终端，经销商才能赢得市场。

第三，为通过 GSP 认证早做准备，先人一步的商业“企图”有可能决定未来的市场“版图”。农业部在 GMP 验收尘埃落定之后，未来会逐步对兽药经销商实施 GSP 验收，届时会同兽药 GMP 过关一样，将有大批的兽药经销商被淘汰落马。

第四，“信誉立业”将成为经销商发展的根本选择。随着行业的逐步成熟，“信誉立业”的理念必须落到经营的实处，正所谓“人无信不立，业无信不兴”，经销商只有靠信誉与消费者、企业三者之间形成良性商业循环，生意才能做得昌盛持久。如若信誉缺失，其对经销商的危害诸多，最后可能连能否生存都是问题。

第五，目前一些企业实行人海战术，越过经销商将销售直接做到终端市场。这只是行业发展中的暂时情况，伴随行业的规范、成熟和从业者的理性回归，兽药的销售与经营最终将会回到分工明确、各司其职上来。

（摘自：http：//www. hbyuanzheng. com/html/yzyy/214. html）

客 户 分 析

在竞争激烈的兽药市场中，谁能把握客户需求，并以最快的速度做出响应，谁就能吸引新客户、保持老客户，在市场中取得竞争优势。客户分析是根据客户信息数据来分析客户特征、评估客户价值，从而为客户制定相应的营销策略与资源配置计划。通过合理、系统的客户分析，企业可以知道不同的客户有着什么样的购买行为与需求，分析客户消费特征与商务效益的关系，使运营策略得到最优的规划；更为重要的是可以发现潜在客户，从而进一步扩大规模，使企业得到快速的发展。

一、客户信息分析

1. 分析客户个性化需求 目前，“以客户为中心”的个性化服务越来越受到重视。实施 CRM（客户资源管理）的一个重要目标就是能够分析出客户的个性化需求，并对这种需求采取相应措施，同时分析不同客户对兽药企业效益的不同影响，以便做出正确的决策。这些都使得客户分析成为兽药企业实施 CRM 时不可缺少的组成部分。

2. 分析客户行为 兽药企业应观察和分析客户行为对企业收益的影响，使企业与客户的关系及企业利润达到最优化。

3. 分析有价值的信息 目前，兽药企业不再只依靠经验来推测，而是利用客户分析系统，以科学的手段和方法，收集、分析和利用各种客户信息，从而轻松地获得有价值的信息。如企业的哪些兽药最受欢迎，原因是什么，有什么回头客，哪些客户是最赚钱的客户，售后服务有哪些问题等。客户分析将帮助兽药企业充分利用其客户关系资源，在新经济时代从容自由地面对客户。现阶段，我国兽药企业对客户的分析还很欠缺，分析手段较为简单，方法也不够系统和完善。由于不同企业发展中存在一定的不平衡性，利用简单的统计模式得出的结论容易有较大的误差，难以满足企业的特殊需求。因而兽药企业需要有更加完善、合理的客户分析方案，进一步提高客户分析的合理性、一致性，并能在对潜在客户的培养和发现中提供更多的决策支持。

二、商业行为分析

商业行为分析是通过对客户的资金分布情况、流量情况、历史记录等方面的数据来分析客户的综合利用状况。主要包括：

1. **产品分布情况**　分析客户在不同地区、不同时段所购买的不同类型的产品数量，可以获取当前营销系统的状态，区域内的市场状况以及客户的运转情况等。

2. **客户保持力分析**　通过分析详细的交易数据，细分兽药企业希望保持的客户，并将这些客户名单发布到各个分支机构以确保这些客户能够享受到最好的服务和优惠。细分标准可以是单位时间交易次数、交易金额、结账周期等指标。

3. **客户损失率分析**　通过分析详细的交易数据，判断客户是否准备结束商业关系，或正在转向另外一个竞争者。对那些识别到的结束了交易的客户进行评价，寻找他们结束交易过程的原因与行为模型，便于兽药企业采取措施减少损失。

4. **升级/交叉销售分析**　对那些即将结束交易周期或有良好信用的客户，或者有其他需求的客户进行分类，便于兽药企业识别不同的目标对象。

三、客户特征分析

1. **客户行为习惯分析**　根据客户购买记录识别客户的价值，主要用于根据价值来对客户进行分类。客户价值细分时，应设定相应的客户级别，如 VIP 客户、关键客户、重点客户、一般客户和维护客户。以此指导企业在市场、销售、服务方面将资源分配给正确的客户，针对有价值的客户开展特别的促销活动、提供更个性化的服务，从而使企业以最小的投入获得更大的回报。例如，针对养殖户，兽药企业可以提供技术支持以带动产品销售；针对经销商，兽药企业可以提供懂兽医、兽药知识和技能的促销员并进行培训等。

2. **客户产品意见分析**　根据不同的客户对各种兽药产品所提出的各种意见以及当各种新产品或服务推出时的不同态度，来确定客户对新事物的接受程度。

四、客户忠诚度分析

客户忠诚度是基于对企业的信任度、来往频率、服务效果、满意程度以及继续接受同一企业服务可能性的综合评估值，可根据具体的指标进行量化。保持老客户要比寻求新客户更加经济，保持不断沟通、长期联系、维持和增强消费者的感情纽带，是兽药企业间新的竞争手段。而且巩固这种客户忠诚度的竞争具有隐蔽性，竞争者看不到任何策略变化。

五、客户注意力分析

1. **意见分析** 兽药企业应根据客户所提出的意见类型、意见兽药产品、发生和解决问题的时间、销售代表和区域等指标，识别与分析一定时期内的客户意见，并指出问题能够成功解决与否，分析其原因。

2. **咨询分析** 根据客户咨询的产品、服务和受理咨询的部门以及发生和解决咨询的时间来分析一定时期内的客户咨询活动，并跟踪这些建议的执行情况。

3. **企业自我评价** 根据兽药企业部门、产品、时间区段来评价一定时期内各个部门主动接触客户的数量，并了解客户是否在每个星期都收到多个组织单位的多种信息。

4. **客户满意度分析与评价** 根据产品、区域来识别一定时期内感到满意的20%的客户和感到不满意的20%的客户，并描述这些客户的特征。

六、客户营销分析

为了对潜在的趋势和销售数据模型有比较清楚的理解，需要对整个营销过程有一个全面的观察。

七、客户收益分析

对每一个客户的成本和收益进行分析，可以判断出哪些客户是为企业带来利润的。

八、客户购买行为分析

由于兽药市场中不同客户类型有不同的经营特点，因此客户购买行为差异较大。研究兽药市场客户购买行为，首先必须认清客户的经营模式，这样才能掌握其购买行为特点。

1. **批发商** 兽药批发商的主要经营模式有：区域总代理；批零兼营，以批发为主；送货上门，甚至赊销；品种齐全，满足不同客户需求；部分产品定制。因此，其购买更多关注自身利益、争抢区域代理权、购进多品种兽药。

2. **以技术服务为主的零售商** 以技术服务为主的零售商的主要经营模式有：技术带动销售；以治疗药为主，其他药为辅；小范围独家代理；往往采取“等客上门”的被动经营模式；多数采取“现款现货”政策。因此，其主要采购治疗用药且药品采购量较少。

3. **使用与经营并存的养殖户** 此类养殖户的主要经营模式有：市场范围小，往往以小区或村作为经营范围；靠自身的示范效应被动经营；有一定的价格优势；提供快捷方便的服务。因此，其采购量相对较少。

4. **一条龙中的“龙头”** 此类客户的主要经营模式有：一条龙经营，提供种禽、饲料、兽药和回收服务；服务带动销售；具有一定的垄断性；最后回收禽类，完全赊销。因此，其有较强的议价能力，有众多的合作企业。例如，正大、华都等大公司。

5. **兼职型经销商** 此类经销商的主要经营模式有：有一定市场范围的独家经营（如一个县或几个县）；批零兼营，以零售为主；以生产企业的销售代表身份出现；依靠低价或灵活多样的经营手段，如给下级经营者高返利。因此，其购买量较少。

6. **养殖场（户）** 此类养殖场（户）与使用、经营并存的养殖户不同，他们仅仅是从事养殖工作。养殖场（户）规模大小不一致，中小养殖户通常直接向经销商采购兽药产品；大型养殖场或向经销商采购或直接与兽药生产企业联系，议价能力较强；养殖集团偏向于直接购买国内外知名兽药企业产品，议价能力超强。

7. 政府 政府储备兽药主要是考虑应对特殊情况引起的供应紧张，采购主要以招标形式进行，购买量较大。

（1）公开招标竞购。政府通过媒体发布采购公告，说明要采购的兽药名称、规格、数量及要求；兽药生产企业根据相关要求在指定限期内制作标书并投标；政府在规定日期内公开开标，选择报价最低且其他方面符合要求的供应商作为中标单位。这种方法可使招标方（政府）处于主动地位，可充分利用竞标方的竞争而获得利益。

（2）议价合约选购。即政府的采购部门同时和若干兽药企业就采购项目的价格及条件展开谈判，最后与符合要求的供应商签订合同。一般在采购计划复杂、风险较大、竞争性较小时，采用这种方式采购药品。

此外，农业合作组织为内部成员统一采购饲料和兽药，甚至可以为成员提供市场信息，协助做好销售工作。

当今，随着信息技术的快速发展及市场竞争的加剧，客户关系管理系统得到越来越多的兽药企业的重视。客户分析将是有效实施客户关系管理系统的关键，它将帮助企业最大限度地提高客户满意度，同时降低企业的运作成本，提高企业的运作效率。

学习卡片

挖掘客户的深层次需求

作为一个销售人员，无论做什么产品的销售，都有六个关键的因素：情报（各种有关客户的资料）、客户需求、产品价值、客户关系、价格以及客户使用后的体验。销售人员首先要建立关系，然后才能挖掘需求，下面主要谈谈如何挖掘客户的需求。有这样一个小故事：

有一天，一位老太太离开家门，拎着篮子去楼下的菜市场买水果。她来到第一个小贩的水果摊前问道："这李子怎么样?"

"我的李子又大又甜，特别好吃。"小贩回答。

老太太摇了摇头没有买。她向另外一个小贩走去问道："你的李子好吃吗?""我这里是李子专卖，各种各样的李子都有。您要什么样的李子?"

"我要买酸一点儿的。"

"我这篮李子酸得咬一口就流口水，您要多少?"

"来一斤吧。"老太太买完李子继续在市场中逛，又看到一个小贩的摊上也有李子，又大又圆非常抢眼，便问水果摊后的小贩："你的李子多少钱一斤?""您好，您要哪种李子?"

"我要酸一点儿的。"

"别人买李子都要又大又甜的，您为什么要酸的李子呢?"

"我儿媳妇要生孩子了，想吃酸的。"

"老太太，您对儿媳妇真体贴，她想吃酸的，说明她一定能给您生个大胖孙子。您要多少?"

"我来一斤吧。"老太太被小贩说得很高兴，便又买了一斤。

小贩一边称李子一边继续问："您知道孕妇最需要什么营养吗？"

"不知道。"

"孕妇特别需要补充维生素。您知道哪种水果含维生素最多吗？"

"不清楚。"

"猕猴桃含有多种维生素，特别适合孕妇。您要给您儿媳妇天天吃猕猴桃，她一高兴，说不定能一下给您生出一对双胞胎。"

"是吗？好啊，那我就再来一斤猕猴桃。"

"您人真好，谁摊上您这样的婆婆，一定有福气。"小贩开始给老太太称猕猴桃，嘴里也不闲着："我每天都在这儿摆摊，水果都是当天从批发市场找新鲜的批发来的，您儿媳妇要是吃好了，您再来。"

"行。"老太太被小贩说得高兴，提了水果边付账边应承着。

故事讲完了，三个小贩面对同样一个老太太，为什么销售的结果完全不一样呢？

第一个小贩没有掌握客户的真正需求，第二个小贩只掌握了表面的需求，没有了解深层次的需求，第三个小贩善于提问，掌握客户的真正需求，所以三个小贩了解需求的深度不一样。

需求有表面和深层之分，那么这个老太太归根结底最深层次的需求是什么呢？可能很多人会说当然是给儿媳妇吃了，心疼儿媳妇，也有这种可能，但是最根本的需求是她希望儿媳妇能为她生个又白又胖的孙子。所以，当第三个小贩向她推荐猕猴桃时，她很高兴地就买了，因为这是她的目标和愿望。

这里的李子或者猕猴桃，就是采购的产品。李子要酸的，这是采购指标，后来第三个小贩又帮老太太加了一个采购指标，就是维生素含量高。需求是一个树状结构，目标和愿望决定客户遇到的问题和挑战，客户有了问题和挑战就要寻找解决方案，解决方案包含需要采购的产品和服务以及对产品和服务的要求，这几个要素合在一起就是需求。

客户要买的产品和采购指标是表面需求，客户遇到的问题才是深层次的潜在需求，如果问题不严重或者不急迫，客户是不会花钱的，因此潜在需求就是客户的燃眉之急，任何采购背后都有客户的燃眉之急，这是销售核心的出发点。潜在需求产生并且决定表面需求，而且决策层的客户更关心现在需求，也能够引导客户的采购指标并说服客户采购。

有些新手做业务，遇到客户就急着冲上去，而对于老业务员来说，更多的是去分析客户的需求，挖掘更深层次的需求，这样才会水到渠成地做成生意！

（摘自：http：//club. ganji. com/24 - 296417. html）

小结

兽药企业的客户主要指兽药的经营者和使用者，客户主要有以下三种类型：中间商、养殖场（户）、政府，其中中间商又包括批发商、以技术服务为主的零售商、使用与经营并存的养殖户、一条龙中的"龙头"、兼职型经销商五种。

不同类型的客户有不同的经营模式和购买行为，研究客户行为有利于提高客户满意度，增强客户的市场竞争力。

小测验

1. 以技术服务为主的兽药零售商的经营特点是（　　）。

A. 技术带动销售　　B. 争做总代理

C. 以治疗药为辅，其他药为主　　D. 主动上门

2. 谈谈兽药企业客户有哪些类型，并分别说明不同类型客户的购买行为特点。

3. 客户分析的主要内容有哪些？

4. 某省暴发大规模禽流感疫情，作为兽药批发企业的负责人你该如何抓住此商机？

5. 查找相关资料后回答：假设我国政府需要储备大量的A型口蹄疫疫苗，作为一家新成立的动物疫苗生产企业应如何开展营销活动？

选择市场

兽药市场调查与市场预测

【基本知识点】
- ◆ 了解兽药市场调查的含义、作用及类型
- ◆ 掌握兽药市场调查的原则、步骤和方法
- ◆ 熟悉兽药市场调查问卷的设计
- ◆ 了解兽药市场预测的含义及必要性
- ◆ 掌握兽药市场预测的内容、步骤和方法

【基本技能点】
- ◆ 制定兽药市场调查方案的能力
- ◆ 设计兽药市场调查问卷的能力
- ◆ 实地开展调查的能力
- ◆ 运用预测方法进行市场预测的能力

导入案例

德国拜耳推出新兽药进军中国畜牧业防治市场

2010年4月13日，德国拜耳集团拜耳（四川）动物保健有限公司在杭州正式向中国市场推出一款新型抗球虫病制剂——“百球清5%（托曲珠利）”，这是跨国医药巨头拜耳涉足中国畜牧业后又一新动作。

猪球虫病是由猪球虫寄生于小肠上皮细胞内引起的以肠黏膜损伤和腹泻等症状为主的寄生虫病，会导致猪的肠道严重受损，并引发其他问题，如营养吸收不良、腹泻或继发感染死亡。研究表明，肠道不良可使仔猪断奶重量减少多达1千克，对养殖户来说经济效益损失是很大的。但因为猪球虫病不算高致死疾病，不少猪农尚未意识到危害，也不了解如何防治，国内也缺少针对猪球虫病的理想产品。

拜耳动物保健中国区总经理何谦介绍，百球清5%是第一个仔猪专用、使用方便的抗球虫病制剂，已在世界各地被证明能有效治疗猪球虫病。例如，在丹麦百分百的猪场都对仔猪使用了百球清5%。“对3～5日龄的仔猪只需一次用药，就可以预防猪球虫病，可以减少抗生素的使用。”

目前中国已经是世界上仅次于美国的第二大动物保健品市场。业内人士指出，这种快速

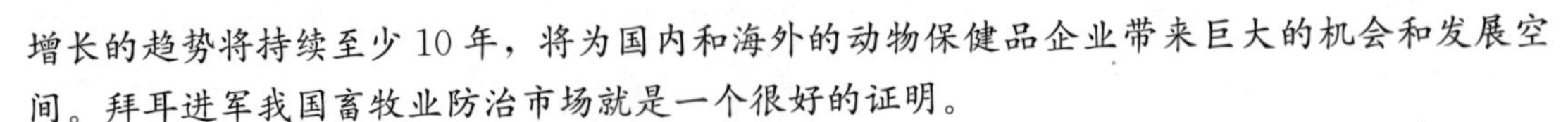

增长的趋势将持续至少10年，将为国内和海外的动物保健品企业带来巨大的机会和发展空间。拜耳进军我国畜牧业防治市场就是一个很好的证明。

（摘自：http：//news.163.com/10/0415/17/64BOODC700146BC.html）

思考题：

1. 德国拜耳集团为何能在我国进军新兽药市场？

2. 市场调查对兽药生产经营企业来说有何作用？

兽药企业把握市场的主要手段就是市场调查和市场预测。市场调查的目的是了解兽药市场活动的历史与现状，而市场预测则是研究兽药市场未来的发展趋势。

兽药市场调查概述

一、兽药市场调查的含义及作用

（一）兽药市场调查的含义

兽药市场调查是根据市场预测、决策等的需要，运用科学的方法，有目的、有计划地系统搜集、记录、整理、分析有关兽药市场信息的过程。掌握及时、准确、可靠的兽药市场信息是兽药市场营销的一项重要任务。

（二）兽药市场调查的作用

兽药市场调查对于掌握兽药市场的变化动态，了解兽药市场的供求规律，制定兽药市场的营销战略和策略有着重要作用。西方国家近几十年来使用了许多先进的信息调查技术和手段，为企业提供了最新的市场营销信息及分析依据，给企业带来了巨大的效益。

具体来说，兽药市场调查的作用主要体现在以下四个方面：

1. 有利于企业了解兽药市场，发现市场机会 通过市场调查，企业可以掌握兽药市场的供求情况、变化规律以及市场中未被满足的需求，捕捉市场机会，并以此为依据制定企业市场营销策略，改善市场营销方案。

2. 有助于企业开发新产品，开拓新市场 因为环境和消费需求的变化，任何企业的产品都不会在市场上永远畅销，企业要想生存和发展就需要不断开发新产品。通过调查可以了解和掌握消费者的消费趋向、新的需求、消费偏好的变化及对产品的期望，然后设计出满足这些需求的产品。

3. 有利于及时获得信息，提高企业的竞争能力 现代企业的竞争归根到底是信息的竞争，而信息具有时效性，谁能及时掌握有用的信息，谁就会在竞争中处于有利地位。对于流动性不太强的信息资源，企业要想获得，就必须依赖于自身的调查。

4. 有利于改善兽药企业经营管理水平，提高经济效益 通过市场调查，可以发现企业自身存在的问题，促使企业从经营的购、销、运、存各环节，经营的人、财、物、时间、信息等客观要素，经营管理的层次、部门等不同方面进行调整，改进工作，以最低的费用成本将兽药转移到消费者手中，使企业在市场竞争中获得更好的经济效益。

二、兽药市场调查的原则

发挥市场调查的作用，并不是轻而易举的事情，它经常要受到时间、技能、费用和认识水平的限制。为此，搞好兽药市场调查应遵循如下原则：

1. 客观性原则 坚持客观性原则是进行市场调查活动的首要原则，是指在市场调查过程中，基于客观事实，通过科学的手段，实事求是地开展调查，从而获得真实的信息资料。市场调查所收集的资料必须认真检查审核，市场调查的全过程都要力求精益求精。

2. 系统性原则 坚持系统性原则是指市场调查中深入、全面地对有关事物以及它们之间的关系进行调查，不顾此失彼。市场调查要通过实际资料说明市场问题，为了能对市场问题做出正确的分析，得出科学的结论，在市场调查过程中要系统完整地收集资料，所选择的调查对象要具有代表性，问卷设计要科学周密，对访谈记录要认真负责，同时还要科学地整理、综合地分析。这样才能防止调查的片面性和主观随意性，才能避免简单的数据罗列，从而在市场现象的联系中掌握事实，认识规律。

3. 反馈性原则 坚持反馈性原则是指当市场调查的成果为企业管理决策层采用并付诸行动时，市场调查人员应继续追踪调查有关新信息并随时提供，同时不断地反馈调查成果的使用情况，总结调查的经验教训。这样才能透彻掌握市场活动的内在联系，提高市场调查信息的效用。

4. 经济性原则 坚持经济性原则是指在市场调查中要考虑经济效益，尽量使用最小的成本和最短的时间提供可信、有用的信息资料。通常，在市场调查内容一定的条件下，采取不同的市场调查方式和方法，会形成不同的市场调查费用；在市场调查费用一定的条件下，采用不同的市场调查方式和方法，也会取得不同的调查结果。所以关键是选择适当的调查方式和方法。在满足市场调查目的的前提下，应尽量简化调查的内容与项目，避免造成人力、物力、财力和时间的浪费。

5. 时效性原则 坚持时效性原则是指市场调查中收集资料要及时，并及时整理和分析，及时反映市场调查情况。时效性高的市场资料，能够为经营管理提供有价值的依据；而过时的数据信息已经不能很好地反映发展的市场，往往也就失去了价值。

三、兽药市场调查的类型

在兽药市场调查中，由于调查目的与要求不同，所使用的调查类型及调查方式也不同。现介绍几种常见的类型。

（一）根据市场调查的目的不同划分

1. 探索性调查 探索性调查是指企业对需要调查的问题尚不清楚，无法确定调查某项内容时所应采取的方法，一般处于整个调查的开始阶段。企业只是收集一些有关的资料，以确定经营者需要研究的问题的症结所在。例如，某兽药企业近年来销售量持续下降，但公司不清楚是什么原因，要明确问题原因可以采用探索性调查的方式。至于问题如何解决，则应根据需要再做进一步调研。这种调查一般不需要制定严密的调查方案，往往采取简便的方法以尽快得出调查的初步结论即可。如收集现有的二手资料或询问了解调查主题的有关人员。

2. 描述性调查 描述性调查是为了进一步研究问题症结所在，通过调查如实记录并描述收集的资料，以说明“什么”、“何时”、“如何”等问题。例如收集某种产品的市场潜量、顾客态度和偏好等方面的数据资料。描述性调查是比较深入、具体地反映调查对象全貌的一种调查活动。进行这类调查必须获取大量的信息，调查前需要有详细的计划和提纲，以保证资料的准确性。一般要实地进行调查。

3. 因果性调查 因果性调查是通过收集研究对象发展过程中的相关资料，分清原因与结果，并明确什么是决定性的变量。例如，在销售研究中，收集不同时期说明销售水平的变量资料，在这些资料的基础上决定这些变量对销售量的关系，确定其中何者为决定性自变量。因果性调查是在描述性调查的基础上进一步分析问题发生的因果关系，并弄清楚原因和结果之间的数量关系，所用调查方法主要为实验法。

（二）根据被调查对象的范围大小划分

1. 普查 普查是一种全面调查，是以整个兽药市场为调查对象，对兽药市场上某些产品的生产、供应、销售、储存和运输情况在一定时点上的专门调查。如企业为了了解新药投放市场的效果而进行的普查等。普查的优点是所获得的资料完整、全面，缺点是耗费的人力、财力和时间较多。

2. 重点调查 重点调查是指在调查对象总体中，选择一部分重点对象进行的调查。所谓重点对象是指某些或某个方面对经营活动有较大影响的因素，尽管这些因素在总体中只是一部分，但它们在整个经营活动中起着较大的作用，例如疫情调查。重点调查的特点是费用开支和时间较少，能及时地掌握基本情况，抓住主要矛盾，采取措施。重点调查主要在紧急情况下使用。

3. 典型调查 典型调查是对兽药市场的某些典型现象、典型内容、典型单位进行的调查。它是在对调查总体进行初步分析的基础上，从中有意识地选取具有代表性的典型进行深入调查，掌握有关资料，由此了解调查总体的一般市场状况。

典型调查适用于调查总体庞大、复杂，调查人员对情况比较熟悉，能准确地选择有代表性的典型作为调查对象，而不需要抽样调查的市场调查。典型调查在兽药市场调查中经常采用。

4. 抽样调查 抽样调查是指根据随机原则，从调查对象总体中按一定规则抽取部分样本而进行的调查。在兽药抽样调查中，样本可以是某个品种的一部分，也可以是某些品种的一个或多个。这种方法既能排除人们的主观选择，又简便易行，是广泛使用的重要方法。根据抽样的方法不同又可分为随机抽样和非随机抽样调查。

四、兽药市场调查的内容

（一）兽药市场基本环境调查

兽药市场基本环境调查是指对影响兽药企业营销活动的基本宏观环境的调查，包括政治环境、法律环境、经济环境、社会文化环境、科技环境以及地理气候环境等。

（二）兽药市场供需调查

1. 兽药市场供给情况调查 兽药市场供给情况调查是指对整个兽药市场的货源情况的

调查，包括货源总量、构成、质量、价格、供应时间、供给能力等。

2. 兽药市场需求情况的调查　兽药市场需求情况调查是指对兽药现实需求量和潜在需求量及其变化趋势、消费需求结构、用户数量分布、兽药使用普及情况、消费者对特定兽药的意见等方面的调查。供需的变化决定市场的变化，市场的变化会影响兽药企业的经营方向。所以获得兽药市场需求的信息资料是兽药市场调查的重要内容。

（三）顾客状况调查

顾客是企业的服务对象，企业只有了解顾客，才能制定出有针对性的营销对策。顾客状况调查的主要内容包括购买动机、购买行为调查，社会、经济、文化等对购买行为的影响，消费者的品牌偏好及对本企业产品的满意度等。

（四）竞争对手状况调查

市场经济是竞争的经济，优胜劣汰是竞争的必然结果。对兽药企业来说，随时了解竞争对手的情况，是使自己立于不败之地的有效方法。竞争对手状况调查是对与本企业生产经营存在竞争关系的各类企业的现有竞争程度、范围和方式等情况的调查。

调查的内容主要包括：直接或间接的、潜在的竞争对手有哪些；竞争对手的所在地、活动范围，生产经营规模、资金状况，生产经营的产品品种、质量、价格、服务方式以及在消费者中的声誉和形象，技术水平和新产品开发情况，销售渠道及控制程度，宣传手段和广告策略等。

（五）市场营销状况调查

1. 产品调查　市场营销中产品的概念是一个整体概念。其调查内容包括：产品生产能力调查；产品功能、用途调查；产品线和产品组合调查；产品生命周期调查；产品形态、外观和包装的调查；产品质量的调查；老产品改进、老药新用的调查；对新产品开发的调查，兽药售后服务的调查等。

2. 价格调查　价格在一定情况下会影响供需变化。其调查内容包括：国家在兽药价格上有何控制和具体规定；企业兽药的定价是否合理，市场对此的反应情况；竞争者的价格水平及市场的反应情况；新药的定价策略；消费者对价格的接受程度和消费者的价格心理状态；兽药需求和供给的价格弹性及影响因素等。

3. 销售渠道调查　销售渠道调查的内容主要包括：企业现有销售渠道能否满足销售兽药的需要；销售渠道中各环节的兽药库存是否合理，有无积压或脱销现象；销售渠道中的每一个环节对兽药销售提供哪些支持；市场上是否存在经销某种或某类兽药的权威性机构，这些机构促销的兽药目前在市场上所占的份额是多少；市场上经营本企业兽药的主要中间商对经销兽药有何要求等。通过上述调查有助于企业评价和选择中间商，开辟合理的、效益最佳的销售渠道。

4. 促销调查　促销调查的内容包括：广告的调查，包括广告诉求调查、广告媒体调查、广告效果调查等；人员推销的调查，包括销售人员的安排和使用调查、销售业绩和报酬的调查、本企业销售机构和网点分布及销售效果的调查、营业推广等促销措施及公关宣传措施对兽药销售影响的调查等。

兽药市场调查的步骤和方法

一、兽药市场调查的步骤

兽药市场调查是一种有目的、有计划进行的调查研究活动，调查步骤是指调查工作过程的阶段和顺序。科学的调查步骤是取得调查成功的基础，能保证市场调查的顺利进行，达到预期的目的。市场调查的步骤一般分为四个阶段。

（一）市场调查的准备阶段

兽药市场调查的准备阶段是指市场调查的决策、设计、筹划阶段。这个阶段的具体工作有三项，即确定调查目标，设计调查方案，组建调查队伍。

1. 确定调查目标 合理确定调查目标是搞好兽药市场调查的首要前提。确定市场调查目标包括选择调查课题，进行初步探索等具体工作。调查课题是兽药市场调查所要说明或解决的市场问题。选择调查课题是确定调查目标的首要工作，因为正确地提出问题是正确认识问题和解决问题的前提。

在选择调查课题之后和设计调查方案之前，必须围绕选定的课题进行一些探索性调查研究。初步探索的主要目的不是直接回答调查课题所要解决的问题，而是为正确解决调查课题探寻可供选择的方向和道路，为设计调查方案提供可靠的客观依据。通过初步探索，要正确地确定市场调查的起点和重点，直接为设计调查方案做准备。

通过确定调查目标，可以明确为什么要调查，调查什么问题，具体要求是什么，搜集哪些资料等。只有明确目标才能确定调查对象、内容和采取的方式、方法。所以调查目标是整个调查中的首要问题。例如某兽药产品年度订货量下降，这就要了解到底是什么原因造成的，要弄清楚是产品质量达不到要求还是企业的售后服务跟不上，是竞争对手向市场投放了新产品还是该产品的市场需求量下降。要针对企业销售量下降的问题，确定调查目标，绝不能漫无边际，无的放矢。

2. 设计调查方案 科学设计调查方案是保证市场调查取得成功的关键。市场调查方案是整个兽药市场调查工作的行动纲领，它起到保证市场调查工作顺利进行的重要作用。

兽药市场调查方案一般包括以下五个方面：

（1）明确调查目标。将调查目标分解，使其更具体更明确，并按其重要程度进行排队，突出重点。

（2）设计调查项目和工具。市场调查的内容是通过调查项目反映出来的。调查项目是调查过程中用来反映市场现象的类别、状态、规模、水平、速度等特征的名称或各类数据。市场调查工具是指调查指标的物质载体，如调查提纲、调查表、调查卡片、调查问卷等。设计出的调查项目最后都必须通过调查工具表现出来。设计调查工具时，必须考虑到调查项目的多少，调查者和被调查者使用是否方便，对资料进行整理分析时的需要等。

（3）规定调查对象和调查单位。市场调查对象是指市场调查的总体，市场调查对象的确定决定着市场调查的范围大小。调查单位是指组成总体的个体，都是调查项目的承担者。根据调查对象和调查单位，可确定收集资料的来源、性质和数量。

（4）确定调查方法。调查方法的选择要根据市场调查的目的、内容，也要根据一定的时间、地点、条件下市场的客观实际状况。选择调查方法时，调查者必须认真地比较，做到既节省调查费用又能达到调查目的。

（5）落实调查人员和工作量安排。认真选拔人员、组建调查队伍是顺利完成调查任务的基本保证。要选择综合素质高、专业能力强、善于协调沟通的人参与市场调查。此外，还应对市场调查人员的工作量进行合理安排，使市场调查工作有条不紊地进行。

3. 组织市场调查队伍 做好兽药市场调查人员的选择、培训和组织工作，建立能够顺利完成任务的调查队伍，也是市场调查准备阶段的一项重要工作。对调查队伍要从职能结构、知识结构、能力结构及年龄、性别结构等方面进行合理安排，使之成为一支精干、能顺利完成调查各阶段工作的队伍。组建一支良好的调查队伍，不仅要正确选择调查人员，而且要对调查人员进行必要的培训。

（二）市场调查收集资料阶段

收集资料是按照调查设计的要求，收集有关被选中的调查单位的信息的过程，也就是调查开始实施的阶段。

1. 二手资料的收集 二手资料主要有两个来源：一是内部资料；二是外部资料。内部资料指企业营销系统中贮存的各种数据，如企业历年的销售额、利润状况，主要竞争对手的销售额、利润状况，有关市场的各种数据等。外部资料指公开发布的统计资料和有关市场动态、行情的信息资料。外部资料的来源有政府有关部门、市场研究机构、咨询机构、广告公司、期刊、文献、报纸等。

2. 一手资料的收集 一手资料的收集即实地调查，它是调查人员现场收集资料的过程，是市场调查的主体，也是市场调查的关键环节。实地调查直接反映了市场活动过程和问题，是进行市场研究的基础。实地调查的方法有询问法、观察法和试验法等。

（三）市场调查研究阶段

市场调查研究阶段的主要任务是对市场调查收集到的资料进行鉴别与整理，并对整理后的市场资料作统计分析和研究。

1. 资料的准备 资料的准备是把调查中采集到的资料转换为适合于汇总制表和数据分析的形式，它是整个调查过程中的一个重要环节。通常，资料准备工作比较费时、费力，但对调查资料的最终质量和统计分析却有很大影响。下面以纸张式调查资料为例，对资料数据准备的过程作简要说明。

（1）问卷检查。这是指对回收式问卷的完整性和访问质量的审核，通过审核确定哪些问卷可以接受，哪些问卷需要补做或作废。

（2）资料编辑。资料编辑是为了提高问卷资料数据的准确性和精确性而进行的再检查，目的是筛选出问卷中看不清楚、不完整或不一致的答案，达到去粗取精、去伪存真的目的。

（3）编码。编码是给每一个问题的每一种可能答案赋予一个数值代码，即把填写的文字信息转化为可让计算机认读的数字代码，以便于数据的录入、处理和制表。

（4）录入。即将数据录入计算机。

2. 资料的分析 资料分析主要是运用统计分析技术对采集到的原始资料进行运算处理，并由此对研究总体进行定量的描述与推断，以揭示事物内部的数量关系与变化规律。在进行调查方案的设计时，需要根据调查项目的性质、特点、所要达到的目标，预先设计好资料数据分析技术，制订好分析的计划。否则，就会出现所收到的数据资料不符合分析要求的现象。资料分析人员不仅需要熟悉各种统计方法，还要熟悉统计分析软件和计算机操作。对资料的分析，要根据不同的需要采用不同的分析方法，如时间序列分析、因素分析、相关分析、误差分析、判断分析等。总之，对调查资料进行分析后，一般能够达到反映客观事物及其规律性的目的。

（四）市场调查总结阶段

总结阶段是市场调查的最后阶段，它的主要任务是撰写市场调查报告，总结调查工作，评估调查结果。

调查报告是用文字、图表的形式反映调查内容和结论的书面材料，是整个调查研究成果的集中体现，是对市场调查工作最集中的总结。撰写调查报告是市场调查的重要环节，必须使调查报告在理论研究或实际工作中发挥重要作用。兽药市场调查报告一般由引言、摘要、正文、附件等内容构成。

1. **引言**　说明调查的目的、对象、范围、时间、地点等。

2. **摘要**　简要概括整个研究结论和建议，这是高层决策者最看重的部分。

3. **正文**　详细说明调查过程、调查内容、调查方法、结论和建议。

4. **附件**　包括样本分配、数据图表、问卷副本、访问记录、参考资料等。

提交调查报告后，调查人员的工作并没有结束，他们还应追踪了解调查报告是否被采纳，采纳的程度和实际效果如何。此外，还应对调查工作的经验教训加以总结，进一步提高市场调查的水平，为今后的市场预测工作提供借鉴。

二、实地调查方法

实地调查方法主要有三种，即询问法、观察法和试验法。

（一）询问法

询问法是指选择一部分代表人物作为样本，通过访问或填写问询表的方式征询意见。询问式调查是收集原始数据广泛使用的一种方式，尤其是了解人们的知识、态度、偏好和购买行为的有效方法。

按照与被调查者接触方式不同，询问式调查有以下三种具体方法：

1. **当面询问**　当面询问是指调查者面对面地向被调查者询问有关问题，对被调查者的回答当场记录。调查方式可采用走出去、请进来或召开座谈会的形式，进行一次或多次调查。调查者可根据事先拟定的询问表（问卷）或调查提纲提问，也可采用自由交谈的方式进行。这种方法的优点是直接与被调查者见面，能当面听取意见并观察反应，能相互启发和较深入地了解情况，对问卷中不太清楚的问题可给予解释；可根据被调查者的态度灵活掌握调查方式；资料的真实性较大，回收率高。缺点是调查成本较高，尤其是组织小组访问时；调查结果易受调查人员技术熟练与否的影响。

2. **电话询问**　电话询问是指调查人员根据抽样设计要求，通过电话询问调查对象。这种方法的优点是资料收集快，成本低；可以询问一些不便面谈的问题；可按拟定的统一问卷

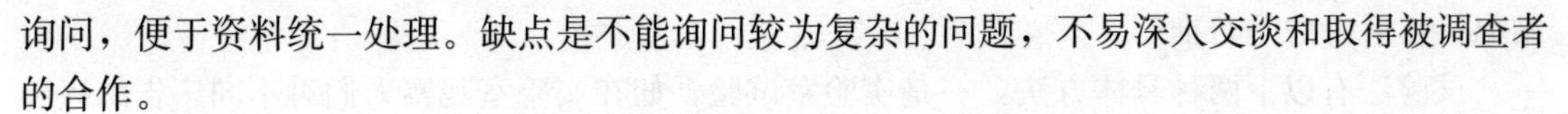

询问，便于资料统一处理。缺点是不能询问较为复杂的问题，不易深入交谈和取得被调查者的合作。

3. **信函询问**　信函询问是指调查者将设计好的询问表直接邮寄给被调查者，请对方填好后寄回。这种方法的优点是：调查区域广泛，凡邮政所到达地区均可列入调查范围；被调查者有充分的时间考虑；调查成本较低；调查资料较真实。缺点是询问表的回收率较低，回收时间也较长；填答问卷的质量难以控制，被调查者可能因误解询问表中某些事项的含义而填写不正确。

4. **留置问卷**　留置问卷是介于信函询问和当面询问之间的一种方法，它综合了信函询问由于匿名而保密性强和当面询问回收率高的优点。具体做法是，由调查员按面谈的方式找到被调查者，说明调查目的和填写要求后，将问卷留置于被调查处，约定几天后再次登门取回填好的问卷。留置问卷调查的关键之一是保证匿名性。

5. **网上调查**　随着网络应用的推广，网上调查的重要性日益提高，应用范围不断扩大。网上调查有电子邮件调查和互联网页调查两种。该调查方法的优点是：成本较低，传播迅速，回收快；缺点是：调查对象有一定的局限性，网上调查只能在那些已联网的用户中进行；回答率难以控制；整个调查较难控制，首先是调查对象的选择较难控制，其次是样本量难以控制，再次是问卷回答质量难以控制，最后是调查的持续时间难以控制。

（二）观察法

观察法是指调查人员直接到调查现场，通过直接观察收集材料的方法。可以是调查人员直接到调查现场进行观察，也可以通过安装照相机、摄像机、录音机等进行录制和拍摄。观察性调查的具体方式有以下三种：

1. **直接观察**　直接观察是指调查人员亲自到现场进行观察。例如，调查人员亲自站柜台或参加展览会、展销会、订货会等，调查顾客对不同品牌兽药的兴趣和注意程度。

2. **痕迹观察**　痕迹观察是指调查人员通过观察某事项留下的实际痕迹来了解所要调查的情况。例如，某兽药企业在几种杂志上刊登同一广告，在广告下面附有一张表格或回条，请读者阅后把表格或回条剪下来寄给企业有关部门，以便于企业了解在哪种杂志上刊登广告最为有效，为今后选择广告媒体和测定广告效果提供依据。

3. **行为记录**　行为记录是指在调查现场安装一些仪器设备，调查人员对被调查者的行为和态度进行观察、记录和统计。

观察法的优点是可以比较客观地收集资料，直接记录调查的事实和被调查者在现场的行为，调查结果更接近实际。缺点是观察不到内在因素，只能报告事实的发生，不能说明其原因；比询问法花钱多，调查时间长；要求观察人员有较高的业务水平，从而使观察法的利用受到限制。

（三）试验法

试验法是指从影响调查问题的诸多因素中选出一两个因素，将它们置于一定条件下进行小规模试验，并对试验结果进行分析的一种方法。此种方法应用范围很广，尤其是因果性调查常采用此种调查方法。例如，将某一品种的兽药改变包装、价格、广告等对兽药销售量会产生什么影响，都可以先在小规模的市场范围内进行试验，观察消费者的反应和市场变化的结果，然后考虑是否推广。

试验法有以下两种具体方法：一是实验室试验，如在实验室观察人们对不同广告的兴趣程度；二是销售区域试验，如在某一销售区域试验调整某一营销策略会带来什么结果。

试验法的优点是方法科学，可获得较正确的原始资料。缺点是不易选准社会经济因素相类似的试验市场，且干扰因素多，影响试验结果；试验时间较长，成本较高。

上述三种调查方法各有优缺点，使用时可根据调查问题的性质、要求深度、费用多少、时间长短和实施能力等进行选择。三种方法可以单独使用，也可以结合使用。

三、抽样调查的方法

在市场调查中，抽样调查是一种非全面调查，就是根据随机原则或非随机原则从调查对象总体中抽取一部分单位作为样本进行调查，然后根据抽样结果推算出总体特征的一种调查方式。这种方法可以在比较短的时间内，用较少的的费用和人力展开调查；其调查资料可以用数理统计方法进行统计，能获得比较准确的资料，简便易行，是目前兽药市场调查中采用的最基本的调查方法。抽样方法大体上可分为两大类，一是随机抽样法，二是非随机抽样法。

（一）随机抽样

随机抽样是指按照随机原则抽取样本，即完全排除人们主观意识的选择，在总体中每一个个体被抽取的机会是均等的。随机抽样的具体方法有以下三种：

1. 简单随机抽样 简单随机抽样又称为完全随机抽样，是指从总体中随机抽取若干个个体为样本，抽样者不做任何有目的的选择，而是用纯粹偶然的方法抽取样本。它是随机抽样中最简便的一种方法。在市场调查活动中采用的简单随机抽样方法主要有掷骰子法、抽签法、随机号码表法和出生年月法等。

2. 分层随机抽样 分层随机抽样也称为类型抽样法或者分类抽样法，是指将调查的市场母体划分成若干个具有不同特征的次母体，这些次母体一般称为层（或组），再从各层的单位中随机抽取样本。至于怎么样分层，并无一定规则。例如，调查某地区兽药经营企业的兽药周转情况，先按其经营规模分为大型、中型和小型企业三种类型（次母体），然后再从三种类型中分别随机抽取样本。如果是调查消费者，一般可按照收入、性别、年龄、家庭人口、受教育程度、职业等分层。总之，要尽量使各层之间具有显著不同的特性，同一层内的个体则具有相同的特性。一般来说，当总体中的调查单位特性有明显差异时，可分层随机抽样。

3. 分群随机抽样 分群随机抽样又称集团抽样法，是先将调查总体按一定的标准（如地区、单位）分为若干群体，再从中按随机原则抽取部分群体，由被选中的群体中的所有单位组成样本的抽样调查方法。分群随机抽样法所划分的各群体，其特性大致要相近，而各群体内则要包括各种不同特性的个体。

此法与分层抽样的区别在于：分层抽样法分成的各层之间彼此差异明显，而每层内部差异很小，即层间方差大，层内方差小。分群抽样正好相反，分成的各群之间彼此差异不大，而群内差异明显，即群间方差小，群内方差大。从抽取样本方式上看，分层抽样每层都要按一定数目抽取样本，而分群抽样是从分成的若干群体中抽取样本的。

（二）非随机抽样

非随机抽样是指按照调查目的和要求，根据一定的主观标准来选择抽取样本，也就是对总体中的每一个个体不给予被选择抽取的平等机会。非随机抽样的具体方法有以下三种：

1. 任意抽样　任意抽样也称便利抽样，它是指样本的选择完全根据调查人员的方便来决定，通常没有严格的标准。比如，在街头向过路行人随意做访问调查；在柜台销售兽药过程中向购买者进行询问调查等。实行任意抽样法的基本理论根据，就是认为母体中的每一分子都是相同的，故任意选出的样本与总体的特性并无差别。其优点是使用简单方便，也较为经济。但抽样偏差大，其调查结果可信程度低。因为它很难做误差分析，在正式市场调查中不宜采用任意抽样法。而在非正式的市场调查中，却是应用得最多的一种调查取样方法，尤其是对一些保健品的调查。

2. 判断抽样　判断抽样也称目的抽样或主观抽样，是指按照市场调查者对实际情况的了解和主观经验，选定调查样本单位的一种非随机抽样方法。使用这种方法，样本的选定者必须对总体的特征有相当的了解，一是选样本时应该选择“多数型”样本，即在调查总体中选择能够反映大多数单位情况的个体为样本；或是选择“平均型”样本，即在调查总体中选择能代表平均水平的样本，避免挑选“极端型”，应使样本更具有代表性。依据判断抽样法所选定的样本，易于符合市场调查人员的调查需要，同随机选定的样本相比，回收率比较高，而且简便易行，所以具有一定的实践意义。

判断抽样法适用于总体中调查单位比较小，调查者对调查对象的特征了解得比较清楚，样本数目不多的调查；企业为了获得解决日常经营决策问题的客观依据资料，也常常使用判断抽样的方法。

3. 配额抽样　配额抽样法又称定额抽样法，是指将调查对象按规定的控制特征分层，按一定控制特征规定样本配额，由调查人员随意抽取样本的抽样方法。配额抽样是按调查人员的主观判断直接抽取样本，相关的控制特征可以包括性别、年龄等。配额抽样与分层抽样有相似之处，都是事先对总体所有单位按某种标准分层，将样本分配到各层中。但它们也有明显的区别；在分层抽样中，是按随机原则在各层中抽取样本；而在配额抽样中，样本的抽取不是随机的，调查人员可以根据主观判断或方便原则抽取样本。

配额抽样的优点是简便易行，成本低，没有总体名单也可以进行。但是控制特性多时，计算较复杂，且缺乏统计理论依据，无法准确估计误差。

学习卡片

优秀的调查人员应具备的素质

1. 自信　自信的调查人员能获得调查对象的信任与合作。只有对自己的行为保持自信，并相信别人会同自己谈话，才能使访问顺利进行。

2. 放松　调查人员的表情放松是自信的标志，能帮助调查对象保持轻松的状态。但放松要有度，调查中保持适当的严肃性还是必要的。

3. 中立　调查人员必须保持完全中立。必须将个人感情放在一边，依他人观点获取信息。必须避免有意改变语气或面部表情的做法，以免影响调查对象的回答。

4. 具有观察细节的自觉性　调查人员必须随时集中精力，有意识地注意调查对象的反应，并由此了解其性格。了解调查对象的性格（如怯懦、果断、多疑或自大等）将有助于信息的收集。

5. 绝对诚实正直　由于现场工作范围广，比较分散，难于进行监督，所以如果调查人员不正直就可能作假，并对未进行的问卷随意填写来敷衍。保证调查人员的诚实性是很必要的。

6. 能忍受困难的工作条件　访问工作有时比较困难，例如长途跋涉访问、夜晚工作及受到调查对象的白眼等，这就需要调查人员能吃苦，经得起挫折。

7. 能按指令工作　现场工作虽无人在场监督，但必须根据收集信息的指定程序进行，不能自以为是地改变安排。

8. 书写清晰　调查人员字体潦草会使办公室人员难以读懂，从而造成资料处理工作中的误差。

9. 讨人喜欢的外表和性格　作为一个调查人员，具有讨人喜欢的外表自然容易被陌生人接受，若同时具有讨人喜欢的性格，就更为深谈创造了条件。

（摘自：刘震国等．1997. 市场调研［M］．上海：华东理工大学出版社．）

兽药市场调查问卷的设计

调查问卷是兽药市场调查的常用工具，是沟通调查者和调查对象的桥梁。所谓调查问卷，就是我们常说的询问表（或称调查表）。应用问卷时，访问员可以按统一的提问要求和问题顺序规范提问，受访者可以按统一的答题要求回答，数据处理人员可以按统一的问卷进行数据分析，从而提高市场调研的整体质量和效率。所以，调查问卷设计的好坏，不但直接影响调研的结果，还影响到调研资料分析整理的效率。

一、问卷设计的程序

1. **确定调研主题**　应当首先明确调研问题的重点、目的和要求，才能设计出符合需要的问卷。

2. **进行自由访问调研**　在设计问卷前，由调研人员亲自访问被调研者，从而把调研主题以询问的形式分解为更加详细的条目。

3. **拟订问卷草案**　根据调研主题及其目的要求，决定询问方法。

4. **事前试验**　先做小规模的试访，以检验问卷表有无不符合实际的现象，而后做必要的修改。

5. **制定正式问卷**　在总结试验调研经验的基础上，拟定正式的问卷表，并对调研人员进行适当培训，使之熟识有关问题。

二、问卷设计应注意的问题

（1）注意问题排列程序，首先应有说明词，说明询问人代表的单位、调查目的或意图、问卷的填写方法以及礼貌用语。调查时语气要亲切，争取填表者的合作，使他们认真填写。

（2）问题要简单、明了、容易理解，使填表者能顺利地填写和回答而不产生厌烦，问题的难度要适应受访者的理解能力、接收水平和心理特征。

（3）问卷的回答和统计数据要易于整理，不要模棱两可，以免带来整理分析的困难。同时应考虑便于采用计算机整理分析，以节省人力和时间，保证时效。

（4）根据调研目的和调研内容，合理选择各种问卷的形式、格式和提问方式等，以提高调研效能。

（5）避免用引导性问题或带有暗示性的问题。例如，“大多数人都认为××兽药效果很好，你觉得呢?”这样的问句容易造成偏差，故应改为“您觉得什么牌子的药品治疗效果特别好?”

（6）对年龄、月收入等敏感问题最好采用间接提问的方法，不要直接询问“您今年多大年纪”，而应给出选择范围，如21～30岁、31～40岁；对工作单位、家庭住址、电话等私人问题最好不要问。

（7）调查表上应留有供人填写答案的足够空间，并编有填写调查单位名称、填表人姓名和填表年月日的栏目。

（8）问卷形式可以封闭式和开放式相结合。问题数量要适度，一般应控制在30个问题以内，最好在20分钟内能答完。

（9）为使调查结果更为客观、真实，问卷最好采用匿名回答的方式。

三、调查问卷的具体内容

（一）卷首语

1. 自我介绍 让调查对象明白你的身份或调查主办单位。

2. 调查的目的 让调查对象了解你想调查什么。

3. 回收问卷的时间、方式及其他事项 如告诉对方本次调查的匿名性和保密性原则，调查不会对被调查者产生不利的影响，真诚地感谢调查对象的合作，告知答卷的注意事项等。

4. 指导语 旨在告诉被调查者如何填写问卷，包括对某种定义、标题的限定以及示范举例等内容。

（二）问卷的主体

问卷的主体即问题，一般有开放式和封闭式两种。

开放式问题就是调查者不提供任何可供选择的答案，由被调查者自由答题，这类问题能自然地充分反映调查对象的观点、态度，因而所获得的材料比较丰富、生动，但统计和处理所获得的信息时难度较大。开放式问题可分为填空式和回答式。

封闭式问题的后面同时提供调查者设计的几种不同的答案，这些答案既可能相互排斥，也可能彼此共存，调查对象可根据自己的实际情况在答案中选择。它是一种快速有效的调查问卷，便于统计分析，但提供选择答案本身限制了问题回答的范围和方式，这类问卷所获得的信息的价值很大程度上取决于问卷设计本身的科学性、全面性。

封闭式问题又可分为三种：

（1）是否式。把问题的可能性答案列出两种相矛盾的情况，请调查对象从中选择其一“是”或“否”、“同意”或“不同意”。

（2）选择式。每个问题后列出多个答案，请调查对象从答案中选择自己认为最合适的一个或几个答案并做上记号。

（3）评判式。每个问题后面列有许多个答案，请调查对象依据其重要性评判等级，评判式又称为排列式，由数字表示排列的顺序。

学习卡片

调查问卷样例：养殖户调查问卷

调查地点：________省（区、市）________县（区、市）________乡（镇、街道）

调查员（单位）：

说明：1. 本问卷调查对象为养殖户；

2. 请认真、客观、真实填写调查问卷；

3. 请回答所有问题，有的问题答案可多选，请在选项的方框上打“√”；

4. 本次调查的内容具有保密性，不会对养殖户产生不利的影响。

真诚地感谢合作！

二○　年　月　日

一、受访者身份确认

1. 性别：A. 男□　B. 女□

2. 年龄：A. 18～35岁□　B. 36～59岁□　C. 60岁及以上□

3. 文化程度：A. 初中及以下□　B. 高中/中专□
C. 大专及本科□　D. 硕士及以上□

4. 您的养殖目的：A. 以养殖为主要收入来源□
B. 不是主要收入来源，补贴家用□

5. 您家有________人从事养殖工作

6. 您的年养殖收入________万元

7. 您的养殖规模：A. 家畜□　数量：　头（只）
B. 家禽□　数量：　头（只）
C. 特种经济动物□　数量：　头（只）
D. 水产□　数量：　尾

二、调查问题

1. 您受过哪些关于畜牧、兽医、兽药等相关知识的培训？（可多选）
A. 脱产学习□　B. 农技部门培训□　C. 畜牧兽医站培训讲座等□

2. 您在养殖生产中是否使用过兽药？如有使用，具体有哪些类型？
A. 使用过：抗生素□　化学兽药□　生物制品□　中兽药□　消毒剂□　其他□
B. 没用过□

3. 近年来您使用的兽药质量（效果）如何？
A. 很好□　B. 一般□　C. 差□

4. 您购买兽药的主要途径是什么？（可多选）
   A. 政府统一采购发放□　B. 动物卫生监督机构□
   C. 兽药经营单位□　D. 生产企业销售代表□
   E. 其他（邮购、网购等）□
5. 您采用哪些方式储藏兽药？（可多选）
   A. 避光□　B. 冷藏、冷冻□　C. 常温保存□
   D. 阴凉□　E. 密闭、密封□　F. 熔封、严封□
6. 您是否受到过假冒伪劣兽药的侵害？
   A. 有□　B. 没有□
7. 您在购买兽药时，采取何种方法辨别假冒伪劣兽药？（可多选）
   A. 检查外包装、产品说明书等□
   B. 通过电话、网络等向厂家核实相关兽药信息□
   C. 核对官方发布的兽药质量信息（抽检结果、兽药 GMP 证书、产品文号等）□
   D. 凭个人经验□　E. 不知道如何辨别□
8. 您知道下列哪些法规与兽药使用有关？（可多选）
   A.《兽药管理条例》□　B.《中华人民共和国动物防疫法》□
   C.《中华人民共和国畜牧法》□　D.《中华人民共和国农产品质量安全法》□
   E. 不知道□
9. 您知道下列哪些兽药质量监管的主要措施？（可多选）
   A. 实施兽药 GMP□　B. 飞行检查□　C. 批签发□
   D. 驻厂监督□　E. 兽药监督抽检□　F. 打击假冒伪劣兽药□
   G. 不知道□
10. 您一般从哪些途径获得兽药安全使用知识？（可多选）
    A. 养殖经验□　B. 兽医介绍□　C. 专业书报□
    D. 兽药生产经营单位推荐□　E. 农技推广人员□
    F. 电视等媒体□　G. 网络□　H. 不知道□
11. 您是否了解兽药使用有休药期规定？
    A. 非常清楚□　B. 了解一些□
    C. 听说过，但不了解□　D. 不知道□
12. 您使用兽药是否有用药记录：
    A. 记录很详细□　B. 简单记录□
    C. 凭养殖经验，没有记录□　D. 不要记录/不知道要记录□
13. 您知道下列哪些药物是禁用兽药？（可多选）
    A. 金刚烷胺□　B. 利巴韦灵□　C. 吗啉胍（病毒灵）□
    D. 青霉素□　E. 盐酸克仑特罗□　F. 不知道□
14. 您是否知道国家对动物性产品要进行兽药残留检测？
    A. 非常清楚□　B. 了解一些□
    C. 听说过，但不了解□　D. 不知道□

15. 您知道下列哪些事件与兽药残留相关？（可多选）
A. 多宝鱼事件□ B. 红心咸鸭蛋事件□ C. 禽流感□
D. 三聚氰胺牛奶□ E. 二噁英事件□ F. 疯牛病□
16. 您在使用兽药时是否发现过不良反应？有没有报告？（可多选）
A. 向当地兽医行政管理部门报告过不良反应□
B. 有不良反应，向生产商或经销商反映□
C. 有不良反应，但未报告□ D. 未发现或不知道□
17. 您认为目前兽药广告的整体状况如何？
A. 广告真实可信，为购买提供依据□ B. 广告鱼龙混杂，政府应加强监管□
C. 广告夸大其词，曾上当受骗□ D. 不关注兽药广告□
E. 说不清楚□
18. 您知道兽药监管工作在下列哪些方面发挥积极作用？（可多选）
A. 加强动物疫病防控□ B. 保障动物性食品质量安全□
C. 保障公共卫生安全□ D. 提高我国动物性产品国际竞争力□
E. 不知道□
19. 您在使用兽药中需要哪些方面的帮助？（可多选）
A. 用药知识培训□ B. 兽药产品和功能的介绍□
C. 动物疾病预防知识□ D. 识别真假兽药的方法□
E. 其他
20. 您对加强兽药质量监管有何意见和建议？
（摘自：http：//www. sojump. com/jq/159257. aspx）

兽药市场预测

一、兽药市场预测的含义及作用

（一）兽药市场预测的含义

兽药市场预测是在兽药市场调查的基础上，利用一定的方法或技术，对影响市场营销的各种因素进行分析研究，测算一定时期内兽药市场供求趋势，掌握兽药市场变化规律，从而为兽药企业的营销决策提供科学的依据。市场预测是市场调查的延续和发展。

（二）兽药市场预测的作用

兽药市场预测的作用表现在以下几个方面：

1. **兽药市场预测是兽药企业经营管理决策的重要前提条件** 兽药企业要做出正确的经营决策，必须掌握所处的兽药市场环境，做出兽药市场发展变化的趋势预测。这是兽药企业明智决策的首要条件。

2. **兽药市场预测是兽药企业制订生产经营计划的重要依据** 兽药企业在制订生产经营计划时，除了依据国家指导性政策外，还必须考虑社会、市场、用户的需求和企业本身经济

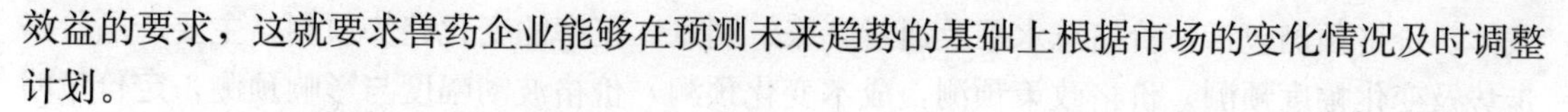

效益的要求，这就要求兽药企业能够在预测未来趋势的基础上根据市场的变化情况及时调整计划。

3. 兽药市场预测有利于兽药企业掌握市场主动权 兽药市场的需求结构经常发生变化，在产品品种、价格、质量、促销手段和售后服务等方面存在着激烈的竞争。商场如战场，取胜的基本条件是“知己知彼”，才能“百战不殆”。因此企业必须充分掌握兽药市场的动态，把握竞争对手的竞争策略和竞争方式，有针对性地调整经营战略与战术，做出超前决策，抢在竞争对手之前采取必要行动，掌握竞争的主动权。

4. 兽药市场预测有利于兽药企业开拓市场，提高市场占有率 市场占有率是反映一个企业竞争能力的重要指标，也是各企业想方设法提高的指标。通过兽药市场预测可以发现目标市场，发现市场需求潜量和企业销售潜量，从而有效地开展销售推广工作，占领目标市场，扩大销售数量，提高市场占有率。

5. 兽药市场预测有利于改善经营管理，提高经济效益 通过兽药市场预测，可使经营者避免盲目性，增强自觉性，发现市场机会，调整经营策略，改善经营管理水平；合理使用人、财、物、时间和空间，正确安排企业生产经营各环节的人、财、物比例，做到人尽其才，物尽其用，生产出产销对路的兽药；加速资金周转，节约各环节的费用，提高经济效益。

二、兽药市场预测的主要内容和程序

（一）兽药市场预测的主要内容

兽药市场预测的内容十分丰富，凡是涉及和影响兽药市场变化的因素都属于预测的范围。兽药企业应该根据企业不同时期面临的各种内外环境因素和企业经营活动的需要确定预测内容。

1. 市场需求预测 兽药市场需求是指一种兽药在一定的地理区域和时期内，在一定的营销环境和营销方案下，特定的顾客群体愿意购买的总数量。兽药市场需求预测包括质与量两个方面。从质的方面考察，市场需求预测要解决“需求什么”的问题；从量的方面考察，市场需求预测要解决“需求多少”的问题。市场需求预测包括顾客调查与分析、市场需求趋势分析预测、消费心理变化趋势分析预测、兽药需求量预测、需求潜量和结构预测等。

2. 兽药产品预测 兽药是兽药企业经营活动过程的物质基础，经营活动过程是通过兽药的流动来实现的。兽药产品预测主要包括：产品组合预测，兽药品种、规格、包装、品牌、质量等的预测，兽药标准管理预测，兽药生命周期预测等。

3. 兽药技术发展趋势预测 当前世界科学技术迅猛发展，新技术、新工艺、新材料的推广使用，对兽药企业的生产成本、定价等都有重要影响，并对企业经营带来深刻影响。兽药技术发展趋势预测主要包括对兽药技术未来发展的预测、兽药生产新工艺预测、新产品开发与应用预测、新剂型发展预测等。

4. 竞争预测 在市场经济情况下，竞争对企业影响很大。兽药市场竞争预测主要包括：市场竞争主体变化预测，竞争对手数量、各自实力变化预测，主要竞争对手的产品、营销组合、经营策略、企业竞争实力的现状及其变化预测，市场竞争态势变化预测，竞争对手对本企业竞争策略的反应及影响程度的预测等。

5. 价格预测 在正常情况下，价格围绕价值上下波动，是市场波动的主要标志与信息载体。价格预测包括：价格总水平及通货膨胀、利息、汇率的变化趋势预测，主要产品价格走势及变化幅度预测，价格政策预测，成本变化预测，价格波动幅度与影响预测，定价策略与方法发展预测，价格心理预测等。

6. 企业财务预测 企业财务预测就是对未来一定时期内企业经营活动所取得的有效成果和资金消耗这两者进行预测。以最小的物耗，争取最大的经济效益，是每个兽药企业所要求达到的共同目标。企业财务预测能为企业经营决策提供财务上的科学依据，对改善企业经营管理，提高经济效益具有重要意义。预测企业财务的主要指标有商品销售额、劳动生产率、资金占有及资金周转率、流通费用及流通费用率、利润和利润率、设备利用率等。

7. 外部宏观环境预测 外部宏观环境预测是影响兽药企业经营活动的不可控因素，这些不可控因素经常处于变动之中。环境的变化，可能给企业带来可以利用的市场机会，也可能给企业带来一定的环境威胁。预测、分析把握经营环境的变化，善于从中发现并抓住有利于企业发展的机会，避开或减轻不利于企业发展的威胁，是企业经营决策的首要问题。外部宏观环境预测包括：经济环境预测，政策措施预测，人口预测，疾病疫情预测，自然环境预测等。

（二）兽药市场预测的程序

兽药市场预测是一项复杂的工作，为保证预测结果的准确性，需要遵循一定的科学程序。

1. 确定预测目标 预测工作的第一个程序是确定预测目标，即预测什么，通过预测要解决什么问题。预测目标要明确具体，避免空泛，如确定对某一种兽药或几种兽药销售量的预测，必须明确规定期限和具体数据。预测目标选准确了，才能提高预测效果。

2. 收集和整理资料 资料是预测的基础，预测的资料主要来源于兽药市场调查信息。对所收集到的资料要进行认真的整理和审核，对不完整和不适用的资料要进行必要的调整，从而保证资料的准确性、系统性、完整性和可比性。此外，对经过整理和审核的资料还要进行初步分析，观察资料结构的性质和各种市场因素间的相互依存关系，如兽药价格变动和广告宣传对市场需求的影响等，作为选择适当的预测方法、建立预测模型的依据。

3. 选择预测方法和模型 在预测时，应根据预测目标和占有的信息资料，选择适当的预测方法和预测模型。预测方法不同，预测结果也就不一样。预测方法和预测模型的选择，还要考虑预测费用的多少和对预测精度的要求。按照选定的预测方法所得出的预测结果，一定要尽量接近于客观事物的实际情况。有时还可以把几种预测方法结合起来使用，互相验证和综合分析预测结果。一般来说，对定量预测，可以建立数学模型；对定性预测，可以建立逻辑思维模型。

4. 分析评价 由于市场的发展变化受多种因素影响，通过预测模型预测的结果往往与实际情况有出入，不能直接运用。预测结果的误差过大，预测结果就会失去实用价值。所以必须事先进行分析评价，把误差控制在最小可能限度内。分析评价时要充分考虑到企业内部、外部的影响因素，分析其对未来发展的影响，并找出出现误差的原因。

5. 确定预测结果 无论是定量预测的数学模型，还是定性预测的逻辑思维模型，都是在一定假设条件下（假设未来似于过去）进行的，因此，预测得出的数学模型不可能完全准确全面。所以，在进行分析评价之后，要将未考虑到的因素的影响范围和影响程度以及误差原因等进行综合分析，以修正调整预测模型得出的预测数量，得出比较准确、完善的预测结果。

三、兽药市场预测的主要方法

市场预测的方法有很多，归纳起来可分为两大类，即定性预测方法和定量预测方法。

（一）定性预测方法

定性预测法也称经验判断预测法，主要是通过市场调查，采用少量的数据和直观材料，结合人们的经验加以综合分析，做出判断和预测。定性预测的主要优点是简便、易行、省时、经济，一般不需要先进的计算设备，不需要高深的数学知识准备，易发挥人的主观能动作用；缺点是常带有主观片面性，往往受预测者经验、认识的局限，精确度比较差。定性预测法适用于对某一事物的发展趋势、优劣程度和发生概率的估计。

定性预测的具体方法主要有以下三种：

1. 购买者意向调查预测法 购买者意向调查预测法是指在营销环境和条件既定的情况下，对购买者意向进行调查，从中获得信息，通过综合分析，判断出未来某时期兽药市场的需求潜量。

2. 经验判断法 经验判断法是指预测人员根据已掌握的信息资料进行必要的市场调查研究，凭自身的知识和经验，对兽药市场未来一定时期的发展趋势做出主观判断。这种方法简单实用，能汇集各方面的意见，但预测结果易受预测人员业务知识水平、个性特点、掌握资料的情况以及分析综合能力的影响。

对经验判断法进一步细分又有经理人员判断法和营销人员判断法以及经理和营销人员结合判断法三种方式。由于预测人员考虑问题的角度不尽相同，所以有时要经过概率和权重评价，最终得出结论。

例：对某兽药企业某产品销售量的预测。该公司销售量预测值估计如表 3 所示。

表 3　某兽药企业某产品销售量预测值估计表

单位：万元

预测人员	最高销售额	概率	最可能销售额	概率	最低销售额	概率	期望预测值
公司经理	300	0.3	200	0.5	120	0.2	214
业务科长	250	0.2	150	0.5	100	0.3	155
批发部主任	250	0.2	130	0.6	100	0.2	148
业务员甲	200	0.2	130	0.6	90	0.2	136
业务员乙	180	0.2	120	0.6	80	0.2	124

$$期望预测值=\sum 销售预测值\times 概率$$

假设公司对五位预测人员意见的依赖程度是一样的，那么平均预测值为

$$(214+155+148+136+124)/5=155.4\ (万元)$$

如果公司认为公司经理权重为3，业务科长和批发部主任权重都是2，两个业务员权重均为1，那么加权平均预测值为

(214×3＋155×2＋148×2＋136×1＋124×1)/(3＋2＋2＋1＋1)＝167.6（万元）

3. 专家意见法 专家意见法是指由专家们对未来可能出现的各种趋势做出评价的方法。可以分为专家会议法和德尔菲法。

（1）专家会议法。专家会议法是根据市场预测的目的和要求，向一组经过挑选的专家提供一定的背景资料，通过会议的形式对预测对象及其背景进行评价，在综合专家分析判断的基础上，对市场趋势做出量的推断。这种方法的优点是与会专家能畅所欲言，自由辩论，充分讨论，集思广益，从而提高了预测的准确性；缺点是预测容易受专家个性和心理因素的影响，也容易受权威意见的影响，从而影响预测结果的科学客观性。

（2）德尔菲法。德尔菲法是美国兰德公司于20世纪40年代末提出的。德尔菲是古希腊传说中的神谕之地，该城中有座阿波罗神殿可以预卜未来，因而得名。采用该方法时，首先要准备资料，拟定问题，然后以匿名的方式，逐轮征求一组专家各自的预测意见，直至专家意见基本趋向一致，最后由主持者进行综合分析，确定市场预测值。

德尔菲法具有以下几个特点：

① 匿名性。在整个预测过程中专家之间互不见面，不发生横向联系，主持者与专家之间的联系采取书信方式，专家的预测意见也是以匿名的形式发表。

② 反馈性。德尔菲法不是一次性作业，而是多次逐轮征求意见，每一次征询之后，预测主持者都要将该轮情况进行汇总、整理，作为反馈材料发给每一位专家。

③ 收敛性。整个预测过程避免了专家之间心理上的影响，并通过反复补充资料、交流信息，使各专家的意见趋于一致。

德尔菲法的优点是分别征询意见，既可发挥各位专家的智慧，集思广益，又可避免专家间的相互影响和迷信权威的倾向，而且考虑问题时间充分，准确度高；其缺点是信件往返时间长，费时费力。

例：某兽药企业对某种新兽药投放市场后第一年的销售额进行预测，聘请了九位专家应用德尔菲法，进行了四轮征询、反馈、修改汇总后，得到如表4所示数据。

表4 某兽药年销售额德尔菲法预测表

单位：万元

征询次数	专家										
	1	2	3	4	5	6	7	8	9	中位数	极差
1	50	45	23	42	27	24	30	22	19	27	31
2	46	45	25	43	26	24	29	24	23	26	23
3	35	45	26	40	26	25	27	24	23	26	22
4	35	45	26	40	26	25	27	24	23	26	22

由表4可见，专家第一轮意见汇总得出的中位数是27，极差为31，说明专家的意见很分散。第二轮大多数专家根据反馈意见修改了意见，并向中位数靠拢，极差变小。等到第四轮征询时，专家们都不再修改自己的意见了，于是得出预测值为26万元，但极差为22。

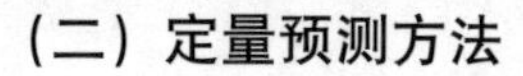

（二）定量预测方法

定量预测法又称分析计算预测法，是指在获得比较完备的统计资料的基础上，运用数学，特别是数理统计方法，建立数学模型，用以预测兽药市场未来数量表现的方法的总称。这种方法的优点是预测结果准确可靠，科学性强；缺点是对不可控因素较多的产品难以进行有效的预测。所以采用定量预测方法时，要求所收集的资料完整、准确、详细，预测对象的发展变化趋势要相对稳定。

1. 平均法

（1）简单平均法。简单平均法是把过去各时期的实际数据相加，与时期总数相除，所得的平均值即为未来时期预测值的一种预测方法。其计算公式为

$$x_{n+1}=(x_1+x_2+x_3+\cdots+x_n)/N=\sum x_i/N$$

式中，x_{n+1}为$n+1$期预测值；x_1，x_2，…，x_n为各历史时期实际销售额；N为时间序列的资料期数。

例：某市兽药企业2009年1～6月份，某产品销售额分别为25万元，22万元，20万元，19万元，23万元，19万元。试预测7月份该产品的销售额。

根据上述公式计算7月份的预测值为

$$\text{预测值}=(25+22+20+19+23+19)/6=21.3\ (\text{万元})$$

简单平均法的优点是计算方便，缺点是所有观察值不论新旧在预测中一律同等对待，这是不符合市场发展的实际情况的。因而只适用于销售情况平稳、无季节性变化的产品的预测。

（2）加权平均法。加权平均法是指在简单平均法的基础上，给每个观察值依其重要性赋予不同的权数，再求平均值。这种方法更能反映事物客观规律及未来发展趋势，对于越近期的数据，给越大的权数。加权平均数的计算公式为

$$x_{n+1}=\sum f_i x_i/\sum f_i$$

式中，x_{n+1}为$n+1$期的预测值；x_i为各期的统计数据；f_i为i期数据的权数，$i=1$，2，3，…，n。

例：某兽药企业近三个月的利润分别为35万元，32万元，38万元，试预测第四个月的利润额。

因为离预测期越近的数据对预测值的影响就越大。所以设第一、二和三月销售额的权数分别是0.25、0.35、0.40，则第四月的销售预测值计算方法为

$$(35\times0.25+32\times0.35+38\times0.40)/(0.25+0.35+0.40)=35.15\ (\text{万元})$$

（3）变动趋势移动平均法。在预测时，实际统计资料数据因受到偶然因素的作用和影响会随机波动，而且存在着反映事物变化趋势的滞后现象，这就需要用变动趋势移动平均法进行预测。这种方法的计算公式为

预测值＝最后一个移动平均值＋[（移动期数＋1）/2]×最后一个平均移动变动趋势值

该预测模型的思路是：在时间序列的一次移动平均值基础上，考虑时间序列移动平均值的逐期增（减）量的变动，建立简便直线预测模型。具体预测步骤以下例说明。

例：某兽药企业2009年逐月实际销售额资料如表5的（1）、（2）栏所示，预测2010年

1月的销售额。

表5 变动趋势移动平均法计算预测值过程

观察期	实际销售量	3个月的平均移动			5个月的平均移动		
		平均值	变动趋势	平均移动变动趋势值	平均值	变动趋势	平均移动变动趋势值
(1)	(2)	(3)	(4)	(5)	(6)	(7)	(8)
1	100	—	—		—	—	
2	120	133.3	—		—	—	
3	180	163.3	+30.0		160	—	
4	190	193.3	+30.0	+22.3	180	+20	
5	210	200.3	+7.0	+10.0	190	+10	
6	200	193.3	−7.0	−3.3	190	0	+7.6
7	170	183.3	−10.0	−4.5	194	+4	+4.0
8	180	186.7	+3.4	+4.5	198	+4	+4.4
9	210	206.7	+20.0	+11.1	200	+2	
10	230	216.7	+10.0	+12.2	212	+12	
11	210	223.3	+6.6		3期		
12	230	2期					

首先要选择好移动期数，这里我们分别选择 $N=3$ 和 $N=5$，来说明变动趋势移动平均法的计算过程。

第一步，计算移动平均值。放在 N 个月的中间位置填入相应（3）栏和（6）栏内，如1～3个月的移动平均值为 $(100+120+180)/3=133.3$，放在居中的2月份位置。其余以此类推。

第二步，计算变动趋势值。就是以后期的移动平均值减去前期的移动平均值的差填入（4）栏和（7）栏内，如表中3个月移动平均值的变动为 $163.3-133.3=30.0$，填入（4）栏3月份的位置，其余以此类推。

第三步，计算平均移动变动趋势值。填在（5）栏和（8）栏的位置，如表中3个月为期的平均移动变动趋势值为 $(30.0+30.0+7.0)/3=22.3$，填入（5）栏4月份的位置，其余以此类推。

第四步，计算预测值。本例预测值在 $N=3$ 时，最后一个移动平均值为223.3，它距离预测期2010年1月份的间距为2期，即 $(N+1)/2$ 期，由于变动趋势值的变动幅度较大，所以公式中的趋势变动值采用平均移动变动趋势值，这里取最后一个平均移动变动趋势值12.2，这样 $N=3$ 的预测值用公式计算为

$$2010\text{年1月份的预测值}=223.3+2\times12.2=247.7\text{（万元）}$$

当 $N=5$ 时，从表5中找到预测模型的数值，代入公式，预测值为

$$2010\text{年1月份的预测值}=212+3\times4.4=225.2\text{（万元）}$$

运用这种方法进行预测时，N 的选择对预测精确度十分重要。通常 N 的选择要凭预测

者的经验判断决定。一般来讲，当时间序列含有大量随机成分时，要想较好反映预测目标发展过程的平均水平，N 宜选择大值；当时间序列随机成分干扰较少，且发展变化过程存在趋势变动或季节变动倾向时，为对这种变化做出灵敏反应，N 就应该选择小值。另外，还应根据占有资料数据的多少来考虑，数据少时，移动期 N 也应相应小一点。

2. 季节指数预测法　季节指数预测法是以市场季节性周期为特征，计算在时间序列资料上呈现出的有季节变动规律的季节指数，并利用季节指数进行预测的一种预测方法。如兽药市场上的防暑降温、清热解毒的兽药都会呈现季节性的规律变动。

例：某兽药企业 2005—2009 年清热解毒药分季节的销售资料如表 6 所示。

表 6　某兽药企业 2005—2009 年清热解毒药销售资料

单位：万元

年　份	第一季度	第二季度	第三季度	第四季度	合　计
2005	182	1 144	1 728	118	3 172
2006	231	1 208	1 705	134	3 278
2007	330	1 427	1 932	132	3 821
2008	220	1 302	1 872	130	3 524
2009	226	1 390	1 962	133	3 711

根据以上资料，要求计算：

（1）各季节指数。

（2）已知 2010 年该药的销售量将比 2009 年增长 3%，求各季销售量预测值。

第一步，求历年各季销售量合计数。如第一季合计数＝182＋231＋330＋220＋226＝1189（万元），其余以此类推。

第二步，求历年销售量总合计数。3172＋3278＋3821＋3524＋3711＝17506（万元）。

第三步，求历年销售量总合计数的季平均数。17506÷4＝4376.5（万元）。

第四步，求季节指数。用历年各季合计数除以季平均数，如第一季度的季节指数＝(1189÷4376.5)×100%＝27.16%，其余以此类推。

第五步，求出 2010 年的销售量预测值。3711×(1＋3%)＝3822.33（万元）。

第六步，求出预测年度的销售量季平均数。3822.33÷4＝955.58（万元）。

第七步，求出 2010 年每个季度的销售额预测值。

第一季度预测值＝955.58×27.16%＝259.54（万元）；

第二季度预测值＝955.58×147.86%＝1412.92（万元）；

第三季度预测值＝955.58×210.19%＝2008.53（万元）；

第四季度预测值＝955.58×14.79%＝141.33（万元）。

3. 一元线性回归预测法　回归预测法是借助回归分析这一数理统计工具进行定量预测的方法。利用预测对象和影响因素之间的因果关系，通过建立回归方程式来求预测值。例如保健品需求量与居民收入水平之间存在着明显关联，其规律可以用近似的函数来表示。

回归预测法根据有关因素的多少而分为一元线性回归法、多元线性回归法与非线性回归法等。在兽药市场预测的实际工作中，一元线性回归模型较常见。其公式为

$$y = a + bx$$

式中，y 为因变量，即预测值；x 为自变量，即影响因素；a、b 为回归系数。

一元线性回归预测法主要是找到一条倾向性的回归直线，使该直线到实际资料各点之间的偏差平方和为最小，最能代表实际各点的变动倾向，以此来了解事物未来的发展趋势，并以该直线作为预测的依据。

根据最小二乘法原理，分别对 a、b 求偏导数，并令其偏导数为 0，得方程组为

$$\sum y_i = na + b\sum x_i$$

$$\sum x_i y_i = a\sum x_i + b\sum x_i^2$$

解得：

$$\hat{a} = \frac{\sum y_i}{n} - \hat{b}\,\frac{\sum x_i}{n}$$

$$\hat{b} = \frac{n\sum x_i y_i - \sum x_i \sum y_i}{n\sum x_i^2 - \left(\sum x_i\right)^2}$$

如果自变量 x 是一组等长期的时间变量，那么可以令 $\sum x_i = 0$，即当期数是奇数时，将 $x=0$ 置于数据资料的中间项；当期数是偶数时，将 $x=-1$ 和 $x=1$ 置于数据资料的中间两项。此时，求解 a、b 的公式可以简化为

$$a = \sum y_i / n$$

$$b = \sum x_i y_i / \sum x_i^2$$

例：兽药厂 2005—2009 年的销售额分别为 560 万元、620 万元、685 万元、747 万元、800 万元，试用一元线性回归预测法预测 2010 年的销售额。

本例中 y 是销售额，x 是时间变量，n 是资料期数。$n=5$ 是奇数，按简化方法计算如表 7 所示。

表 7　回归系数计算表

年　份	时间变量（x）	销售额（y）（万元）	xy（万元）	x^2
2005	-2	560	$-1\,120$	4
2006	-1	620	-620	1
2007	0	685	0	0
2008	1	740	740	1
2009	2	800	1 600	4
合计	0	3 405	600	10

经计算得：

$$a = \sum y_i / n = 3405/5 = 681$$

$$b = \sum x_i y_i / \sum x_i^2 = 600/10 = 60$$

回归方程为

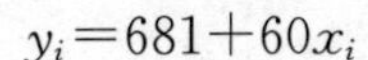

$y_i=681+60x_i$

2010 年的时间序列应为 3，将 $x_i=3$ 代入回归方程得：

2010 年的预测值 $y_3=681+60\times3=861$（万元）

小结

菲利普·科特勒指出：营销越来越取决于信息，而非销售力量。营销人员只有在深入调研、掌握信息的基础上，运用科学的预测方法预测目前和未来市场需求规模的大小，才能做出正确决策。兽药企业要制定正确的营销决策，必须通过准确的市场调查和正确的市场预测。本部分主要介绍了兽药市场调查和市场预测的含义、作用、类型和方法，通过本部分的学习应能运用相关技术和方法开展兽药市场调研和预测。

小测验

1. 运用科学的方法，有目的、有计划地系统搜集、记录、整理、分析有关兽药市场信息的过程被称为（　　）。

A. 兽药市场调查　　B. 兽药市场分析

C. 兽药市场预测　　D. 兽药市场管理

2. 某兽药生产企业从其目标市场的顾客中，按照随机原则抽取了 50 名顾客进行问卷调查，以了解目标顾客对其产品的认知、偏好等原始信息，该企业这种收集原始数据的方法属于（　　）。

A. 观察法　　B. 实验法　　C. 询问法　　D. 专家估计法

3. 下列说法哪个是错误的？（　　）

A. 兽药市场预测是兽药企业经营管理决策的重要前提条件。

B. 市场预测是兽药企业制订生产经营计划的重要依据。

C. 兽药市场预测有利于市场掌握主动权。

D. 兽药市场预测有利于兽药企业开拓市场，提高市场占有率。

4. 兽药市场调查的方法和步骤有哪些？

5. 兽药市场预测的内容是什么？

6. 针对某兽药企业新投入市场的一种产品设计一份调查方案，并按方案开展实地调查，预测该产品未来的销售趋势。

兽药市场细分与目标市场选择

【基本知识点】

◆ 了解兽药市场细分的含义及作用

◆ 掌握兽药市场细分的原则、依据和方法

◆ 了解目标市场的含义

◆ 掌握目标市场选择的策略

◆ 了解兽药市场定位的含义、过程及方向

◆ 掌握兽药市场定位策略

【基本技能点】

◆ 对兽药市场细分的能力

◆ 合理选择目标市场的能力

◆ 恰当进行市场定位的能力

导入案例

咽喉用药的市场细分

十三亿人口，十三亿个嗓子。咽喉用药是继胃药、感冒药后老百姓消费最多的药品种类之一。广西“金嗓子”曾以6亿元的年销售收入和30%的市场份额稳居市场龙头老大的位子；紧随其后的是西瓜霜含片及喷剂，江中草珊瑚在市场上位居第三。

面对市场诱惑，各大制药企业纷纷推出咽喉药类产品。后起之秀在进入市场时多采用细分市场的方式，来瓜分“老三甲”没有渗透的领域。给人留下较深刻印象的是亿利甘草良咽，它通过翔实的市场调查，准确地切入到一个全新的烟民市场，并以其特有的营销策略——针对“吸烟引起的喉部不适”，曾一度进入同类产品的前五名，销售额超过一个亿；江中草珊瑚含片的同门兄弟——江中亮嗓也主打烟民市场，在某些地区取得了不俗的业绩。桂龙药业的慢咽舒宁则是从疗效方面切入，依靠大规模的广告投放带来了市场份额的不断攀升；华素片经过对产品内涵的进一步提炼和包装改进后，明确提出“可以消炎的口含片”，立即引起了用户的共鸣，取得了不错的销售效果。

（摘自：http：//www.360baogao.com/2009－04/2009 _ 2012nianyanhouyongyao jingzhBaoGao.html）

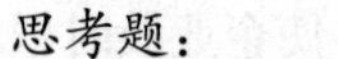

思考题：

1. 亿利甘草良咽、江中亮嗓等药品是如何挤进咽喉用药市场的？

2. 结合本案例，谈谈兽药产品如何进行市场细分和市场定位？

任何一个兽药企业都不可能为所有的动物提供药品，企业必须根据自身的生产能力，将整体市场细分为若干不同的市场，然后选择其中能为之有效服务的作为目标市场，并进行市场定位。市场细分、目标市场选择及市场定位是企业营销机会选择和确定过程中的三个互相联系、不可分割的环节，其中市场细分是企业目标市场选择和定位的基础和前提。

兽药市场细分

一、兽药市场细分的含义及理论基础

（一）兽药市场细分的含义

所谓兽药市场细分是指按照客户对兽药的需求、购买行为、购买习惯等的差异性，把一个总体市场划分成若干个具有共同特征的子市场的过程。同一兽药细分市场的客户，他们的需要和欲望极为相似；不同细分市场的客户，对同一产品的需要和欲望存在着明显的差别。

（二）兽药市场细分的理论基础

1. 异质市场的存在是市场细分的内在依据 从需求的角度可以将产品市场分为同质市场和异质市场。同质市场是指用户对某种商品的需求和对企业的营销策略的反应是一致的，如兽药的某些原料药市场；异质市场是指用户对某种商品的需求和对企业的营销策略的反应差异明显，且不易改变，如兽药市场中，有的需要蚕用药，有的需要水产用药，外贸型猪场则喜欢用中兽药。正是这种用户需求的差异性才使兽药市场细分成为可能，同时也才有必要。

如果只承认需求的差异性，细分同样无法进行。因为这样企业就要面对每个个体用户，分别满足他们的需求，进行一对一的营销，事实上这是很难做到的，也是没有必要的。因此兽药市场细分的过程是要存大异求小同，其实质是异中求同。

2. 企业资源限制和有效的市场竞争是市场细分的外在强制条件 几乎在每一个行业，市场挑战者、市场补缺者与市场领导者都同时并存。所以，受资源约束，企业有必要实行市场细分，选择目标市场并定位。同时，在激烈的市场竞争中，谁更准确地掌握了消费需求，契合了市场需求，谁就可能提高市场占有率。因此，有效的市场竞争使市场细分也成为企业的必然选择。

二、兽药市场细分的作用

1. 有利于兽药生产经营企业发现市场机会，开拓新市场 通过兽药市场细分，企业可以对每一个兽药细分市场的购买潜力、满足程度、竞争情况等进行分析对比，可以了解到不同客户的需求情况，发现尚未满足或没有被充分满足的消费需求，并根据竞争者的市场占有情况来分析市场未被充分满足的程度，探索出有利于本企业的市场机会，使企业及时根据本企业的条件编制新产品开发计划，掌握产品更新换代的主动权，开拓新市场，夺取优势市场的地位。

这一作用在中小型兽药生产经营企业中尤为突出。通过市场细分，他们可以发现那些被大型企业所忽视且尚未满足或没有被充分满足的消费需求，拾遗补缺，以便在激烈的市场竞争中占有一席之地。

2. 有利于兽药生产经营企业规划市场营销方案

（1）帮助兽药生产经营企业确立准确的产品概念及产品定位。企业在兽药市场细分的基础上，较为清楚地了解了客户的需求及他们所追求的利益，可以有针对性地开发产品，并用客户可以理解的语言表述出来，形成更准确的产品概念；同时，将这种概念通过各种营销传播手段传递给客户，使客户正确地理解本企业的产品能为用户带来的、区别于竞争对手的利益。

（2）帮助兽药生产经营企业制定产品、价格、促销及分销渠道策略。细分后的子市场是由具有相同或相似的需求、购买行为、购买习惯的用户组成的。通过市场细分，企业可以更好地了解子市场中的客户能够并愿意付出的价格；获取该类兽药的售货渠道，如有的客户习惯在专卖店买，而有的习惯在兽医站或防疫站由兽医开药；企业也可以从中了解不同的促销手段对他们的影响，并以此作为企业制定各种营销策略的依据。

3. 有利于企业及时应对市场变化，调整营销策略　在较小的细分市场即子市场上开展营销活动，增强了市场调研的针对性，市场信息反馈快，企业易于掌握市场需求的变化，并迅速准确地调整营销策略，取得市场主动权。

4. 有利于企业合理有效地分配人力、物力、财力资源，减少资源的浪费　任何一个企业的人力、物力、财力资源都是有限的。在市场细分基础上的营销，可以使企业扬长避短，有的放矢，将有限的资源用在最适当的地方，发挥最大的效用。

5. 有利于企业更好地满足用药需求　现代市场营销学的核心就是满足用户的需求。通过兽药市场细分，企业才能更准确地了解不同细分市场中客户的需求，并有针对性地去满足。当市场中越来越多的企业奉行市场细分策略时，产品就会日益多样化，客户的需求就会得到更好的满足。

6. 有利于企业对未来业绩的预测　细分后的子市场范围更为明确，需求的特点也更易为企业所掌握，因此企业可以更准确地预测市场的规模及其变化，有利于企业预测未来的经营业绩。

兽药市场细分的作用越来越被企业所重视。但必须指出的是，市场细分的目的是发现市场机会，而不是为细分而细分，不是分得越细越好。因为市场细分最大的问题就是有可能增大市场成本。企业为了满足不同细分市场的需求，要开发生产多种产品，并分别采取不同的分销渠道及促销手段，这都会促使成本增长，规模经济效益变小，因此兽药市场细分必须适可而止。

三、兽药市场细分的标准

兽药市场细分的前提是消费需求的差异性，产生这些差异的因素就是进行兽药市场细分的依据，也称为兽药市场细分的标准。

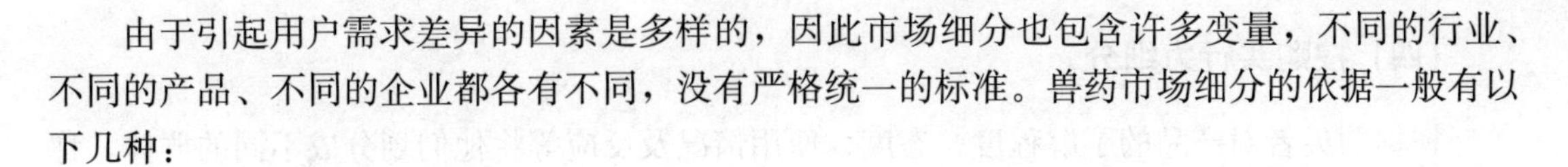

由于引起用户需求差异的因素是多样的，因此市场细分也包含许多变量，不同的行业、不同的产品、不同的企业都各有不同，没有严格统一的标准。兽药市场细分的依据一般有以下几种：

（一）按地理因素细分

即根据用户所处的地理位置进行细分。由于地域环境、自然气候、文化传统、风俗习惯和经济发展水平等因素的影响，处在同一地理环境下的用户的需求与偏好往往具有相似性，购买行为、习惯、对企业采取的营销策略与措施的反应也有相似性。

1. 地区 根据地理位置将市场细分为东北、华北、华东、中南、西北、西南等市场。

2. 城市与农村 城市与农村市场在用药习惯、用药常识、购买能力等方面都存在明显的差异，城市主要是宠物用药，农村大多是养殖场用药。

3. 季节与气候 由于气候的差异，疾病的发生情况有很大的不同。如禽流感为春秋季节的多发病。

地理因素是一种静态因素，易于识别，是细分市场应给予考虑的重要因素。但处于同一地理位置的用户的需求仍会有很大差异。比如，在我国的一些省份经济比较发达，养宠物的比较多；有些省份农村面积比较大，适合大面积养殖家畜。所以，简单地以某一地理特征区分市场，不一定能真实地反映用户的需求共性与差异，企业在选择目标市场时，还需结合其他细分变量予以综合考虑。

（二）按动物种类与社会经济因素细分

1. 动物种类 由于生长规律、生长周期、动物个体、常见病等方面存在差异，不同物种的动物必然会有不同的需求特点。如常见病有狂犬病、禽流感、奶牛乳房炎等。

2. 社会经济 由于用户的购买能力存在差异，不同种类动物的价值不同，对兽药的选择也有很大的差异。如鸡、鸭、鹅用药的价格一般较低，猪牛羊用药的价格则略高，而宠物用药和保健品的价格则相对更高。在利用社会经济这一细分变量进行细分时，应注意到养殖行业的变化趋势，如随着人们经济条件的好转，饲养的宠物数量将越来越多，这一点对于宠物药品的市场细分尤为重要。

（三）按心理因素细分

1. 购买者及处方者的个性 个性是指一个人比较稳定的心理倾向与心理特征，它会导致一个人对其所处环境做出相对一致和持续不断的反应。通常，个性会通过自信、自主、支配、顺从、保守、适应等性格特征表现出来。如个性保守者通常不愿做新的尝试，很难接受新药。

2. 态度 态度是指一个人对某些事物或观念长期持有的好与坏的认识上的评价、情感上的感受和行动的倾向。根据对兽药的需求及治疗作用所持态度不同可以分为踏实者、寻求权威者、怀疑论者和抑郁者。踏实者追求方便、有效的兽药；寻求权威者更相信兽医的处方；怀疑论者对兽药的效果有所置疑，很少用药；抑郁者对动物病情极其敏感，稍有症状即找兽医或自行购药。

（四）按购买行为细分

根据购买者对产品的了解程度、态度、使用情况及反应等将他们划分成不同的群体，称为行为细分。行为变数能更直接地反映用户的需求差异，因而成为市场细分的最佳起点。

1. **购买者的品牌偏好程度** 有些购买者经常变换品牌，也有一些购买者则在较长时期内专注于某一或少数几个品牌。对有品牌偏好的购买者推广新药有一定的难度。

2. **购买渠道** 指根据患者获取兽药的渠道细分，可以分为动物医院购买、兽医站购买、兽药店购买及网上购买等。

3. **利益** 按购买者所追求利益的不同，将其归入各群体。如有的购买者追求经济实惠（低价），有的追求使用方便（剂型）。

（五）按客户类别细分

不同的客户群，对兽药质和量的需求有明显的不同，如散养户和规模养殖户的兽药需求差异就很大。兽药企业常见的客户类型主要有：兽医站、防疫站、经销商、规模养殖户、集团公司、政府部门等。

四、兽药市场细分的原则

1. **异质原则** 不同细分市场客户的需求具有差异性，对同一市场营销组合方案，不同细分市场会有不同的反应。如果不同细分市场顾客对产品需求差异不大，行为上的同质性远大于其异质性，此时，企业就不必对市场进行细分。对于细分出来的市场，企业应当分别制定出独立的营销方案。

2. **可衡量原则** 细分市场可衡量原则是指细分后的市场应是可以识别和衡量的，亦即细分出来的市场不仅范围明确，而且对其容量大小也能大致做出判断。首先，要确定据以细分市场的变量应是可以识别的；其次，细分后的市场规模、市场容量应是可以计算、衡量的。否则细分的市场将会因无法界定和度量而难以把握，市场细分也就失去了意义。

3. **足量性原则** 细分市场足量性原则是指细分出来的市场，其容量或规模要大到足以使企业获利并具有发展的潜力。这就要求企业在进行市场细分时，必须考虑细分市场上客户的数量以及他们的购买能力和购买产品的频率。如果细分市场的规模过小，市场容量太小，细分工作繁琐，成本耗费大，获利小，就不值得去细分。

4. **可开发性原则** 细分市场可开发性原则是指细分后的子市场是企业能够而且有优势进入并能对其施加影响的。具体考虑两个方面：一是企业在一定成本内能达到细分市场的要求，即市场进入壁垒的高低，企业应有能满足细分市场的相应的人力、物力、财力资源；二是有关兽药的信息能够通过一定媒体顺利传递给该市场的大多数客户，被确定的细分市场的客户能有效地理解企业的产品概念，企业在一定时期内有可能将兽药通过一定的分销渠道运送到该市场。

5. **稳定性原则** 细分市场稳定性原则是指细分市场的特征应在一定时期内保持相对的稳定。因为在细分过程中，调查分析本身就需要一定时间，如果没有一段稳定期，这个细分的市场也就没有意义了。同时，市场调查及开发新产品、调整营销策略都会给企业带来成本的增长，过于频繁的市场变化会影响企业的经济效益。

五、兽药市场细分的方法

1. **单一变量细分法** 单一变量细分法是指根据影响用户需求的某一个重要因素进行市场细分。如根据动物种类这一变量可以将消炎药市场分为鸡、鸭、鹅、猪、牛、羊等多个市场。

2. **多个变量综合细分法** 多个变量综合细分法是指根据影响用户需求的两种或两种以上的因素进行市场细分。比如在人用药中，针对高血压药物市场，可按年龄及病情程度将市场细分为青年患者的轻、中、重度高血压，中年患者的轻、中、重度高血压，老年患者的轻、中、重度高血压九个细分市场。

采用多个变量综合细分法，当使用的变量增加时，细分市场的数量会按几何级数增加，这会给细分市场的选择带来困难，同时也不必要。因此很多企业采用系列变量细分法。

3. **系列变量细分法** 系列变量细分法是指兽药企业运用两个或两个以上的影响因素，按其覆盖范围的大小，由粗到细进行市场细分的方法。即按照一定顺序，一次又一次地对市场进行细分，直到基本能区别不同用户的需求特征为止。这种方法可以使目标市场更加明确且具体，有利于企业制定详细的市场营销策略。

学习卡片

细分和定位市场，结合企业自身状况合理开发新型兽用药品

目前，国内兽药生产型企业首先要考虑的问题就是，企业及产品的市场在哪里，市场的需要是什么。然后比照细分市场状况和需求，对照企业自身实际状况和发展规划，设定坐标点，再以坐标点为依据，进行产品的定位与设计开发。

国内的兽药企业大多是中小型民营企业，资金、技术、市场实力都非常有限，不可能像辉瑞等国际大型医药集团那样花几年、十几年甚至几十年，用上亿甚至几十亿元资金搞新药探索和发现。但是又不能不搞产品研发和产品更新，否则企业就会停步不前，没有市场竞争力，到最后被市场淘汰和遗忘而失去存在的价值。我国兽药企业目前在产品的研究和开发上可以从如下思路着手：

（1）遵循国家相关法规和政策，生产合格、优质的单方制剂，但应注重药品的配伍组方和新功能的挖掘。

（2）注重行业前沿信息，与科研院校共同申报和研制对畜牧生产有临床意义的新型或专利性兽药制剂。

（3）学习和运用国家兽药法规及标准基础，运用老药开发新型剂型。

（4）结合疾病的变化、变异和现有兽药药理作用的多功能性，以相同药生产和研制出具有治疗不同疾病功能的制剂。

（5）着眼于企业自身水平和所处的发展阶段是否与所要达成的目标和运作的市场状况相符合。

（摘自：http：//www. Sxsa. Cn/newEbiz1/EbizPortalFG/portal/html/ Info Content. Html? InfoPublish _ InfoID＝c373e92a7a5e66df8ffabf1b85b4e02f）

目　标　市　场

企业在市场细分的基础上，根据自身资源、竞争优势选择其中的一个或几个市场，运用准确的营销策略，能够使企业在激烈的竞争中获得优势。

一、目标市场的含义

所谓目标市场是指企业在市场细分的基础上根据自身的经营条件所选择的、决定进入的市场，或者说是企业准备提供产品和服务来满足其需求的客户群。市场细分是目标市场选择的前提和基础，目标市场是市场细分的目的和归宿。

企业的一切营销活动都是围绕目标市场展开的，有了明确的目标市场也就明确了企业所服务的对象，企业才能有针对性地制定一系列措施和策略。

二、目标市场的选择

（一）评估细分市场

对于一个企业而言，由于其资源条件的限制，并不一定有能力进入细分市场中的每一个子市场，也不是所有的子市场都有吸引力，这就要求企业首先对细分后的子市场进行评估；在评估各个不同细分市场时，企业必须考虑两个因素：一是细分市场的吸引力；二是企业的目标和资源。

1. 细分市场的吸引力

（1）细分市场的规模及其成长性。没有足够的销售量就无法构成现实的市场，难以保证合理的赢利水平，也就无法成为目标市场。分析市场规模既要考虑现有的水平，更要考虑其发展潜力，以保证企业有长期稳定的发展前景。市场规模大小是相对的，应根据企业的实力选择适当的规模。

（2）细分市场的赢利性。有适当规模和成长率的市场若缺乏赢利性同样不能成为目标市场。著名管理学家迈克尔·波特认为，决定一个市场长期赢利潜力的因素有五个：行业内部竞争、潜在竞争者的威胁、替代品的威胁、供应商的议价能力和客户的议价能力。

2. 企业的目标和资源

（1）企业现有的人力、物力、财力资源能否满足细分市场的需求。

（2）对细分市场的投资是否符合企业的长远目标。

（二）目标市场选择的模式

企业在对不同的细分市场评估后要选择目标市场，常见的进入目标市场的模式有五种。

1. 密集单一型市场　指用单一的产品占领一个细分市场，企业的产品和服务对象都集中于一个细分市场。这种模式可以使企业更了解该细分市场的需要，进行专业化的市场营销，同时竞争者通常较少。但这种模式的风险较大，一旦这一细分市场不景气或有强大的竞争者出现，都会使企业陷入困境。

2. 产品专业化　企业集中生产一种产品，并向各类顾客销售这种产品。采用这种模式

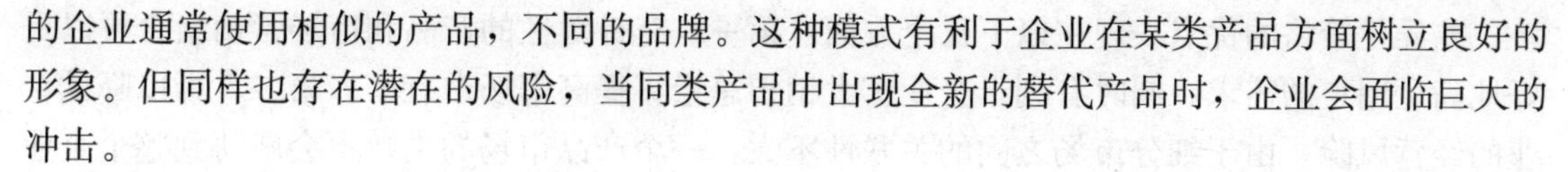

的企业通常使用相似的产品，不同的品牌。这种模式有利于企业在某类产品方面树立良好的形象。但同样也存在潜在的风险，当同类产品中出现全新的替代产品时，企业会面临巨大的冲击。

3. **市场专业化**　企业生产不同的产品满足特定顾客群体的需要，即面对同一市场生产不同的产品。采用这种模式，企业专门为特定的顾客群体服务，可与这一群体建立长期稳定的关系，并树立良好的形象。

4. **选择性专门化**　企业在市场细分的基础上，选择进入若干细分市场，针对每个不同的细分市场提供不同的产品与服务。通常企业所选择的这些细分市场之间很少存在联系。采用这种模式可以分摊企业的风险，一个细分市场的失败也不会影响企业的整体利益，但要求企业有较强的资源及营销能力。在采用这种模式时应避免贪多，不是选择目标市场越多越好，因为这样会分散公司的资源。目标市场的共同特点应是有吸引力并符合公司的要求。

5. **完全覆盖市场**　是指企业用各种产品满足各种顾客群体的需求，也就是说企业所面对的是一个整体市场。企业既可以采用差异化营销，也可以采用无差异营销来达到这一目标。只有大公司才能采用这种模式。

（三）目标市场策略

企业选择进入目标市场的模式不同，目标市场的确定范围不同，所采用的营销策略也就不同。企业可供选择的目标市场策略有三种：无差异策略、差异化策略和集中性策略。

1. **无差异策略**　无差异策略是指企业把一个产品的整体市场看做是目标市场，只向市场推出单一产品，采用一种市场营销组合。

采用无差异策略的企业是把一个市场看做一个整体，将整个市场作为自己的目标市场。之所以在这个市场中只投放一个产品，只采用一种市场营销组合方式，是因为企业认为整个市场需求是相同的，或者即使需求有差异但也可以忽略不计。

无差异策略的主要优点是其成本的经济性。以单一品种满足整体市场，生产批量较大，可以实现规模生产，降低单位产品的生产成本；单一品种可以减少储存量，节约存货成本，单一的促销方案可以节省促销费用；单一的渠道可以节省渠道成本；不进行市场细分还可以减少市场调研、新产品研制、制定市场营销组合策略的人、财、物等方面的投入。其次，无差异策略可以使用户建立起超级品牌的印象。

无差异策略的缺点也很明显。首先，随着经济的发展和用户收入的提高，用户需求的差异性日益明显，个性化需求时代已经到来，而无差异策略恰恰忽略了这种差异性。其次，如果同一市场中众多的企业采用这一策略，就会加剧整个市场的竞争，造成两败俱伤。再者，采用这一策略的企业反应能力和适应能力较差，当其他企业提供有特色、有针对性的产品时，企业容易在竞争中失利。

无差异策略主要适用于具有广泛需求和大批量需求，企业也能够大量生产、大量销售的产品。兽药中的原料药即具有这样的特点，可以采用这一策略。

2. **差异化策略**　差异化策略是指企业在市场细分的基础上，选择若干细分市场作为自己的目标市场，并针对每个细分市场生产不同的产品，采取不同的市场营销策略。采用这种策略的企业一般都具有多品种、小批量、多规格、多渠道、多种价格和多种广告形式的营销组合等特点，以满足不同细分市场的需求。

差异化策略的优点表现在以下几个方面：第一，有针对性的产品和市场营销组合可以更好地满足用户的需求，同时有利于企业扩大销售总量，提高市场占有率。第二，可以降低企业的经营风险。由于细分市场之间的关联性不大，一个产品市场的失败不会威胁到整个企业的利益。第三，有特色的产品及其营销策略可以提高企业的竞争力。第四，企业在多个细分市场取得良好的效益后，可以提升企业的知名度，有利于企业对新产品的推广。

差异化策略的不足之处主要是成本较高。由于生产的品种多、批量小，单位产品的生产成本提高；市场调研及新产品开发成本、存货成本也会相应提高；多样化的营销策略使渠道、广告成本都会增加。

随着企业之间的竞争日益激烈，用户的需求日益多样化，差异化策略被越来越多的企业所接受和采用，宝洁公司就是奉行这一策略的成功代表。然而并不是所有的企业都适宜采用这一策略，采用这一策略的企业通常要求有较雄厚的人力、物力、财力资源，有较高的技术水平、设计能力及高水平的经营管理人员。

3. **集中性策略** 集中性策略是指企业选择一个或少数几个细分市场作为目标市场，为该市场提供高度专业化的产品和营销。

集中性策略与无差异策略的不同之处在于：无差异策略是以整体市场为目标市场，而集中性策略是集中企业的营销优势，把有限的资源集中在一个或少数几个细分市场上，实行专业化的生产和销售，以充分满足这些细分市场的需求。采用集中性策略的企业，其目的不是要追求在大市场上取得小的市场占有率，而是为了在一个小市场上取得较高的，甚至是支配地位的市场占有率。

集中性策略的优点首先是可以集中企业的优势，充分利用有限的资源，占领那些被其他企业所忽略的市场，以避开激烈的市场竞争。其次，专业化的生产和销售可以使这一特定市场的需求得到最大限度的满足，并在特定的领域建立企业和产品的高知名度。再次，高度专业化满足了特定的需求，使这一市场的客户愿意付出溢价，保证了企业的利润水平。

集中性策略的局限性在于风险较大。企业将其所有的精力集中于极少数市场，一旦市场中用户的需求发生变化，或有强大的竞争者进入，或企业的预测及营销策略制定有缺陷等，都有可能使企业因无回旋余地而陷入困境。

集中性策略尤其适用于资源有限的小企业。采用这一策略，小企业可以避开与大企业的正面竞争，选择那些大企业未注意或不愿进入的市场，往往更易获得成功。然而在选用这一策略时应注意的是：进入市场前应进行充分的市场调查，以保证企业经营方向的正确；同时，所进入的市场应有足够的规模利润和增长潜力，能最大限度地降低经营风险。

（四）影响目标市场策略选择的因素

1. **企业实力** 企业实力是指企业的设备、技术、资金管理和营销能力的综合反映。一般来说，实力雄厚、生产能力和技术能力较强、资源丰富的企业可以根据自身的情况和经营目标考虑选择无差异策略或差异化策略。反之，实力不强的小企业，无力兼顾更多的市场，最好选择集中性策略。

2. **产品同质性** 产品的同质性是指在消费者眼里，不同企业生产的产品在性能和品质等方面的相似程度。相似程度高，则同质性高；反之，则同质性低。有些产品之间同质性较高，即使存在差别，客户也一般不重视或不加以区分，那么它们的竞争就主要集中在价格和服务上。对于这类产品，通常宜选择无差异策略。

大部分产品同质性较低，即在性能和品质等方面的差异较大，一般加工类产品都属于这一类，如制剂类产品可以有不同的剂型。对于这类产品，一方面客户的选择余地较大，另一方面生产者竞争面较广，竞争的形式也较为复杂。为了应对竞争，企业宜采用差异化策略或集中性策略。

3. 市场差异性 市场差异性是指不同细分市场中客户的需求及对企业营销刺激的反应是否具有明显的差异。如市场的差异性较大，无差异策略是无法满足所有客户的需求的，企业宜选择差异化策略或集中性策略。反之，市场的差异性较小，差异化策略或集中性策略都会浪费资源，影响效率，因此宜选择无差异策略。

4. 产品生命周期 产品生命周期指的是产品的市场生命周期，分为产品的投入期、成长期、成熟期和衰退期。处在不同的市场生命周期阶段，产品的竞争、销售等特点都是不同的。在投入期及成长期前期，同类产品的竞争者较少，企业也通常没有进行多品种开发和生产的能力，宜选择无差异策略；一旦进入成长期后期和成熟期，竞争日益激烈，为使本企业的产品区别于竞争者，确立自己的竞争优势，应采用差异化策略或集中性策略；当产品步入衰退期时，市场需求量逐渐减少，企业不宜再进行大规模生产，更不能将资源再分散于多个市场份额小的细分市场，故宜采用集中性策略。

5. 市场供求趋势 当产品在一定时期内供不应求时，用户没有选择的余地，需求即使有差别也可以忽略不计，可以采用无差异策略以降低成本。当供过于求时，企业宜采用差异化策略或集中性策略。但任何产品供不应求的卖方市场状态通常都是暂时的和相对的，最终都会向买方市场转化。

6. 竞争对手的策略 任何企业在市场中都要面对竞争者，竞争对手的策略会直接影响到企业策略的选择。当竞争对手采用无差异策略时，企业宜选择差异化策略或集中性策略，以区别于竞争对手，提高竞争力。如竞争对手采用差异化策略，企业应进行进一步的细分，实行差异化策略或集中性策略。

兽药市场定位

市场定位是20世纪70年代由美国学者阿尔·赖斯和杰克·特鲁塔提出的。企业一旦选定了自己的目标市场，并确定了目标市场策略，也就明确了自己所服务的对象及所要面对的竞争对手。如何在众多的竞争对手中突出自己的个性和特色，使自己在竞争中处于有利的位置，是每一个企业都要面临的问题。市场定位可以解决这一问题。

一、兽药市场定位的含义

兽药市场定位是指根据竞争者现有的兽药在市场上所处的位置和购买者与兽医对兽药特征属性的重视程度，塑造本企业兽药与众不同的个性，并把这种个性传达给购买者和兽医，以确定本企业兽药在市场上的位置。

兽药市场定位的核心就是要塑造本企业兽药与竞争者相区别的个性，也就是要使本企业的兽药“差别化”。这种“差别化”可以是多方面的，而不仅是兽药本身的差异。它可以是兽药实体的差异化，如兽药的成分、剂量、剂型、疗效等方面；可以是服务、价格、渠道、形象上的差异化。如某些兽药经营企业提供免费诊疗动物服务就是服务差异化，有些兽药经营企业采用网上销售就是渠道差异化。然而有些企业还会遇到这样的现象：即使企业已经对其产品进行了市场定位，但客户对其产品所形成的印象与企业的定位并不一致，这就失去了定位的意义。因此企业还必须将所塑造出来的差异性特色正确地传达给客户，并被其目标客户所认同。

二、兽药市场定位的原则

为了保证兽药市场定位的有效性，企业在进行定位时应遵循以下原则：

1. **重要性原则** 即企业所突出的特色应是客户所关注的。

2. **独特性原则** 即目标市场定位应是区别于竞争对手的，与众不同的。

3. **难以替代性原则** 即目标市场定位应是竞争对手难以模仿的。

4. **可传达性原则** 即目标市场定位应易于传递给客户并被客户正确理解。

5. **可接近性原则** 即目标市场上客户有购买这种产品的能力。

6. **可赢利性原则** 即企业通过这种定位能获取预期的利润。

三、兽药市场定位的方向

兽药市场定位的宗旨是要寻求让用户认同的特色。要想准确、合适地定位，就要找到可以定位的方向，即树立自身特色的角度。

1. **使用者定位** 通过使用者定位，要使用户群体有这样的印象：这种兽药是专门为他们定制的，因而最能满足他们养殖的需求。如奶牛乳房炎专用药品。

2. **利益定位** 任何用户购买产品都不是购买产品本身，而是购买产品能为其带来的利益。购买兽药所追求的核心利益是诊疗动物疾病，但同时也有附加利益，如使用更方便等。

3. **质量和价格定位** 质量和价格一般是用户最关注的两个因素，因此宣传产品高质低价是很多企业采用的方式。

4. **用途定位** 是指根据兽药的适应证来突出自身的特色。以往许多兽药企业在宣传自己的产品时，总是以“包治百病”的面目出现，过度宣传会让客户有“包治百病并不能真正治病”的感觉。

5. **竞争定位** 突出本企业兽药与竞争者同类产品的不同特点，通过评估选择，确定对本企业最有利的竞争优势并加以开发。

兽药用户所关注的要素往往不是单一的，因此很多企业将以上多种因素结合起来，使用户觉得本企业的兽药具有多重特性和多种功能。

四、兽药市场定位的策略

1. **避强定位** 避强定位指避开与强有力的竞争对手直接发生竞争，将自己的产品定位于另一个市场区域内，使自己的产品在某些特征或属性方面与竞争对手有显著的区别。

避强定位的优点是能使企业较快在市场上站稳脚跟，并快速在用户中树立形象，风险较小；缺点是企业可能要放弃某个理想的市场位置。

2. **迎头定位** 迎头定位指企业根据自身的实力，为占据较佳的市场位置，与市场上最强的竞争对手正面竞争，进入与其相同的市场。

迎头定位的优点体现在竞争过程引人注目，甚者产生轰动效应，企业及其产品可以较快

地为用户所了解，易于达到树立市场形象的目的；缺点是具有较大的风险性。

3. 重新定位 重新定位是指企业为已在某市场销售的产品重新确定某种形象，以改变消费者原有的认识，争取有利的市场地位。如某日化厂生产婴儿洗发剂，以强调该洗发剂不刺激眼睛来吸引有婴儿的家庭。但随着出生率的下降，该产品销售量减少。为了增加销售量，该企业将产品重新定位，强调使用该洗发剂能使头发松软有光泽，以吸引更多、更广泛的购买者。

4. 创新定位 创新定位也称填补定位，是指企业寻找新的尚未被占领但有潜在需求的市场位置，填补市场上的空缺，生产市场上没有的、具备某种特色的产品。

五、兽药产品目标市场定位的步骤

1. 分析目标市场的现状，确认潜在的竞争优势 为了完成这一步骤，需要了解竞争对手的产品定位、目标市场用户的满足程度及潜在需求，系统地统计、收集、分析并报告上述信息和研究成果。

2. 准确选择竞争优势，对目标市场初步定位 竞争优势是表明企业能够胜过竞争对手的能力。这种能力既可以是现有的，也可以是潜在的。选择竞争优势实际上就是一个企业与竞争者各方面实力相比较的过程。比较的指标应是一个完整的体系，只有这样，才能准确地选择相对竞争优势。通常的方法是分析、比较企业在经营管理、技术开发、采购、生产、市场营销、财务和产品七个方面哪些是强项，哪些是弱项。借此选出最适合本企业的优势项目，以初步确定企业在目标市场上所处的位置。

3. 显示独特的竞争优势和重新定位 企业要通过制定和实施一系列的市场营销组合策略，将其独特的竞争优势准确传播给潜在顾客，并在顾客心目中留下深刻印象。

但在下列情况下，企业还应考虑重新定位：

（1）竞争者推出的新产品定位于本企业产品附近，侵占了本企业产品的部分市场，使本企业产品的市场占有率下降。

（2）消费者的需求或偏好发生了变化，使本企业产品销售量骤减。

学习卡片

提升兽药企业销售力的七大合理策划定位

策划要点一：产品的功能特点与应用对象的合理策划定位。

同其他任何行业一样，兽药企业的策划首先是生产什么样的产品以及如何设计要生产的产品的功能特点及其应用对象。比如，是生产针对动物细菌性疾病的治疗药物，还是生产针对控制动物病毒性疾病的预防药物？这看似是技术中心和销售部门的业务工作，与策划工作者无关，但从长期战略角度出发来思考，这与策划是密不可分的。因为策划不仅是具体工作的方案完善，更重要的是其要为整个企业的经营目标和策略做出可行性分析和导航。比如，如果要占据现在的广大农村市场，针对农村散养发病后才用药之习惯，就得以研制和生产治疗性药物为主；反之从绿色健康养殖和未来规模化养殖角度对产品的需求趋势来看，又应以预防用中草药和无机体残留的制剂为研发目标。

策划要点二：产品的市场地位与经营策略的合理策划定位。

要使销售得到有所提升，首先需做好产品的市场定位分析，针对处于不同定位水准的产品施以相应的经营目标和销售策略。任何企业的销售策略和产品的市场定位都不能仅凭管理者臆测进行决断，应经过系统调研并对各相应调研指标进行科学分析后才能为产品的销售经营做出相对准确的定位。

策划要点三：流通渠道与上市策略的合理策划定位。

一个产品的研制出炉和推上市场，根据其特点和功能定位以及企业的实际市场运作需求，应选择何种流通渠道？如何分步上市？是走大型养殖场之路？还是走区域买断的大经销制策略？还是针对养殖分布情况进行特色化经营？这是摆在销售和策划工作面前几大值得思考的问题，运作不好可能会导致全盘皆输。

策划要点四：技术服务体系与市场维护的合理策划定位。

目前，兽药、饲料企业的服务重点在于售后的技术服务上，而且，是兽药、饲料企业在服务上的龙头工作。什么样的服务体系更让用户满意和接受呢？何种服务策略既能降低企业的服务费用同时又能相对较好地对市场进行维护和服务呢？这也是策划工作值得思考的问题。

策划要点五：大众传媒与企业形象提升的合理策划定位。

传媒和宣传是任何一个企业在提升自身形象和市场知晓度上不可缺少的手段，但如何做到合理有效地策划企业的公共传媒形象呢？比如，在行业杂志上发布产品、企业形象广告如何才能更具有吸引力，目标受众的印象更深？传媒的最终结果是使企业的形象在目标受众心目中的认知度得到提升，为企业销售力的提升注入催化剂。

策划要点六：客户关系与市场促销相互激励的合理策划定位。

客户关系管理是21世纪企业的核心竞争力之一。继生产主导、销售主导、推广主导后，企业已经迈入顾客需求主导时代，客户关系管理在企业发展中的地位已被广泛认可。行销的方式也从早期的大众行销，转变为目标行销以及更重视企业与个人关系的个别行销。

兽药企业的客户群整体素质普遍不高，建立稳定优质的客户关系还相对较难，但一旦建立了良好的客户关系，并适时在销售中施以相应的市场激励因素，良好的客户关系不但能很好地将企业及企业的产品推向市场，而且还有助于增进企业在客户心目中稳定的地位。

策划要点七：销售队伍组建与市场需求的合理策划定位。

在激烈的市场竞争中，很多农牧企业（特别是饲料和兽药企业）为了争夺有限的市场资源，大打人海战术，采取今日业务员几十，明日技术员几百的招聘方式，然后在“重量不重质”、“重声势不注意后果”的情况下把这些人员推向本已很拥挤的兽药（饲料）销售大军。但是，盲目而单纯地扩大销售人员数量，组建销售队伍，不但会增加企业的销售费用，造成人员质量不高，难于管理，流动性交大；而且业务人员频繁变化，还易给客户留下人员不稳定的感觉。销售队伍的组建应做到量、质、需求平衡，在保证质量的前提下进行定性分析，做出准确的预测后再进行合理策划。

（摘自：http：//hi. Baidu. Com/zghong/blog/item/b3769bec77610f3c279791f2. html）

小结

兽药企业无法为一个广阔市场上的所有客户服务，因为客户太多，分布太广。企业应用“田忌赛马”的策略，用自己的优势与别人的劣势竞争，在细分市场的基础上，选择本企业能提供最有效服务的目标市场，并根据目标市场用户的需要进行市场定位，从而在竞争中获得优势。本部分主要介绍了兽药市场的细分、目标市场的选择以及兽药市场的定位，要求在掌握理论知识的基础上，具备对兽药市场进行细分、合理选择目标市场以及恰当进行市场定位的能力。

小测验

1. 按照用户对兽药的需求、购买行为、习惯等的差异性，把一个总体市场划分成若干个具有共同特征的子市场的过程称为（　　）。

A. 目标市场　　B. 兽药市场细分

C. 兽药市场定位　　D. 兽药市场选择

2. 企业决定生产各种兽药产品，但只向某一顾客群供应，这是（　　）。

A. 产品/市场集中化　　B. 产品专业化

C. 市场专业化　　D. 选择性专业化

3. 百事可乐面对可口可乐的定位属于（　　）定位。

A. 共享　　B. 重新　　C. 迎头　　D. 避强

4. 简述兽药企业市场细分的依据。

5. 影响目标市场策略选择的因素有哪些？

6. 兽药定位的策略有哪些？

7. 选择一类熟悉的兽药产品，在拥有比较完整的企业资料的基础上，进行市场细分，选择目标市场，并进行市场定位。

开发市场

[兽药营销shouyaoyingxiao]

【基本知识点】

◆ 理解兽药整体产品的概念
◆ 理解兽药生命周期的概念
◆ 了解兽药的特殊性
◆ 熟悉兽药产品组合策略
◆ 熟悉兽药品牌建设的五个步骤
◆ 掌握兽药包装设计策略

【基本技能点】

◆ 分析兽药产品寻找卖点的能力
◆ 品牌建设的能力
◆ 兽药产品包装设计的能力

导入案例

正大鸿福的产品策略

2000年前后，由于饲料价格飞涨，有些生产蛋鸡饲料的企业，为迎合市场需求开始降低饲料品质，直接的结果就是蛋鸡营养不足和抵抗能力下降，由此导致蛋鸡产蛋率不稳定，没有产蛋高峰的现象极为严重。而当时大多数兽药厂家对饲料营养研究极少，如果单纯从疾病的角度进行治疗，很难有成效；如果单纯强调饲料品质，许多养殖户又很难接受。就在这个时候，依靠动物营养起家的石家庄正大鸿福公司经过缜密的论证后，公司科研中心开始了营养药产品的研究与开发，并成功推出了提高产蛋率的产品“鸿福2000”，很快得到了市场认可，并迅速占领了市场，不到两年的时间就在市场上确立了地位。另外，随着养殖业规模化的发展，滥用西药造成的高耐药性、用药成本高、疾病难治愈的情况越来越严重，于是正大鸿福公司的科研人员开始进行大量试验，在选用上等中药药材、原料的基础上，根据市场需求，开发出了针对性强、疗效确切的中药配方，并陆续推出了预防和治疗病毒性呼吸道病、肠道疾病等系列中药产品，2003年上市后，每月的销量都在几十吨以上，在兽药市场竞争中处于领先地位。

［摘自：赵娟.2009.正大鸿福的管理观［J］.兽药市场指南（3）.］

思考题：

1. 石家庄正大鸿福公司为什么要开发“鸿福2000”和中药系列产品？

2. 该公司采用了哪些产品策略？

产品概念及兽药的特殊性

产品是兽药生产经营企业的生命线，在战略的指导下建立产品梯队是企业持续增长的前提。

一、产品的概念与生命周期

（一）整体产品概念

整体产品是指能够满足人们需要的任何东西，既包括有形的实体，也包括无形的服务。产品种类十分丰富，从住房、书籍、兽药到音乐会、律师咨询意见、家居装修服务、教育活动等都是产品。整体产品由三个层次组成，即核心产品层、形式产品层、附加产品层，如图11所示。

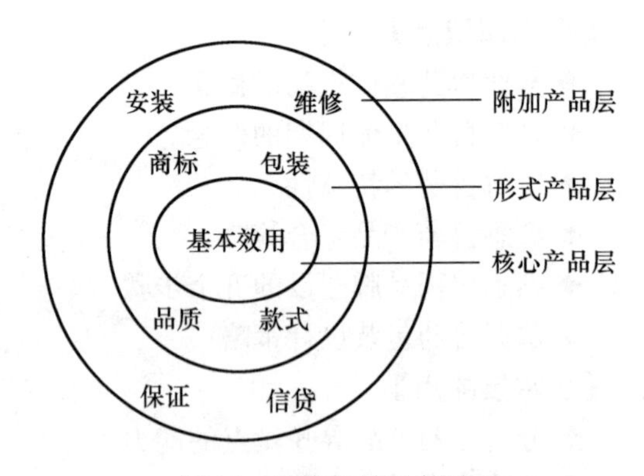

图11　整体产品示意图

1. 核心产品层　指产品的使用价值，即满足顾客需要的产品基本效用。这是产品最基本和最实质性的内容，也是顾客需求的中心内容。产品若没有使用价值，包装再精致，形式再新颖，服务再周到，也无存在的价值，顾客也不会购买。养殖户到兽药店去买某种兽药，不是单纯为了购买某种剂型、某种包装的兽药，而是为了达到解除动物疾病、让动物健康成长的目的。

2. 形式产品层　指产品呈现在市场上的具体形态，是产品的实体性，一般通过产品的外观、质量特色、包装、品牌等表现出来。为满足消费者心理上和精神上的某种要求，一个精明的营销者绝不会忽略产品形式的塑造。形式产品受生产技术所制约，随着社会消费水平的不断提高，消费者对形式产品的要求也随之提高，人们对兽药的形状、质量、品牌、包装等形式产品的要求也越来越高，这些都不同程度地影响着兽药的销售，影响着人们对兽药的评价。

3. 附加产品层　指人们购买有形产品时所获得的一系列附加利益和服务，包括送货、保证、使用产品的免费教学、解答疑难问题的免费电话等，在兽药销售激烈竞争的市场中，提供售后服务和动物疾病诊断治疗技术支持，成为拉动销售的关键因素。

兽药的核心产品是指向消费者提供的能治疗或预防畜禽疾病的、为养殖户带来收益的产品。兽药的外延产品包括一般产品（剂型、规格、包装等）、期望产品（疗效好、使用方便、安全可靠等）、附加产品（附带的产品、病理和养殖知识介绍等、购买方便、随时提供技术支持和服务等）、潜在产品（该产品未来可能的所有增加和改变）。顾客的需求能否得到满足，不仅取决于兽药的生产和流通过程，还包括兽药的使用过程中提供的优质服务。兽药的

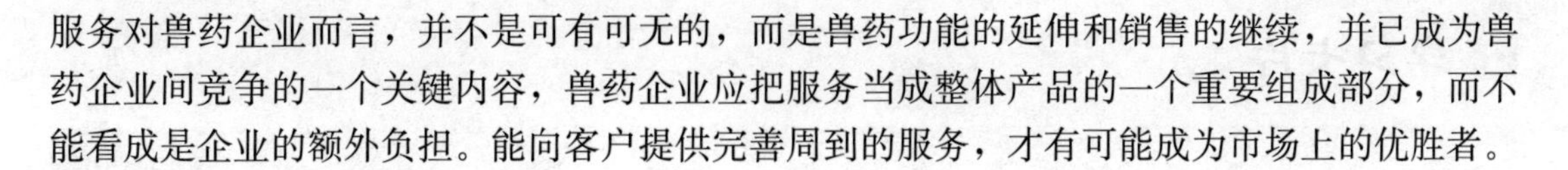

服务对兽药企业而言，并不是可有可无的，而是兽药功能的延伸和销售的继续，并已成为兽药企业间竞争的一个关键内容，兽药企业应把服务当成整体产品的一个重要组成部分，而不能看成是企业的额外负担。能向客户提供完善周到的服务，才有可能成为市场上的优胜者。

（二）产品生命周期

1. 产品生命周期的含义 产品生命周期是指一种产品从开发出来投放市场开始，到被市场淘汰为止的整个阶段。

2. 产品生命周期的四个阶段 根据产品市场销售变化的规律，一个完整的产品生命周期一般包括四个阶段：导入期、成长期、成熟期、衰退期，生命周期曲线如图 12 所示。

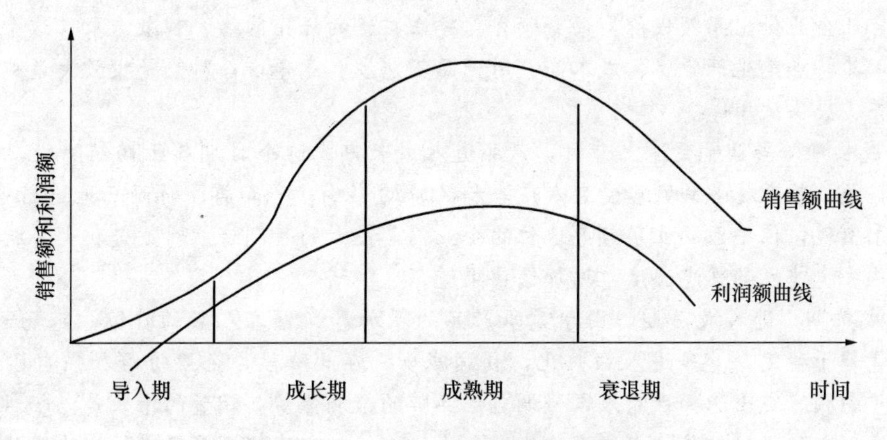

图 12　典型产品生命周期曲线

（1）导入期。这是产品刚进入市场，销售量缓慢增长的时期。由于导入费用高，所以这个时期还没出现利润。此阶段新上市兽药应加大市场推广力度，提高知名度。

（2）成长期。这是市场快速接受和利润快速增长的时期。此阶段兽药企业可不断提升产品质量，适时降价，提高市场占有率。

（3）成熟期。这一时期销售量增长速度减缓，但销售量最大，为了在竞争中保护产品，企业营销支出增加，利润因此平稳或略有下降。此阶段，兽药企业应不断改进市场、改进产品、改进营销组合，延缓产品过早进入衰退期。

（4）衰退期。这一时期销售量和利润大幅度下降。由于产品利润和销售量大幅下降，兽药企业可以采用压缩产量、清仓、降价、减少服务等手段以应对。

图 12 是典型产品的生命周期曲线，但需注意这是一个典型、完整的产品生命周期曲线，并非所有的产品都有这种产品生命周期曲线。有些产品刚一进入市场，由于种种原因很快就夭折了；另有一些产品经过市场重新定位又焕发了新的生命力；还有一些产品进入市场后，很快达到销售高峰，又迅速衰退。这些产品都在兽药行业不同程度地存在。

3. 兽药生命周期 兽药研制出来，经注册成功，获得农业部颁发的兽药产品批准文号才能进行生产，由兽药生产企业检验合格后才能进入市场销售，这可以看做是兽药生命周期的开始。一种兽药如果被市场淘汰，要么是被撤销了产品批准文号即国家禁止使用，要么是被性能更好的兽药所替代，要么是市场已经不再需要该兽药。所以，兽药生命周期的长短受到国家法律政策、科学技术发展和动物疫情等因素的影响很大。

学习卡片

延长产品生命周期

1. 导入期　当企业向市场上推出某种新产品时，没人知道这种产品，为了培育兽医或养殖户，企业不得不刺激市场的初级需求，即兽医或养殖户对整个产品品种的需求，而不是对某一特定品牌的需求。如仔猪水肿病，基层兽医和经销商基本知道是由溶血性大肠杆菌引起的，但大多数人不知道真正的病理损伤是由大肠杆菌产生的毒素导致的，如何让兽医和养殖户知道水肿病的发病机理，才是正确使用抗水肿药品的基础。在产品导入期，任何新产品品种都会让企业付出高额代价：培育顾客、建立广泛的经销网络、刺激需求。这个时期属于试销期，其特点是生产量少、成本高、对产品不熟悉、竞争少；对策是投放大量广告、扩大产品信誉、提供试用等。

2. 成长期　当销量飞速上升时，产品进入成长期。这个时期属于畅销阶段，特点是市场快速扩大，越来越多的顾客受大众广告和品牌的影响，一而再、再而三地进行购买活动，竞争对手出现，但早已确立了领导地位的企业仍是最大的获利者。对策是扩大目标市场、加大品牌广告、建立品牌忠诚度、增加销售渠道。

3. 成熟期　进入成熟期，由于竞争产品的增加和新顾客人数的收缩，市场逐渐饱和，企业销量趋于稳定，竞争进入白热化，利润减少。在此阶段，企业纷纷加强自己的促销力量，着重向顾客突出选择性需求，强调自己品牌的微弱优势。销量的增长是以牺牲竞争对手为代价的，即征服性销售。在这个淘汰过程中，市场细分战略、产品定位战略和价格促销战略都变得更为重要，一些弱小企业半途夭折，剩下的则奋力拼杀，以图扩大自己的市场份额，哪怕只是一点儿。到成熟期后期，企业往往会力争延长产品的生命周期，尽力寻找新用户、开发产品的新用途、改变包装规格、设计新的标志、改进产品质量。名牌产品如不进行革新，其销量很快就会下降，加之被宣传的品牌如果的确并不比别人的更好，人们就可能随便选择一种更好的品牌。此时期属于饱和阶段，特点是产量大、成本低、销售增长缓慢、竞争加剧；需要采取的对策是稳定现有目标市场、增加产品系列、重点宣传企业信誉品牌、加强对兽医与养殖户的服务建设。

4. 衰退期　由于过时、技术革新或新的兽药产品的出现，产品进入衰退期。这时企业可能停止所有促销活动，迅速停止产品的生产；或仅用少量的广告维持，让产品逐步自行消亡。此时期属于滞销阶段，特点是销售量日益下降、利润大减、价格显著下降，产品将退出市场，需要采取的对策是甩卖、收割。

（摘自：http：//www. Cqagri. Gov. cn/detail. Asp? pubID=228289）

二、兽药的特殊性

兽药具有商品的一般属性，通过流通渠道进入消费领域。在兽药生产和流通过程中，基本经济规律起着主导作用。但是，兽药又有自己的特殊性，不能完全按照一般商品的经济规律来对待，必须对兽药的某些环节进行严格控制，才能保障兽药的安全性、有效性。兽药作为特殊商品，其特殊性表现在以下五个方面：

1. 兽药的专属性 兽药的专属性表现在对症治疗，患什么病用什么药，如治疗鸡慢性呼吸道病的兽药不能治疗传染性法氏囊病。

2. 兽药需求的客观性和时效性 何时何地发生何种动物疾病或疫情是不以人的意志为转移的，而一旦发生疾病或疫情，就立刻对兽药产生强烈的需求。因此，兽药的供应必须及时、有效，品种、规格和数量要齐全，只能“药等病”，不能“病等药”。兽药的生产和经营要有超前和必要的储备以适应这种需要。而且兽药都有有效期，必须在有效期内使用。对于某些有效期短的兽药，也必须保障生产、供应，甚至要有所储备，即使极有可能到期报废。

3. 兽药质量的严格性 兽药关系到动物的疾病诊治，特别是能够通过动物性食品影响到人的身体健康和生命安全。为了保证兽药质量，世界各国政府对兽药科研、生产、经营和使用都制定了严格的法律法规。在我国，兽药研制必须执行《兽药非临床研究质量管理规范》、《兽药临床试验质量管理规范》，兽药生产必须执行《兽药生产质量管理规范》，兽药经营必须执行《兽药经营质量管理规范》等。兽药没有一级品、二级品、等外品、副品等，它只有合格品和不合格品。

4. 兽药检验的专业性 消费者一般不知道兽药的质量标准是什么，更无法判断兽药的质量好坏，即使兽药研究方面的专家如果缺乏必要的条件，也无法判定兽药的真伪优劣。因此，兽药质量的优劣，必须由专业机构中的专业人员借助相关的仪器和设备对兽药进行监督检查。因此，兽药质量的专业性检验必须贯彻于兽药的产、供、用三个环节中，才能保证兽药的质量。

5. 兽药使用的间接性 兽药是用于治疗、预防、诊断动物疾病或有目的地调节动物生理机能的物质，只有通过兽医的检查诊断，或在其正确指导下，对症下药，合理使用，才能达到防病、治病和保健的目的，兽药标签和使用说明书都以法律法规的形式作了明确规定，用于指导人们正确用药，保证用药安全有效。

兽药产品组合设计

很少有企业只经营单一品种的兽药，但也不可能有企业能经营所有种类的兽药。为了充分利用企业资源，抓住市场机会，规避风险和威胁，就需要合理确定兽药种类、剂型及组合方式。如何将多个兽药合理组织起来，这就是兽药组合设计问题。

一、兽药产品项目、兽药产品线、兽药产品组合

1. 兽药产品项目 产品项目是指企业产品目录上列出的每一个产品，包括不同型号、规格、大小、价格的产品。对兽药而言，其产品项目指的是兽药企业产品目录上列出的不同种类、剂型、规格、价格的兽药产品。

2. 兽药产品线 产品线是指密切相关的满足同类需求的一组产品项目。一个企业可生产经营一条或几条不同的产品线。如抗生素类兽药就是一条产品线，它们满足的是抗菌消炎的同类需求。需要注意的是，这里说的产品线和生产线是不同的，兽药的生产线是按照剂型来划分的，同种剂型的兽药满足的并不一定是同类需求。

3. 兽药产品组合 兽药产品组合是指一个企业在一定时期内生产经营的各种不同产品的全部产品、产品项目的组合。由若干条产品线组成，每条产品线又由许多产品项目构成。产品线和产品项目的组合，要适应产品消费对象的需要，与企业的目标市场和市场营销策略有着密

切关系。如某兽药厂有两条生产线：片剂、胶囊剂。其中，片剂产品线包括阿维菌素片、土霉素片、二氧化氯三个产品项目；胶囊产品线包括止痢灵胶囊、“清宫灵”胶囊两个产品项目。

二、兽药产品组合的变化要素

兽药产品组合的变化要素包括宽度、深度和密度。

1. **宽度** 指企业产品组合中包含的产品线的数量，又称广度。产品线越多，说明该企业产品组合的宽度越宽，两者成正比，同时也反映了一个企业市场服务面的宽窄程度和承担投资风险的能力。产品组合宽度的宽窄各有利弊，也有不同的适用条件。

2. **深度** 指一条产品线上包含的产品项目的数量。一条产品线上包含的产品项目越多，说明产品组合的深度越深。它反映了一个企业在同类细分市场中满足顾客不同需求的程度，可计算平均深度。

3. **密度** 指每条产品线之间在最终用途、生产条件、销售渠道以及其他方面相互关联的程度。其关联程度越密切，说明企业各产品线之间越具有一致性；反之，则缺乏一致性。产品组合的关联度强，可以使企业充分发挥某一方面的优势，提高企业在某一地区或某一行业的声誉，但企业在整个市场上的影响就有一定的局限性。产品组合的关联度弱，可以使企业在更广泛的市场范围内发挥影响力，这要求企业必须具有雄厚的多种多样的资源和技术力量、完善的组织结构和管理体系。

三、兽药产品组合策略

兽药产品组合策略是指企业根据自己的营销目标对产品组合的宽度、广度、密度进行的最优组合决策。兽药产品组合应考虑企业资源、市场需求状况、竞争条件等因素。产品组合策略共有六大类型。

1. **全线全面型** 指企业着眼于所有细分市场，提供其所需要的一切产品和服务。狭义上是指提供某一行业所需的全部产品，产品组合关联度很强。广义上是指尽可能增加产品组合的广度和深度，而不受产品间关联度的约束，力图满足整个市场的需要。

2. **市场专业型** 指企业向某个专业市场（某类顾客）提供其所需要的各种产品的产品组合策略。如某企业生产猪用的各类兽药，销售给养猪场使用。

3. **产品线专业型** 指企业专注于生产和经营某一类产品，并将其推销给各类顾客的产品组合策略。如专业生产消毒剂的湖南五指峰、成都民生、江苏天一健等企业，专门生产水产领域的消毒剂。

4. **有限产品线专业型** 指企业根据自己的专长集中生产和经营有限的甚至是单一的产品线，以适应有限的或单一的消费者需求的产品组合策略。

5. **特殊产品线专业型** 指企业根据某些顾客的特殊需要专门生产经营某一种特殊产品的组合策略。由于产品特殊，市场容量小，竞争威胁小，有利于企业利用自己的专长树立产品形象，长期占领市场，但难以扩大经营。一般适合于小型企业。

6. **特别专业型** 指企业凭借其特殊的条件，如凭借其拥有的知识产权或特许经营权，排斥竞争者涉足，独霸市场的产品组合策略，如安钠咖的生产。

在六大类型的产品组合策略中，对于兽药而言，全面全线型产品组合是不存在的，即企业不可能生产所有种类、剂型和规格的兽药。

四、调整产品组合策略

根据产品生命周期理论，一种新产品在经历了成长期和成熟期之后，必然要进入衰退期，最后完全退出市场。因此企业有必要依据主要产品所处的生命周期，及时调整产品组合方式，使其总是处于最佳状态。调整时有以下三种策略可供选择：

（一）扩大产品组合策略

指扩大产品组合的广度和深度，即增加产品线和产品项目，增加品种，扩大经营范围。

1. 垂直多样化策略　指不增加产品线，只增加产品线的深度，即产品线的深度发展策略。又可分为以下三种：

（1）向上延伸。即在定位于只生产经营低档产品的产品线中增加高档产品项目。原因是高档产品销售形势好、利润高，目的是为了发展成生产经营高、低档产品俱全的企业，从而更好地为顾客服务。这种策略有两个特点：一是顾客可能不相信企业能生产高档产品，竞争者也可能反过来进入低档品市场，以进行反击：二是企业尚需培训人员为高档商品市场服务。

（2）向下延伸。即在定位于只生产经营高档产品的产品线中增加低档产品项目。原因是高档商品市场增长缓慢或遇到激烈的竞争，利用高档商品的声誉吸引低档商品需求者，目的是扩大市场范围或是填补市场空缺。缺点是可能会损坏高档产品声誉，给企业经营带来风险。

（3）双向延伸。即在只定位于生产经营中档产品的产品线中增加高、低档产品项目。目的是开拓新市场，获取更大的利润。

2. 水平多样化策略　指增加产品线的数量，拓展广度。可分为两种：

（1）相关系列多样化策略。即根据关联性原则增加相关的产品线。

（2）无关联多样化策略。即增加产品线时，不考虑关联性原则，增加与原产品线无关的产品，开拓新市场，创造新需求。

（二）缩减产品组合策略

指缩小产品组合的广度和深度，即减少产品线或产品项目的数量。当企业生产经营原产品的内外环境发生变化时，企业应及时剔除那些获利很小甚至不获利的产品线或产品项目，集中精力发展有优势的产品，提高经济效益。

（三）产品差异化策略

即通过市场调研活动，收集顾客需求信息和竞争对手的产品信息，对企业产品在质量、性能、用途、特点和剂型上重新定位，采取与竞争对手有明显不同特色的产品策略，改进老产品的结构，增加产品的功能、规格和式样，引起顾客的浓厚兴趣，以期增强企业的竞争优势，从而为企业创造更多的利润。

五、兽药组合设计

1. 互补产品，挤占渠道　利用不同品种的产品进行组合，彼此互补，相互拉动，以此挤占渠道，与终端建立良好关系。经销商产品组合幅度越宽，掌控渠道能力就越强，拥有的资源也就越多。由于公司产品在渠道上进行了“互补”，不但降低了物流成本，而且给下游商家提供了较齐全的货源，满足了下游商家的多方面需求。

2. 淡旺产品，有机组合 经销商最怕的就是旺季门庭若市，淡季门可罗雀，产品压在仓库。所以产品组合时，一定要将淡旺季产品相搭配。这样一方面能保证总销量在任何季节都比较稳定，另一方面也能保证现金流稳步周转。

3. 名牌产品，有效带货 名牌产品由于高知名度、美誉度，深受消费者青睐。经销商在产品组合上要用名牌产品来树立公司形象，然后带动利润空间较大的非名牌产品，达到名品和非名品的优化组合。

4. 产品匹配，良性周转 在经营过程中，利润率是根据利润额与产品周转速度来决定的，市场上虽然不乏利润空间较大的产品，但是也有一些相对滞销的产品。产品组合要充分考虑产品的周转速度，为了保证现金流，最好选择周转期较短的产品，至少要让各种产品的周转期处于均匀分布的状态。

学习卡片

强化产品组合

1. 问题产品 问题产品是指高市场增长率、低市场份额的产品。大多数产品都是从问题产品开始的，即企业力图进入一个已有市场领先者占据的高速增长的市场。由于企业必须增加技术、设备、人员和服务，以跟上迅速发展的市场，另外企业还想要超过对手，因此问题产品需要大量资金。如近期相对看好的狐狸、貉子、貂等专用药物，由于养殖量小，因此市场份额不大，但属于新兴产业，涉猎专用药生产的企业不多，因此又属于高市场增长率。

2. 明星产品 如果问题产品成功了，它就变成了一项明星产品。明星产品是高速增长市场中的市场领导者，但这并不意味着明星产品一定会给企业带来滚滚财源。企业必须花费大量资金以跟上高速增长的市场，并击退竞争者。明星产品常常是有利可图的，并且是企业未来的现金牛产品。如果企业没有明星产品，那就需要留意了。

3. 现金牛产品 当市场的年增长率下降到10%以下，如果企业继续保持较大的市场份额，前面的明星产品就成了现金牛产品。现金牛产品为企业带来了大量财源。由于市场增长率下降，企业不必大量投资扩展市场规模，同时也因为该产品是市场领先者，它还享有规模经济和高边际利润的优势。企业用现金牛产品支付账款并支持明星类、问题类和瘦狗类产品，这些产品常常需要大量的现金。然而，如果企业只有一项现金牛产品，其地位是很脆弱的，其结果是该项现金牛产品将逐渐丧失相对市场份额。企业为了巩固自己的市场领导地位，只好反过来向现金牛产品大量投资。如果企业转而向其他产品投资，强壮的现金牛就可能变成一项瘦狗产品。

4. 瘦狗产品 瘦狗产品是指在稳定或下降的市场内占有较低的市场份额，这是最差的产品。这种产品的现金不断地流失，耗尽了企业的时间和资源。一般来说，它们的利润很低，虽然也可能损失一些钱，但损失不会很大。企业必须考虑这些瘦狗产品的存在是否有足够理由，例如市场增长率会回升，或者有新的机会成为市场领先者；或者是出于某种情感上的缘故，需要进一步收缩或者淘汰。

（摘自：http：//www.cqagri.gov.cn/detail.asp？pubID=228289）

品 牌 建 设

一、品牌概念

品牌就是以某种独特的品质属性为特征的事物的集合，是一个企业各个方面留给外界的总体印象。品牌是整体产品概念中的重要组成部分，有了品牌，才会有顾客的忠诚度，才会有购买主动性。

品牌是指商品的一般通用名称。美国市场营销协会（AMA）将品牌定义为："品牌是一个名称、名词、符号、象征、设计或其组合，用以识别一个或一群出售的产品或劳务，使之与其他竞争者相区别。"可见品牌是一个包括品牌名称、品牌标志、商标和名牌的总名词，具有广泛的意义。

1. 品牌名称 即品牌中可以用语言称呼的部分。如"辉瑞"、"诺华"等。

2. 品牌标志 即品牌中可以被识别、认知，但不能用语言称呼的部分。包括符号、设计、颜色、印字等（图 13、图 14）。

图 13 辉瑞品牌标志

NOVARTIS

图 14 诺华品牌标志

3. 商标 经过商标注册获得专用权，受到法律保护的品牌或品牌的某一部分就称为商标。未经注册的品牌不是商标，不受法律保护。因此，商标实质上是一个法律名词。在我国，习惯上对一切品牌无论其注册与否，统称商标，而另有注册商标与非注册商标之分，注册商标受法律保护，非注册商标不受法律保护。

4. 名牌 名牌首先是知名度高的品牌，它给消费者持续、一致肯定的保证，优质的承诺；其次要有美誉度；另外，名牌产品的品牌忠诚度高；最后，名牌产品一定要有相应的市场占有率。

二、品牌在市场营销中的作用

（1）代表产品的一定特色和质量特征。

（2）便于顾客选购。

（3）有利于产品的广告宣传和推销。

（4）有利于维护生产者和经营者的利益。

（5）充当竞争工具，具有攻击性作用。

三、成功品牌的条件

成功品牌即名牌，指有很高知名度、信誉度、美誉度、高市场占有率、高利润率的商标。品牌要成为名牌必须具备以下条件：

1. 具备适应市场需求的属性

2. 产品要有自己的个性特色 一个品牌完全模仿他人的东西是没有出路的。只有在吸取他人长处的基础上，加以创新，创造出自己独特的风格，才大有作为。兽药的特色是产品的通行证，有利于消费者对产品的识别并产生偏爱。

3. 产品要具有一定的质量水准 名牌产品是以品质优良为首要条件的。

4. 产品要取一个好听的名字 日本学者山上定野指出，畅销产品的条件是什么？一是命名，二是宣传，三是经营，四是战术。他把命名列为畅销的第一条件。他还提出一个能够表明产品特征和使用方法的命名往往能够左右该产品能否畅销的大局。兽药品牌名称如果能反映其产品利益，那么品牌更容易成功。

5. 产品要进行宣传 成功品牌离不开宣传，“酒香不怕巷子深”的观念已经不能适应现代市场经济的发展。通过宣传可以加深消费者的品牌印象，激发消费者的购买欲望。兽药品牌加大终端的宣传力度，有利于提升品牌的知名度。

6. 注意品牌的文化内涵 品牌的文化内涵是创建名牌的关键。经验表明，品牌的文化内涵越丰富，越与人们的活动、思想、情感有关，就越能存之久远，也越有魅力。从世界范围来看，成功品牌一般都具有或强烈或隐含的能为消费者所认同的文化内涵。

四、兽药品牌建设

品牌不仅是企业、产品、服务的一种标志，更是反映企业综合实力和经营水平的一种无形资产，在商战中具有举足轻重的地位和作用。随着消费者的品牌认知度逐渐增强，品牌营销不仅成为行业实现良性发展的需要，也是企业实现可持续发展的必经之路。一流的企业做品牌，二流的企业做产品。对兽药企业来说，树立品牌意识，实施品牌战略，开发品牌资源，实行品牌策划，从而达到对养殖户的消费引导，同时建立市场的形象和信用地位，这是可持续发展的重要一环。兽药品牌的建设需要经过以下六个步骤：

1. 品牌评估 品牌的评估是一个始终贯彻的过程，主要包括品牌调研、品牌效果评估两个阶段的调研与分析，从而认识品牌建设的状况。

品牌调研是指打造品牌的工作人员对企业的品牌现状进行了解或者对企业计划树立的品牌相关内容的资料收集。对于已有品牌的现状主要是了解企业品牌知名度、美誉度、代表意义等，其意义在于明确企业预期的状况及实际品牌所处的状态，另外还需要了解员工的品牌意识，对该品牌的理解程度。而对于企业计划树立的品牌，应了解企业声誉、品牌产品或服务的质量性能、同行业中的地位、目标受众对品牌的关注、何种因素对目标受众的品牌意识最具影响等。总之，品牌调研就是发现品牌系统存在的问题或影响因素并对其进行全面了解。

2. 品牌规划 品牌规划的问题主要是品牌定位的问题，选择目标市场和进入目标市场的过程同时也是品牌定位的过程。品牌定位的核心是展示其竞争优势，是通过一定的策略把竞争优势传达给消费者。因此，对品牌经营者而言，在确定目标后最重要的是选择正确的品牌定位策略，建立他所希望的、对该目标市场内大多数消费者有吸引力的竞争优势。

3. 品牌建立 如何建立品牌，让品牌成为名牌，需要好好规划，并坚持执行。确定品牌的定位后，这种定位需要以某种形象或形式表现、表达出来，以传递给大众。这个表现与

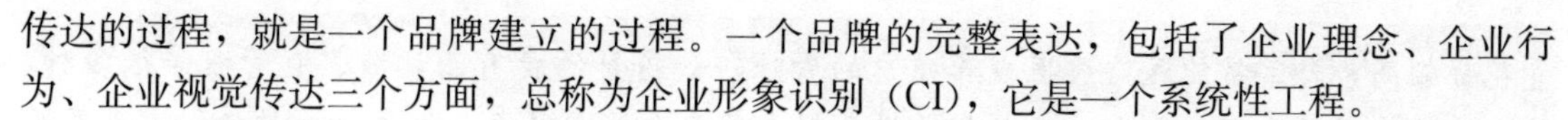

传达的过程，就是一个品牌建立的过程。一个品牌的完整表达，包括了企业理念、企业行为、企业视觉传达三个方面，总称为企业形象识别（CI），它是一个系统性工程。

4. 品牌优势提升 一家有创新力的公司，应该积极了解用户的需求，并在企业内部形成持续发展的动力，促使企业超越对手，形成差异化的竞争优势，这就需要提升品牌优势。

5. 制定品牌承诺 承诺是一个企业、一项产品或服务所持有的理想、经验和信念的总和。企业要承诺的是企业形象所标榜的，可以是反应迅速的客户服务，或是优质的产品等。无论如何，品牌的本身已经蕴涵了对企业精神的承诺，对业绩水平的承诺。

重点产品是企业品牌营销的基础，一个企业80%的利润都集中在20%的重点产品上。重点产品是企业“优生优育”的结果，它不仅是研发优势的价值体现，也是生产工艺精益求精的结果，更可以让销售人员的精力实现有效聚焦。因此，要进行品牌营销，必须做好重点产品的推广。重点产品应具备以下特征：

（1）技术先进。科学技术是第一生产力，迎接新世纪的挑战，先进技术是关键。在竞争日益激烈的今天，只有技术先进的产品才能经得住市场考验。

（2）工艺独特。工艺独特是指将原材料或半成品加工制作为成品的工作、方法、技艺等，是重点产品的必备因素。江苏倍康药业有限公司针对氟苯尼考注射液疗效好但刺激性大的问题，进行技术攻关，采用独特的工艺，解决了难题，造就了重点产品。

（3）组方科学。组方科学是指在药物的研制和生产中，采取复方制剂，使其抗菌活性呈相加或协同作用，进而提高疗效，真正适应市场所需。1997年，洛阳惠中兽药有限公司针对球虫易产生耐药性的特点，科学组方，采用多种中药深加工，推出“球速杀”，成为肉鸡球虫病的克星，在全国迅速推广，并成为治疗球虫病药物最优秀的三大品牌之一，解决了长期困扰用户的难题。

（4）研发前沿。企业要想成为行业领航者，就必须与国际接轨，时刻关注国际上最新的研发动态，才能开发出前沿科技类重点产品。如洛阳惠中兽药有限公司2004年成功研制出科技部重大科技攻关项目“头孢噻呋原料药及冻干粉针”，被认定为国家级重点新产品。

6. 聚焦市场热点 产品能否适应市场需求，决定了其市场生命力。只有时刻关注市场热点，适应市场需求，才能开发出受市场欢迎的产品。

学习卡片

建立产品品牌

兽药产品没有品牌或产品品牌的知名度、美誉度不佳，经销商、兽医或养殖户可能会对该产品失去信任，并缺乏对产品的激情。兽药企业面临的挑战在于，怎样使客户对企业产生信任，并且更重要的是，怎样将兽医或养殖户对企业的信任转移到对产品个性的青睐以及对拥有具体产品的激情上。兽药生产企业的产品要想获得品牌建设的威力，并从市场上获得超额回报，有两个影响因素：一是公司对产品线的关注。公司越关注于某个特定的产品或同类产品，产品的品牌建设就越容易获得成功，如知道“黄精1号”就认识四川精华，知道“华西精品”就认识华西，知道“纯真金品”就认识四川倍乐瑞克，知道“方通王”就认识重庆方通，知道“先锋九号”就认识重庆三牧等。二是包装设计师为产品做独一无二的设计，尽管花费颇高，却常常能赢得兽医或养殖户的青睐，如粉针的瓶有西林瓶、直管瓶等很多种，什么产品选用什么瓶很重要；又如铝盖选用银灰色、白色、蓝色、红色等。此外，有创意的广告、公关、声誉和特殊活动都能促使兽医或养殖户从由衷地欣赏转变为对购买产品产生热情。这种情感归属的效果是单纯的技术无法做到的。

（摘自：http：//www.cqagri.gov.cn/detail.asp？pubID=228289）

兽药包装设计

一、包装概念

包装是指盛装产品的容器或外部包装物。有三个层次：

1. **内包装** 用于盛装产品的直接容器，如盛装药片的瓶子、注射剂瓶等。

2. **中层包装** 用于保护和促进销售的包装，如容纳并保护药瓶、针剂瓶的小纸盒。

3. **外包装** 用于储存和便于运输商品的包装，多为较大的纸板箱。运输包装必须标明各种标志，如识别标志、指示标志、警示标志等。

二、包装的作用和要求

（一）包装的作用

1. **保护商品** 这是包装的基本功能，兽药和饲料从出厂到进入用户手中的整个过程都存在着运输和储存的问题。包装可以保证商品在储存、运输和销售过程中不致因碰撞、震动、挤压、风吹、日晒、雨淋等造成损坏和变质。

2. **识别商品** 通过包装的不同造型、色彩、设计风格，可以使用户容易区别同类商品，为用户选购带来便利。

3. **促进销售** 在销售场所，首先进入用户视觉的不是商品本身，而是包装，这点兽药产品尤其明显。产品经过造型美观、设计独特的包装，能够激发用户的购买欲望，进而产生购买行为。

4. **便于使用** 兽药的物质形态不同、理化性质各异、外部形状迥然，只有经过适当的包装，才能给用户带来便利，方便购买、携带、保管和使用。

5. **增加利润** 精美的包装可以提高商品的档次，满足某些用户的特殊需要，使用户愿意以较高的价格来购买，从而提高产品的经济效益。

（二）包装的要求

1. **真实性** 包装设计要与商品的价值和质量水平相当，对于新开发的国家一、二类新药，包装要烘托出产品的高贵；对于一般兽药，包装不能华而不实。

2. **艺术性** 包装造型要美观大方，图案形象生动，不落俗套，避免模仿雷同。包装设计平庸，就不能引起用户的注意，难以产生购买欲望。

3. **直观性** 包装设计应显示商品的特点和风格，对于以外形和色彩表现特点和风格的商品，应考虑能否向用户直接显示商品本身，可采用透明包装或开天窗包装等。

4. **文化性** 包装设计应符合用户的风俗习惯和心理要求，不与民族习惯、宗教信仰相抵触。

5. **准确性** 包装的文字说明应能增加用户的信任感，准确指导消费。包装上的文字应以满足消费心理需要为重点。同时，包装文字说明要真实可靠。

6. **便利性** 包装造型和结构设计应便于销售、使用、携带和保管。

三、包装的设计与技法

包装以保护产品为主的传统观念早已被突破，产品包装日益成为产品营销策略的主要内容之一。

（一）包装的设计

1. **包装形状** 包装形状主要取决于兽药产品的物理性能，如固体和液体的包装形状就不相同。包装外形应能美化商品，对用户有吸引力，便于运输和携带等。

2. **包装尺寸** 兽药产品包装的大小，主要受目标用户的购买习惯、产品有效期的影响，应力求让用户使用方便、经济。如某些预防性中药制剂的包装应由传统的大型包装向与单位用量相匹配的小型包装转化。

3. **包装构造** 兽药产品包装的构造设计，要突出产品的特点，突出产品的特色，使产品的包装和性能完美地统一起来。

4. **包装材料** 包装材料的选用，要能充分地保护产品，如防潮、防震等；要有利于销售、方便使用，便于储存和陈列；要节约费用，降低价格；严禁使用有毒材料。

5. **文字说明** 文字说明要严谨、扼要。文字说明主要包括产品的名称、数量、规格、成分、产地、用途、使用方法、生产日期和保质期等，同时应标明注意事项、副作用等。

（二）包装的技法

产品包装技法是指包装操作时采用的技术和方法。随着科学技术的进步，兽药和饲料产品的包装技法也不断发展完善。

1. **贴体包装** 贴体包装是在产品上面覆盖加热软化的塑料薄片，抽出空气，使薄片紧密包贴产品或产品的内包装，其特点是透明直观，保护性好，便于展销。

2. **真空包装** 真空包装是将产品装入气密性包装容器，抽去容器内部的空气，使密封后的容器内达到预定真空度的一种包装方法，这种方法一般用于低水分的粉状或颗粒药品包装。

3. **无菌包装** 无菌包装在兽药产品生产领域广泛使用，即将经过杀菌处理过的产品在无菌室内进行包装和密封。

4. **防潮包装** 防潮包装是采用具有一定隔绝水汽能力的材料，制成密封容器，运用各种技法阻隔水汽对内装固体药品的影响。在防潮包装材料中，金属和玻璃最佳，塑料次之。

此外，常用的包装技法还有泡罩包装、充气包装、收缩包装、气调包装、缓冲包装和集合包装等。

四、兽药包装策略

1. **系列包装策略** 即企业生产的品质接近、用途相似的系列产品，在包装上都采用相同的图案、相近的颜色，以体现企业产品共同的特色。这种包装策略可使得兽医或养殖户一看便知是哪个企业的产品，能把产品与企业形象紧密联系在一起，大大节约设计和印刷成本，树立企业形象，提高企业声誉，有利于各种产品特别是新产品的推销。

2. **等级包装策略** 产品有不同的等级，不同产品的档次不同，成本不同，其价值也不相同；即使是同种产品，档次不同，其质量和价值也不同。包装是整体产品的外形，必须同产品的内在质量与价值相适应，对高档优质产品采用优质包装，一般产品采用普通包装，才能恰如其分地烘托产品内在质量，有效地树立产品形象和促进销售。

3. **配套包装策略** 企业把多种有关联的产品，或不同规格产品配套放置在同一容器中，如粉针和水针等的成套包装。这种配套包装可方便兽医或养殖户的购买和使用，有利于带动多种产品销售，提高产品档次，同时也为兽医或养殖户提供了一种消费模式。当然，配套包装必须符合国家对兽药产品包装的管理规定。

4. **适度包装策略** 适度包装是谋求包装所应有的恰如其分的作用，并且其作用、效益和包装的诸项成本处于协调、平稳的状态。包装成本体现在包装实施到废弃物处理的各个阶段，选择包装时应考虑包装的整个过程，对包装进行科学设计，在保证包装功能的同时，尽量减少包装材料，降低包装成本，从而降低整体产品成本，增强产品的竞争力。

5. **与分销渠道相适应的包装策略** 分销渠道的选择应充分考虑产品特性、兽医或养殖户特点以及竞争对手所采取的分销渠道类型，同时，企业所采取的包装策略也应根据企业所选取的分销渠道的不同而有所不同，例如对容易变质的产品，若采用长的分销渠道，就应采用真空包装（如电解多维类产品）或冷藏包装（如疫苗、抗体、微生态），以满足产品保质期所要求的包装条件。

6. **与价格相适应的包装策略** 前面提到在分析市场营销组合时，先是开发产品，再寻找分销渠道，接着是促销，最后根据市场预期反应和生产成本高低来确定价格。因此，与产品要素、分销渠道要素和促销要素相适应的各种包装策略，都要与价格要素相适应。企业应根据不同层次兽医或养殖户的需求，对产品采用不同等级的差别包装策略，以争取更多的客户，开拓市场。

7. **复用包装策略** 又称多用途包装策略，即包装内的核心产品经兽医或养殖户使用后，其包装物可以在此使用或移作他用。这种包装策略是通过形式产品给兽医或养殖户带来某种额外的利益而扩大产品销售，但不能使包装的功能超过用户的需要而成为过分包装。如现在比较盛行的用出诊箱代替传统的纸箱作为兽药的外包装，以引起顾客重复购买，促进销售。

8. **馈赠包装策略** 为刺激顾客的购买欲望，除核心产品外，包装物内还附有养殖技术光碟、兽医科普读物、注射器、手术器具、针头、文化衫等其他东西赠送给兽医或养殖户。

9. **不同容量包装策略** 即根据兽药的性质和顾客使用量、购买习惯，设计多种不同大小的包装，以便于购买、促进销售的包装策略。如100克、200克包装的消毒剂适合散养农户使用，而规模养殖场适合使用5千克以上的大包装，以节省费用。

学习卡片

增强后GMP时代兽药产品的竞争力

一、认识兽药产品的竞争力

1. 成本与价格　兽药产品价格与竞争力的关系是显而易见的。产品的价格是影响兽医或养殖户是否购买某产品的重要因素。在某一时点、同一市场上，相同的产品，如果其他产品属性相同的话，价格较低的产品具有较高的竞争力。兽药产品价格是由市场供求关系决定的，但产品是否具有价格优势是由产品的成本决定的。产品成本不仅包括生产成本，还应包括销售成本。产品成本也决定企业的获利水平，成本越低，利润空间越大。无论是从兽医或养殖户选择的角度，还是企业获利的角度，成本优势是产品竞争力的基本来源。

2. 质量　质量是反映实体满足明确和隐含需要能力的特性总和。狭义的质量，就是产品质量，广义的质量还包括过程、活动在内的工作质量。从产品因素的角度来看，产品质量就是产品的使用价值。产品质量特性主要包括：性能、实用性、可信性、安全性、环境要求、经济性、美学要求。市场竞争越激烈，质量对竞争力的影响越大。在市场相对饱和的情况下，兽医或养殖户对产品质量的要求越来越高，质量好坏成为选择产品的重要因素。因此，兽药产品质量高，市场竞争力就强。由于我国大多数兽医和养殖户的文化水平、专业技术不高或缺失，购买力有限，质量对竞争力的影响弱于成本与价格的影响。

3. 品牌　在日益激烈的市场竞争中，品牌所起的作用越来越大。从商业的角度来看，影响兽药品牌的因素有：生产规模、产品质量、广告、促销、包装、客户服务、用药方案、便利的销售渠道。产品的内在质量是形成品牌的根本，外在质量与广告等促销手段是形成品牌的途径。

4. 差异性　兽药产品的差异性是指某企业生产的某种兽药产品有别于同类其他产品的特性。这个特性必须具有市场意义，能够满足兽医或养殖户对这个特性的需求。产品差异化就是制造稀缺，在需求结构中抓住市场的需求差异和局部的供不应求，从而使产品自动形成竞争优势，获取创新的超额利润。产品差异化是增强产品竞争优势，提高产品竞争力的一个有效手段。在推行差异化的战略中，应以市场为导向，通过寻找市场需求偏好，对畜牧资源合理配置，生产具有差异化的兽药产品。兽药产品的差异性主要表现在功能、质量、品牌等产品的要素和属性的各个方面，通过配方、工艺、包装获得。在选择差异性战略时，要考虑产品差异性创造的顾客价值与创造这个差异性的成本之间的关系，如果创造的差异性对顾客的吸引力无法与竞争者的价格优势相抗衡，就达不到创造竞争优势的效果。

二、制定兽药产品战略

产品战略是企业战略的重要组成部分，兽药生产企业应在战略指导下，建立产品接班机制。在制定产品战略时，应熟悉或明确如下一些问题：我们的优势和劣势是什么；我们过去为什么获得成功；我们的主要产品处于生命周期的什么阶段；行业会发生什么技术变革；政府会采取哪些对畜牧行业和兽药产业有影响的措施；我们的竞争对手会如何发展，优势和劣势是什么；我们近期、中期和长期的目标是什么，如何实现，需要哪些资源；我们的目标客户是谁，他们需要什么样的产品；我们应专注于保健、预防、诊断还是治疗领域；我们在化学药品、生物制品、中草药产品或微生态产品方面有什么综合优势；我们是否专注于猪药、禽药、牛羊药、毛皮动物药、小动物用药、水产药、蜂药或蚕药；我们为什么有可能在这些领域取得优势；为实现新产品战略，我们在人才、资金、技术、原材料、销售网络、信息库等方面应做哪些安排；我们与新产品战略相匹配的品牌形象如何，应进行哪些改进，新产品的创意如何产生，新产品创意如何筛选，新产品的投资回报如何评估，新产品开发过程中的风险如何控制，如何预测新产品上市后的表现，如何应对竞争对手的打压或模仿，谁为新产品的成功与否负责，如何促进研发与营销部门的沟通和合作等。

为根据环境变化及时终止或调整无利可图的项目以及发现新的市场机会，公司应设立专门的人员对以下信息进行长期监测：竞争者的报批、专利注册情况和市场价格；新的制药技术、兽医技术动向和动物疫病发生与流行情况；国家关于畜牧、兽医、兽药以及医药等的政策法规的变化等。加强研究开发部门与营销部门深层次的沟通和协调，研发工作一旦孤立起来什么也不是，它必须和营销结合起来，创新不一定要生产技术最好的产品，但必须知道什么是市场所需要的产品。

兽药产品战略有两种特征，一是被动战略特征，需要集中注意力于现有产品或市场，创新所获得的保护很少，所在市场太小，不足以弥补开发成本，存在竞争对手效仿而超过自己的危险，在产业价值链中的谈判能力弱。二是主动战略特征，需要迅速的销售增长，计划进入新市场，市场具有很大的空间和利润，有能力获得专利或市场保护，能提供开发新产品需要的资源和时间，能够对付效仿型的竞争对手，在产业价值链中的谈判能力强。

（摘自：http：//www. cqagri. gov. cn/detail. asp? pubID=228289）

新兽药开发

新兽药是指未曾在中国境内上市销售的兽药。根据《兽药注册分类及注册资料要求》，新兽药分为兽用生物制品，化学药品，中兽药、天然药物，兽医诊断制品和兽用消毒剂等。

目前，由于我国兽药行业的整体研发能力相对较弱，企业在研发投入方面严重不足，企业中所进行的新产品开发实际上包含两个方面：一是仿制发达国家同行所开发的产品或在原有产品基础上进行含量规格及剂型的变化，少数具有研发能力的企业采取此策略；二是按照国家标准报批的产品在产品包装、规格、商品名、宣传手段等方面和竞争者相比采取了一些差异化策略，这是目前大多数兽药生产企业所采取的新产品开发策略。

1. 新兽药注册分类

（1）新兽用生物制品注册分类。兽用生物制品可以分为预防用兽用生物制品和治疗用兽用生物制品。

① 预防用兽用生物制品注册分类。主要包括三类：第一类，未在国内外上市销售的制品；第二类，已在国外上市销售但未在国内上市销售的制品；第三类，对已在国内上市销售的制品使用的菌（毒、虫）株、抗原、主要原材料或生产工艺等有根本改变的制品。

② 治疗用兽用生物制品注册分类。主要包括三类：第一类，未在国内外上市销售的制品；第二类，已在国外上市销售但未在国内上市销售的制品；第三类，对已在国内上市销售的制品使用的菌（毒、虫）株、抗原、主要原材料或生产工艺等有根本改变的制品。

（2）新化学药品注册分类。新化学药品注册主要有五类：第一类，国内外未上市销售的原料及其制剂；第二类，国外已上市销售但在国内未上市销售的原料及其制剂；第三类，改变国内外已上市销售的原料及其制剂；第四类，国内外未上市销售的制剂；第五类，国外已上市销售但在国内未上市销售的制剂。

（3）新中兽药、天然药物注册分类。新中兽药、天然药物注册主要有四类：第一类，未在国内上市销售的原药及其制剂；第二类，未在国内上市销售的部位及其制剂；第三类，未在国内上市销售的制剂；第四类，改变国内已上市销售产品的制剂。

（4）新兽医诊断制品注册分类。新兽医诊断制品注册主要有三类：第一类，未在国内外上市销售的诊断制品；第二类，已在国外上市销售但未在国内上市销售的诊断制品；第三类，与我国已批准上市销售的同类诊断制品相比，在敏感性、特异性等方面有根本改进的诊断制品。

（5）新兽用消毒剂注册分类。新兽用消毒剂注册主要有三类：第一类，未在国内外上市销售的兽用消毒剂；第二类，已在国外上市销售但尚未在国内上市销售的兽用消毒剂；第三类，改变已在国内外上市销售的产品的处方、剂型等的消毒剂。

2. 新兽药开发的方式

（1）技术引进。指企业通过引进国内外先进技术，或技术转让，或购买专利等方式来开发新产品的一种方式。

（2）独立研制。指企业利用自己的技术力量和优势，独立进行新产品全程开发工作的一种方式。

（3）技术引进与研制相结合。

3. 新兽药开发的程序 新兽药开发一般遵循以下程序：

提出构想—筛选概念—形成与验证—可行性分析—产品研制—市场试销—正式投放市场。

4. 新兽药开发 新兽药的开发必须遵守《新兽药研制管理办法》，经过临床前研究和临床研究两个步骤，最后通过审批注册，获得新兽药证书，这样新兽药才算开发成功。目前我国兽药企业的研发能力普遍较弱，大多数企业的产品属于三、四类产品，同质化程度非常高。随着新兽药的开发难度越来越大，要想开发一、二类新兽药，只有通过技术引进，与世界大型制药企业合作才有可能。

任何一个企业所开发的新产品都应该具有以下特性：

（1）先进性。新产品的设计必须更为合理或有独到之处，在技术性能、结构、指标上必须具有一定的先进性。如果新产品在总的设计和技术水平方面还落后于原有产品，不管在其他方面有什么改进，都不可能成为新产品，更不可能取代原有产品。如有些兽药生产企业把中药散剂生产成了中药口服液，目的是使养殖户使用起来更加方便，但在实践中却发现由于对中药口服液工艺上了解不够以及储存运输等条件的要求相对较高，经常出现产品胀气、沉淀、漏液等现象，反而影响了企业的经营及形象。

（2）效益性。新产品对生产者和消费者都必须具有经济效益。如果一种产品在技术性能上很先进，但生产耗资巨大，生产者做不起，消费者买不起，那也不能成为现实的新产品。一般来说，随着产品的不断更新，新产品应较之原有产品更具有效益性，只有在增加产品功能的情况下，又不断降低成本、降低售价，才会具有效益性，才会受到消费者的欢迎。兽药最主要的目的是使养殖户通过使用兽药而取得经济效益，如果养殖户用不起或用了以后经济效益更差，那么这种兽药就没有意义。

（3）实用性。兽药企业开发的新产品必须有实用性，如某种兽药号称物美价廉，而在实际使用过程中，使用效果不明显或者是使用不方便、不安全甚至不符合食品安全的要求，这样的兽药也不会被养殖户所接受。

（4）适应性。一种新的兽药开发出来以后如果不能适应市场，或者不能适应市场条件的变化，就没有继续生产的价值。新产品的适应性越强，其生命力也越强。如有些兽药企业所开发的针对猪的促生长类产品，开发的是中兽药的散剂，由于散剂的使用只能靠拌料这种途径，并且中药有很大的味道，而猪的嗅觉相当敏感，结果伴有中兽药的饲料猪根本就不吃，也就是说此类产品根本就不适应市场的需求，所以没有使用价值。

小结

兽药的整体产品概念包括核心产品层、形式产品层和附加产品层，兽药的核心产品是指向消费者提供的能治疗或预防畜禽疾病的、为养殖户带来收益的产品，特别要注意附加产品层对于兽药的重要性。兽药产品生命周期具有一定的特殊性，某些兽药的生命周期的长短受到国家法律政策、科学技术发展和动物疫情等因素的影响。每个兽药生产企业都有自己的兽药产品组合，企业应采用不同的兽药产品组合策略，并建设自己的兽药品牌。注意兽药的包装设计策略在兽药营销工作中的作用。

小测验

1. 兽药的整体产品概念包括（　　）。

A. 治疗畜禽疾病　　B. 包装　　C. 使用方便　　D. 提供技术服务
E. 商标

2. 兽药的生命周期始于（　　）。

A. 实验成功　　B. 获得新兽药证书
C. 取得产品批准文号　　D. 投入市场

3. 兽药的生命周期的长短受到（　　）因素的影响很大。

A. 国家法律法规　　B. 国家政策
C. 科学技术发展　　D. 动物疫情

4. 兽药产品组合的变化要素包括（　　）。

A. 宽度　　B. 项目　　C. 深度　　D. 密度

5. 某企业生产各类抗生素类兽药，属于（　　）。

A. 市场专业型　　B. 产品专业型
C. 特殊产品线专业型　　D. 全线全面型

6. 某企业的某种兽药有10片包装、50片包装和100片包装，采用的是（　　）。

A. 不同容量包装策略　　B. 等级包装策略
C. 组合包装策略　　D. 类似包装策略

7. 简述兽药的特殊性。

8. 简述兽药品牌建设的步骤。

【基本知识点】

◆ 熟悉兽药价格的组成部分

◆ 掌握影响兽药价格的因素

◆ 掌握兽药定价的方法

◆ 熟悉兽药定价策略

【基本技能点】

◆ 兽药定价要素的分析能力

◆ 制定兽药价格的能力

导入案例

复方氨酚烷胺片的价格策略

一款成分为复方氨酚烷胺片的感冒药，一家新疆的小企业为了获得高额的市场回报，采取了撇脂定价策略——新产品定高价格，零售价格 9.8 元。这在感冒药市场上属于中等偏高价格，加上企业品牌知名度不高，因此产品上市两年来销售量一直处于尴尬的地位。企业所委托的销售策划机构深入市场调查发现，患者购买药品的平均支出为 8 元，所以他们定位 9.8 元高于市场期望价值，价格成为阻碍产品销售的关键。由于缺乏品牌推动力，单纯的价格并不一定能够带来销售额的增加。策划机构在研究中又发现，患者购买感冒治疗产品，并不是单纯购买治疗感冒类的药物，82%都会购买消炎类药物来消除感冒引发的嗓子发炎、咳嗽等症状，因此，患者在治疗感冒方面的总支出在 18 元左右。所以该策划机构建议采取捆绑促销，即购买此复方氨酚烷胺片，只需加 1 毛钱就可以获得价值 5 元的消炎药。这样不但提升了产品的价值，还提高了组合产品的性价比，有利于将企业的感冒药和消炎药顺利推向患者，达到一箭双雕的效果。

（摘自：http：//www.emkt.com.cn/article/217/21768-2.html）

思考题：

1. 刚开始时这家企业复方氨酚烷胺片的定价是否合理？

2. 后来复方氨酚烷胺片的定价考虑了哪些影响因素？

兽药定价的依据

一、构成兽药价格的因素

兽药价格通常由四部分构成，即生产成本、流通费用、国家税金、企业利润。

1. 生产成本 指生产某种兽药所耗费的物质资料的货币价值和支付给劳动者的报酬。在构成价格的各因素中，生产成本是最主要的因素，是制定价格的基础。

2. 流通费用 指兽药从生产领域到消费领域转移过程中所发生的劳动耗费的货币表现，包括企业的经营管理费用、利息、运杂费和损耗等。在其他因素不变的情况下，流通费用增加，价格提高；流通费用减少，价格就降低。

3. 国家税金 税金是国家按规定的税率征收的货币。企业应交纳的税种，按其与兽药价格的关系分为价外税和价内税。价外税是直接由企业利润负担的，企业不能把这些税再加入兽药价格中转嫁给消费者，如所得税。价内税可加入到兽药价格中去，随兽药出售而转嫁出去，如增值税，可见价内税率的高低与产品价格成正比。

4. 企业利润 利润反映企业一定期限内的经营成果，由营业利润、投资净收益和营业外收支净额三部分构成，它是企业生产经营中追求的最终目标。

兽药价格构成的四个因素是互相联系和制约的，其中任何一个因素发生变化，都会引起价格的变化。

二、影响兽药价格高低的因素

（一）外部因素

包括国家政策、兽药市场状况、消费者行为和分销渠道。

1. 国家政策 国家通过制定方针政策来影响兽药价格，目的是平衡供需，指导消费。因此，定价时首先要考虑国家政策。

2. 兽药市场状况 兽药市场有三个方面的状况：

一是供求状况。供大于求引起价格下降，供不应求引起价格上升。价格上升，会引起供给量增加或需求量减少；价格下降，会引起供给量减少或需求量增加。所以兽药企业定价时务必要考察该产品的市场供求状况。

二是需求的价格弹性。指需求量对价格变动的反映程度，是需求量变动的百分比与价格变动的百分比的比值，用公式表示为

$$\text{需求的价格弹性系数}=\frac{\text{需求量变动的百分比}}{\text{价格变动的百分比}}$$

由于价格变化和需求量变化的方向是相反的，因而需求的价格弹性系数是一个负数，在利用系数分析时用绝对值来表示。根据需求规律，在其他条件不变的情况下，价格的变化会引起需求的减少或增加，但不同种类的兽药商品价格的变动对需求量的影响程度是不同的。需求的价格弹性＞1 的兽药，价格弹性强，价格稍有变化，需求量会发生很大变化，需求量对价格的变动非常敏感，如动物保健品；需求的价格弹性＜1 的兽药，价格弹性弱，即价格的较大变化只会使需求量发生较小的变化，需求量对价格的变动不敏感，如医疗器械；需求

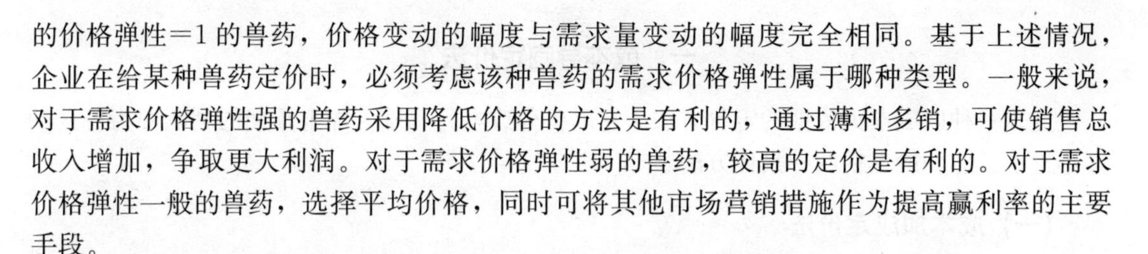

的价格弹性=1的兽药，价格变动的幅度与需求量变动的幅度完全相同。基于上述情况，企业在给某种兽药定价时，必须考虑该种兽药的需求价格弹性属于哪种类型。一般来说，对于需求价格弹性强的兽药采用降低价格的方法是有利的，通过薄利多销，可使销售总收入增加，争取更大利润。对于需求价格弹性弱的兽药，较高的定价是有利的。对于需求价格弹性一般的兽药，选择平均价格，同时可将其他市场营销措施作为提高赢利率的主要手段。

三是市场竞争。按竞争程度不同分为完全竞争、完全垄断、不完全竞争三种。

（1）完全竞争。在完全竞争市场上，存在着许多买者和卖者，所有卖者都生产同质兽药，且每个卖者的兽药供给量都只占市场供给总量的极小份额，任何一个卖者和买者都不能单独左右该种兽药的市场价格，都只是价格的接受者。在完全竞争市场上企业不能抬高兽药的价格，否则，它的兽药就卖不出去。降低价格也没有必要，因为按通行的市场价格它可以卖出自己的兽药。因此，卖者只能按照由市场供求关系决定的市场价格来出售兽药，即只能采取随行就市的灵活的定价策略。

（2）完全垄断。在兽药行业中某种产品的生产和经营完全由一个卖主独家控制，且这种产品的专业性强，无替代品，可在国家法律和政策允许的范围内随意定价，如强制免疫用的流感疫苗。

（3）不完全竞争。介于完全竞争和完全垄断之间。又可分为垄断竞争和寡头垄断两种。垄断竞争是指市场上有两个以上卖主，少数卖主在一定时间内居于优越地位，各企业之间提供的产品及服务存在着差异，每个卖主都能控制其产品的价格，从而成为价格的决定者。寡头垄断是指在一个行业中只有几家大企业（大卖主），他们所生产和销售的产品在该行业中占很大比重，各企业相互依存，相互制约。产品的价格不是通过实质供求决定的，而是通过企业之间的协议和默契来决定，任何一个企业都不会轻易调价。该行业中的中小企业只能服从寡头们的领袖价格，别无选择。如口蹄疫疫苗、猪瘟疫苗等。

3. **消费者行为**　消费者行为尤其是心理行为对价格的影响，主要表现在人们对兽药的期望价格上。实际价格高于或低于期望价格，消费者都会拒绝购买。

4. **分销渠道**　中间商对利润的期望值也会影响到价格的高价。

（二）内部因素

1. **生产成本**　是兽药企业定价的基础和核心，也是最重要的影响因素，以产品的成本为中心，制定的价格往往对企业最有利。

2. **企业目标**　包括以维护生存为目标、以最大利润为目标、以提高市场占有率为目标、以产品质量领先为目标、以适应竞争为目标，不同目标下定价高低是不一样的。

3. **促销费用**　促销费用多，往往在产品价格中予以分摊，此时价格一般较高。

4. **其他内在因素**　考虑兽药的各种特性，如质量、信誉、品牌等。

兽药定价的方法

兽药定价的方法有多种，不同的定价法反映着企业不同的定价指导思想和企业目标。因此，选择正确的方法，有利于企业正确地制定价格，为实现企业的营销目标服务。

一、成本导向定价法

这是一种以成本为依据的定价方法。它以兽药成本为基础，加上预期的利润即为兽药的基本价格。它一般包括四种具体方法。

（一）成本加成定价法

所谓成本加成定价法是指按照单位成本加上一定百分比的加成来制定产品销售价格。加成的含义就是一定比率的利润。其计算公式为

$$单位产品价格=单位产品成本\times(1+成本加成率)$$

例：某兽药企业生产某种产品1万件的固定成本为20万元，变动成本为10万元，企业期望达到相对于成本的利润率为15%，则该产品的售价为

$$单位产品成本=\frac{总成本}{销量}=\frac{200000+100000}{10000}=30（元）$$

$$单位产品价格=30\times(1+15\%)=34.5（元）$$

在成本加成定价法中，加成率的确定是定价的关键。加成率就是预期利润占产品总成本的百分比。成本加成定价法是从保证兽药生产者（卖方）的利益出发进行定价的，完全忽视了市场竞争和供求状况的影响。因此，采用这种定价法制定的产品价格，难以适应市场竞争的变化形势。但尽管如此，这种方法仍为兽药企业普遍使用。这是因为，这种方法既简单易行，又能保证企业实现预期的利润率，而且当同行都采用此种定价法时，还能避免或减少价格竞争。

（二）目标利润定价法

目标利润定价法即根据估计的总销售收入和估计的销售量制定价格的方法。其计算公式为

$$单位产品价格=\frac{单位总成本+目标总利润}{预计销售量}$$

例：某兽药企业生产某种产品的总成本为50万元，预计销售量为2万件，企业计划实现的目标利润为10万元，则该种产品的售价为

$$单位产品价格=\frac{500000+100000}{20000}=30（元）$$

目标利润定价法的优点是可以保证实现既定的目标利润。但是，价格恰恰是影响销售量的重要因素，所以采用此种方法计算出来的价格，不一定能保证预计销售量的实现。因此，目标利润定价法一般只适用于市场占有率很高或具有垄断性质的兽药。

（三）盈亏平衡定价法

即企业以总成本和总销售收入保持平衡为定价原则。当总销售收入等于总成本时，利润为0，企业不盈也不亏，收支平衡。这种方法在市场不景气的情况下采用比较合适，因为保本经营总比停业的损失要小，而且企业有较灵活的回旋余地。其计算公式为

$$单位产品保本价格=\frac{企业固定成本}{预计销售量}+产品单位变动成本$$

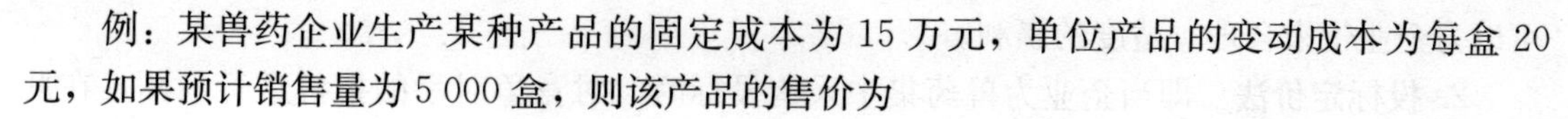

例：某兽药企业生产某种产品的固定成本为15万元，单位产品的变动成本为每盒20元，如果预计销售量为5 000盒，则该产品的售价为

$$单位产品保本价格=\frac{150000}{5000}+20=30+20=50（元）$$

即当每盒价格定在50元时，企业不亏不盈。盈亏平衡定价法的优点是计算简便，可使企业明确在不亏不盈时的产品价格和产品的最低销售量。缺点是要先预测产品销售量，销售量预测不准，价格就定不准。

（四）边际贡献定价法

该定价法又称变动成本定价法。所谓边际贡献，即预计的销售收入减去变动成本后的收益，也就是企业只计算变动成本，不计算固定成本，而以预期的边际贡献来适当补偿固定成本的方法。其计算公式为

$$单位产品销售价格=\frac{总的变动成本+边际贡献}{总销售量}$$

例：某兽药企业生产某产品的固定成本为20万元，单位产品的变动成本为每盒40元，预计销售量为5 000盒，如果企业计划的边际贡献为10万元，则该产品的售价为

$$单位产品销售价格=\frac{40\times5000+100000}{5000}=60（元）$$

如果边际贡献不能完全补偿固定成本，企业就会出现一定程度的亏损；如果边际贡献能全部补偿固定成本，则企业不盈不亏；如果边际贡献大于固定成本时，企业就可赢利了。边际贡献定价法比较灵活，适用于市场供过于求、卖方竞争激烈的市场环境。

二、认知价值定价法

就是根据消费者对兽药价值的认知和理解程度来制定价格的一种方法。认知价值定价法的关键是企业对消费者认知和理解的价值有正确的估计。企业如果过高估计兽药的认知价值，便会定出偏高的价格；如果过低估计兽药的认知价值，则会定出偏低的价格。为了准确地把握消费者的认知价值，企业必须进行市场调查和研究。正确处理认知价值、价格、可变成本三者之间的关系。

三、竞争导向定价法

这是以市场上竞争对手的同类兽药价格为定价依据的一种定价方法。对一些市场竞争十分激烈的兽药，其价格的制定不是依据成本和需求，而是以竞争对手的价格水平为基础。采用这种方法制定的价格可以与竞争者的价格完全相同，也可以低于或高于竞争者价格。这种方法的特点是：只要竞争者价格不变，自己的价格也不变；一旦竞争者价格有了变动，自己的价格也要随之调整。竞争导向定价法主要有以下三种：

1. 随行就市定价法　是指企业按照行业的平均现行价格水平来制定价格的方法。在以下情况下往往采取这种定价方法：成本难以估算；企业有意与同行和平共处；如果另行定价，很难了解购买者和竞争者对本企业价格的反应。

采用随行就市定价法的优点是：可以避免挑起同行业竞争者之间的价格大战，造成两败俱伤；容易为消费者所接受，因为平均价格水平在人们的观念中常被认为是“合理价格”；

可以为企业带来合理、适度的赢利。

2. 投标定价法 即当企业为兽药集中采购投标时，对竞争对手的报价进行预测，在此基础上制定自己价格的一种定价法。

企业参加投标的竞争是为了中标，因此它的报价应低于竞争者的报价，但为了保证企业的利润，企业的报价又要尽可能地高于成本。一般来说，报价低，虽然中标机会大，但利润小；反之报价高，利润大，但中标机会小。因此企业必须同时考虑生产成本、目标利润和中标概率，以确定投标的最佳报价。

3. 主动竞争定价法 即定价企业不是追随竞争者的价格，而是根据本企业兽药的实际情况和竞争对手的产品差异状况来确定价格。采用这种定价方法的前提是企业的产品有自己的特色和优势，在消费者心目中有独特的形象。

学习卡片

定价里潜藏战略野心

定价是简单的原料、加工、包装、物流成本，外加一定比例的利润空间吗？不是！

企业所有的战略企图，都潜藏于定价与调价之中。一旦掌控不力，诸如跨区域、跨渠道的窜货，产品迟迟难以动销，产销矛盾恶化等问题将接踵而至。

一、需考虑产品抢夺目标客群的差异化优势

为了同竞争品抢夺同一目标群顾客，企业需考虑自己推出的新品在竞争中是否有差异化优势，如果没有，企业该如何来抓住那部分顾客。

二、决定产品是形象、利润、走量还是狙击产品

经济学上，价格与供求永远是在一起的，这是一切产品定价的根源。如果为目标顾客所接受的产品卖点与竞争品有足够的差异化，在这个差异化空间里，自己的产品处于严重供不应求甚至稀缺的状况，那就定位为形象产品，以高零售价、高利润空间、大市场动作的高调姿态进入市场。如差异化卖点与竞争品区别较小，过高利润会导致对手群起模仿而摊薄利润，就可定位为利润产品，只是获取较竞争品较高的利润，但又不足以吸引竞争品企图模仿的注意力。

至于接下来的走量产品和狙击产品，推理是显而易见的。无差异化的产品，想要抢占竞争品的市场份额，就必须采用平价或低价策略。平价策略，意味着竞争品仍有大量的市场与渠道空白未站稳脚跟，给自己留有机会，不必牺牲利润换市场；而低价策略，则是典型的虎口拔牙，在市场已被竞争品控制得牢不可破时，唯一快速撕开市场裂缝的方法就是低价。

三、确定渠道经销商和自己的利润空间

定价与推广手段是否合理，是后续产品动销胜与败、快与慢的关键。根据产品所处的形象产品、利润产品、走量产品或狙击产品的结构定位，企业定价时首先需要确定的，就是区分产品的差异化程度与市场野心，从而确定终端指导零售价。

其次要确定的就是渠道利润空间，也就是经销商供货价与终端指导零售价之间的差价。渠道利润空间与市场支持力度，是经销商订货、铺货、理货、补货、促销与售后服务等快速有效行动的核心。与竞争品分散在各级渠道的利润空间、市场支持力度对比是非常必要的，企业千万不要孤立地比较利润空间有多少，而需将利润空间与市场支持力度结合起来估算。

渠道利润空间的多少，同样与产品所处的结构定位有关。差异化产品对渠道和终端有着强势的话语权，因为鲜有竞争，需求旺盛，动销效果显著，市场启动成本不大，即使渠道综合利润空间与行业持平或略微少一些，渠道经销商也会愿意做，因为经销商算的是产品从进货到最终出货的净利润，而不是厂家人为给经销商制定的渠道差价。

第三，在终端零售价和经销商供货价确定之后，就该是厂家自己估算出厂价到经销商供货价之间的价差了。这个价差空间的多少，直接决定着企业在留存了一定额度的净利润之后，可以拿出多少个点作为市场费用投向市场。很显然，在终端零售价和产品生产成本不变的情况下，厂家与经销商的利润空间存在着此消彼长的关系。

四、基于指导价格体系建立分渠道的应用价格体系

如果渠道经销商操作市场的能力较弱，而产品又需要大量的市场投入才能动销，那将厂家的利润空间留多点，经销商利润空间削减，可以保证有足够的市场投入支持经销商。反之，如果经销商足够强势，或者产品在终端的差异化优势足够明显，不需要做过多市场投入支持，只需给经销商高额的利润空间让他们开拓网点铺货，将厂家利润空间减小，合理扩大经销商利润空间。

市场是一个灵活的变量，征战市场的各种手段和工具一直都在变，不变的只是操作市场的思维。随着渠道变化、终端变化、市场区域等要素的变化，定价也随时需要进行调整。企业应该认识到，光有一套指导性的出厂价—经销商供货价—终端指导零售价的价格体系是不够的，如果不想出现窜货，或让一些渠道和终端始终难以动销，应该在指导性价格体系基础上，针对各级别、各类型渠道、终端、市场，并且根据批量与散单购买的不同，制定出一份价差合理的应用定价体系。

渠道与终端选择不同，同一人群在购买力和购买便捷性上有差异，所愿意承受的价格自然会有区别。企业进行应用定价时所要注意的就是，避免同一市场不同渠道之间的价格差异过大。

（摘自：http：//bbs. zhue. com. cn/thread - 222909 - 1 - 1. html）

兽药价格策略

一、兽药组合定价

当企业同时生产多种兽药时，定价着眼于整个兽药组合的利润实现最大化，而不是单个兽药，加之各种兽药之间存在需求和成本上的联系，有时还存在替代竞争关系，所以实际定价的难度相当大。具体有以下两种：

1. **兽药分组定价** 将同类兽药分为价格不同的组，每组兽药制定一个统一的价格。不同组的兽药成本有差异，但成本差与价格差并不一致，所以，对特效药可采取高定价策略，为企业赚取高利润；对常用药可采取低定价策略，吸引更多顾客购买以增加销售量。

2. **互补兽药定价** 适用于必须和主要兽药一起使用的兽药。可以对主要兽药定价较低，而将互补兽药定价较高，靠消耗量大的后者提高利润。

二、新兽药定价策略

新兽药的定价对于其能否顺利进入市场、占领市场，给企业带来预期效益有很大关系。

一般来讲，新兽药定价有以下三种策略：

（一）撇脂定价策略

撇脂定价策略又称高价厚利策略，就是在新兽药上市初期，把产品的价格定得很高，以便在短期内获取最大利润。

撇脂定价策略的主要优点是：

（1）新产品初上市时，竞争者尚未进入，利用消费者求新、求异的心理，高价会使人们产生“这种兽药是高档兽药”的印象，从而增强产品的市场吸引力。

（2）在投入期制定远远高于成本的价格，可以在短期内收回新产品的开发费用，并获取较高的利润。

（3）由于上市初期定价很高，当产品进入成熟期，大量竞争者涌入市场时，可以主动降价，提高自身的竞争能力。

撇脂定价策略的主要缺点是在新兽药尚未建立起信誉时，高价策略不利于市场的开发与扩大。

（二）渗透定价策略

渗透定价策略又称薄利多销策略，是指企业将其新兽药的价格定得相对较低，以吸引大量顾客，提高市场占有率。

渗透定价策略的主要优点是：

（1）实行低价策略迎合消费者求实、求廉的心理，有利于刺激消费，扩大销售量，迅速占领市场。

（2）低价薄利使竞争者感到无利可图，可以有效地阻止竞争对手的加入，有利于控制市场。

渗透定价策略的主要缺点是投资回收期限较长。

渗透定价策略适用于弹性大、潜在市场广的兽药。

（三）温和定价策略

温和定价策略又称满意定价策略，就是为兽药确定一个适中的价格，使消费者比较满意，生产者也能获得适当的利润。该策略兼顾生产者和消费者利益，使两者均能满意。

温和定价策略既可防止低价带来的损失，又可避免高价带来的竞争风险。其不足之处是有可能造成高不成、低不就的状况，对消费者缺少吸引力，难以在短期内打开销路。

温和定价策略适用于产销形势比较稳定的产品。

学习卡片

新产品定价策略

1. 新产品定价战略　每个企业在新产品上市时，都是根据企业的整体战略决策，选择不同的新产品定价战略，最终目的是使企业在未来的发展中更能有效地成长。常见的新产品定价战略包括高价战略、平价战略、低价战略及追随战略。

（1）高价战略。选择高价战略应具备的条件包括拥有高质量的产品，产品能被消费者广泛的接受，能够控制分销渠道，企业在市场中占有领导的地位，需求大于供给，拥有垄断性的控制权等。

（2）平价战略。平价战略定价的基本目标是接近行业平均水平，一般情况下具有十分稳固的市场地位，并有能力适应行业价格的变动来调整自己行动的企业可采取此策略。

（3）低价战略。低价战略的目的是为了提高市场占有率，通过提高销售额来获得利润，拥有较强的生产能力及较低的营销成本的企业更愿意选择低价产品，也有的企业实力比较弱，为了短时的生存，采取低价策略。

（4）跟随战略。跟随战略一般是企业紧跟在竞争者的后面，根据竞争者的新产品定价策略而采取同样或相似的定价策略。

2. 新产品的定价程序

（1）选择定价目标。定价目标指的是公司采取什么样的定价策略才能使新产品达到公司的期望目标。定价目标包括生存目标、产品利润最大化、当期收入最大化、市场撇脂最大化等。

（2）测定需求。测定需求指的是公司对新产品先假定某种价格，通过市场的调研以及目标客户端试用来反馈目标客户对该产品价格—性能的评价。

（3）估计成本。一般产品成本包括固定成本和变动成本两大部分，企业估计产品的成本主要是估计其变动成本，变动成本是根据产品的生产量的变化而变化的。

（4）分析竞争者的成本、价格和提供物。在由市场需求和成本所决定的可能价格范围内，竞争者的成本、价格和对价格做出的反应也能帮助公司制定价格。公司需要对自身的成本和竞争者的成本进行比较，以了解自己的成本有没有竞争优势，通过比较再确定自己采取何种定价策略。

（5）选择定价方法。常见的定价方法有成本加成定价法、通行价格定价法、服务价值定价法、品牌价值定价法等。

（6）选定最终价格。公司选定最终价格时还要考虑营销人员的看法、营销渠道的长短、促销力度的大小、价格折扣力度、竞争者的反应等因素。

3. 新产品定价方法

（1）成本加成定价法。是在产品的成本上加上一个标准的利润加成，这是许多兽药生产企业所采取的方法，加成价格＝单位成本/(1－销售额中的预计利润率)，其中单位成本＝变动成本＋固定成本/单位销售量。需要说明的是，由于单位销售量需根据销售需求来预测，这一预测数据和实际数据常常有较大的差异，从而导致成本加成定价后的产品价格与实际利润的期望不一致。

（2）通行价格定价法。也称市场导向定价法，指的是企业给新产品定价时主要是基于竞争者同类产品的价格，很少注意自己的成本或需求，企业的价格可能与主要竞争者的价格相同，也可能高于或低于竞争者。

（3）服务价值定价法。指的是企业根据自己为客户提供的服务价值来确定产品的价格，其服务价值越高，产品的定价也越高，反之亦然，如采取免费送货上门的企业在产品定价时就会考虑送货成本包含在价格中。

（4）品牌价值定价法。指的是企业根据自身品牌的知名度及被客户的认可度来确定产品的价格，品牌知名度及被客户的认可度越高，在产品定价时越愿意采取高价策略，如名牌产品和普通产品即使生产成本一样，名牌产品的价格也远高于普通产品。

（摘自：http：//www.ygqiyuan.net/article/wenzhang/wenzhang_253.html）

三、心理定价策略

即根据消费者的不同心理，采用不同定价技巧的策略。常见的心理定价策略有以下五种：

1. 尾数定价策略 尾数定价策略又称非整数定价策略，即企业给兽药定一个接近整数、以零头尾数结尾的价格。如把某种价值接近6元的兽药定价为5.9元。尾数定价一方面给人以便宜感，迎合了消费者的求廉心理；另一方面可使消费者觉得企业定价认真、准确、合理，对企业定价产生信任感。

2. 整数定价策略 整数定价策略又称方便定价策略，是指企业给兽药定价时取一个整数。这种定价策略一般适用于价格较高的兽药。消费者购买这类兽药时，常把价格看做是质量的标志，因此，企业把基础价格定为整数，不仅能够迎合消费者价高质优的心理，而且能使消费者在心理上产生一种高档消费的满足感。

3. 声望定价策略 声望定价策略即根据企业或品牌在消费者心目中所享有的声誉和威望，制定高于其他同类兽药的价格。声望定价最适宜于兽药、技术服务等质量不易鉴别的产品。

4. 习惯定价策略 习惯定价策略即按照消费者习惯的价格制定价格，经常性重复购买的兽药，往往易于在消费者心目中形成一种习惯性标准。企业给这类兽药定价时，要尽量顺应消费者已经习惯了的价格，不能轻易改变，否则会引起他们的不满。即使生产成本大幅度提高或发生了通货膨胀，也不宜提价。但在这种情况下，企业可以采用改变包装或改变规格等方式变相提价。

5. 促销定价策略 促销定价策略是指零售商为了招徕顾客，特意将某几种兽药以非常低的价格出售，以此吸引顾客，促进全部兽药的销售。

四、折扣定价策略

1. 数量折扣 数量折扣是企业给那些大量购买某种兽药的顾客的一种价格折扣。其目的在于鼓励客户大量购买，从而降低企业在销售、储运等环节中的成本费用。一般来说，购买数量越多，折扣越大。

数量折扣可分为累计数量折扣和非累计数量折扣两种。累计数量折扣是指同一顾客在一定时期内购买兽药累计达到一定数量时，按总量给予的价格折扣。采用这类折扣，可以鼓励客户长期购买本企业产品。非累计数量折扣是指顾客一次购买达到一定数量或金额时所给予的价格折扣。采用这类折扣，其目的是鼓励顾客一次性大量购买，从而增加销售量，增加赢利。

2. 现金折扣 现金折扣就是对在约定付款期内以现金提前付款的顾客给予的一种价格折扣。例如，合同规定顾客须在30日内付清款项，若交货时就付清，则给3%的折扣。采用现金折扣可以加速企业的资金周转，提高企业利润率。

3. 交易折扣 交易折扣又称功能折扣，即兽药生产企业根据中间商在营销中担负的功能不同，给予不同的折扣。如给予兽药批发商的折扣大于零售商的折扣，其目的在于鼓励各类中间商努力销售本企业的产品。

4. 价格折让 价格折让是另一种类型的对基本价格的扣减，主要指促销折让，是制造商向同意参加其促销活动的中间商提供的减价或报酬。

五、地理区域定价策略

一般来说，企业的兽药不仅在当地销售，同时还要向其他地区销售。而兽药从产地到销售地需要一定的装运费。因此，企业往往要决定是否对位于不同地理区域的顾客制定不同的价格，这就是地区定价。

1. 产地交货定价 所谓产地交货定价，就是顾客（买方）按照出厂价购买兽药，企业（卖方）只负责将兽药运到双方协商的指定地点交货。交货前的一切费用和风险由卖方承担，而交货后的一切费用和风险则由买方承担。

2. 统一交货定价 企业对于卖给不同地区顾客的某种兽药，都按照相同的出厂价加上相同的运费定价。这种定价对近处的顾客不利，但很受远方买主的欢迎，并且便于计算。

3. 分区定价 所谓分区定价，就是企业把产品的销售市场划分为两个或两个以上的区域，根据这些区域的路途远近及费用不同，对不同的区域采用不同的价格，但在同一区域内则实行统一价格。

4. 基点定价 所谓基点定价，是指企业选定某些城市作为定价基点，然后按一定的出厂价加上基点城市到顾客所在地的运费来定价，而不管兽药是从哪个城市起运的。

5. 免收运费定价 有些企业因为急于进入某些地区市场，自愿负担部分或全部实际费用。采用这种定价法虽然减少了销售净收入，但可以使企业加快市场渗透，在市场竞争中站稳脚跟。而且，如果销售量大，平均成本就会降低，因此足以抵偿这些运费开支。

目前兽药产品市场供求矛盾相当突出，市场竞争非常激烈，厂家与商家为了争夺有限的终端市场资源使用了各种竞争手段，但价格竞争因其最直接、最快速、最简单成为使用频率最高的竞争策略。价格竞争策略一般分为高价竞争和低价竞争两种。在目前供大于求的市场情况下，采取高价竞争手段的企业非常少，高价竞争策略适合于品牌知名度非常高、市场排他性较强的企业，而低价竞争策略则被大多数中小品牌所采用。然而低价竞争是一把双刃剑，在击伤对方的同时，也容易伤着自己，所以只有灵活运用这一策略才能有效发挥价格竞争的优势，降低价格竞争带来的负面效应。

小结

兽药价格通常由生产成本、流通费用、国家税金和企业利润四部分构成。影响兽药价格高低的因素有外部因素和内部因素。

兽药定价的方法有成本导向定价法、认知价值定价法和竞争导向定价法，其中成本导向定价法又分为成本加成定价法、目标利润定价法、盈亏平衡定价法和边际贡献定价法四种，竞争导向定价法又分为随行就市定价法、投标定价法和主动竞争定价法三种。

兽药价格策略包括兽药组合定价、新兽药定价策略、心理定价策略、折扣定价策略和地理区域定价策略，要学会合理利用兽药定价策略，促进兽药的销售。

小测验

1. 下列属于兽药价格组成部分的有（　　）。

A. 生产成本　　B. 流通费用　　C. 国家税金　　D. 企业利润

2. 影响兽药价格高低的外部因素包括（　　）。

A. 国家政策　　B. 供求状况　　C. 需求的价格弹性　　D. 市场竞争

3. （　　）是企业定价的基础和核心。

A. 生产成本　　B. 流通费用　　C. 国家税金　　D. 企业利润

4. 按照行业的平均现行价格水平来制定兽药价格的方法是（　　）。

A. 目标利润定价法　　B. 随行就市定价法

C. 主动竞争定价法　　D. 盈亏平衡定价法

5. 根据本企业兽药的实际情况和竞争对手的产品差异状况来确定价格的方法是（　　）。

A. 目标利润定价法　　B. 随行就市定价法

C. 主动竞争定价法　　D. 盈亏平衡定价法

6. 一类新兽药适用于（　　）。

A. 撇脂定价策略　　B. 渗透定价策略　　C. 温和定价策略　　D. 声望定价策略

7. 下列属于折扣定价策略的有（　　）。

A. 数量折扣　　B. 现金折扣　　C. 交易折扣　　D. 价格折让

8. 某兽药企业生产某种产品的总成本为100万元，预计销售量为20万件，企业计划实现的目标利润为10万元，则该种产品的售价是多少？

兽药营销渠道建设

【基本知识点】

◆ 了解兽药营销渠道的概念和类型
◆ 掌握兽药营销渠道模式
◆ 熟悉影响选择兽药营销渠道的因素
◆ 熟悉兽药营销渠道选择的标准和步骤
◆ 掌握兽药营销渠道的运作及控制方法

【基本技能点】

◆ 兽药营销渠道建设的能力
◆ 兽药营销渠道管理的能力

导入案例

县级经销商渠道策略

湖南省某兽药企业产品定位于“母猪生殖健康保健”，其客户群定位在以母猪存栏量为衡量标准的规模猪场，这些规模猪场也不是企业自己直接去做的，而是通过各县级经销商来进行市场开发，他们选择的这些县级经销商基本不做代理，都是专门开发规模猪场的。

对这些县级渠道经销商的选择标准是，必须与企业拥有相同的核心价值理念，他们不一定是当地市场最大的经销商，但一定是心态好、积极应对市场发展变化的；另外，这些经销商的战略定位就是规模猪场，一般做代理的不作为他们的重点服务客户。

为了帮助经销商在当地树立口碑，加强其影响力，厂家会通过举办会议培训等内容，深入经销商市场一线，帮助他们面对面地进行服务指导。作为上游生产企业，为与经销商共同成长，公司实施经销商提升计划，帮助经销商修正市场运作中的错误理念，组织专家团队为经销商市场开发提供全方位的服务。

公司一直坚持营销重点在产品和服务的理念，通过全方位的服务和高品质的质量来进行客户的开发和维护，帮助经销商大大提高市场占有率。

（摘自：http：//www.zhuwang.cc/Html/xxnews/201010/20101005162620.html）

思考题：

1. 案例中的渠道经销商有什么特点？

2. 该兽药企业是如何建设渠道的?

兽药营销渠道概述

一、兽药营销渠道的含义

兽药营销渠道指兽药从生产者向消费者转移过程中经过的通道。渠道的起点是生产者，终点是消费者，中间环节由一系列的市场中介机构或个人组成。狭义的渠道仅指各类批发商和零售商。广义的渠道除包括狭义的含义外还包括协助提供兽药储存运输等物流服务的辅助企业（运输公司、仓库），促成资金流的银行、保险公司服务机构以及促成销售的广告公司、咨询公司等销售服务机构。如果没有特别说明，本书指的是狭义上的意义。

二、中 间 商

中间商是社会分工和商品经济发展的产物。随着经济的日益发展和繁荣，分销商的作用越来越突出。

（一）中间商的概念

兽药中间商是指那些将购入的兽药再销售以获取利润的兽药生产企业，即进行兽药批发、零售或代理的专业公司，是联系兽药生产企业和消费者的中间环节。

如图 15、图 16 所示，如果三个药厂的兽药要到达三位消费者手中，没有分销商时需要九条路径；如果有分销商则只需三条，大大降低了药厂的销售成本。所以，兽药厂在兽药销售中都要选择合适的分销商即客户。

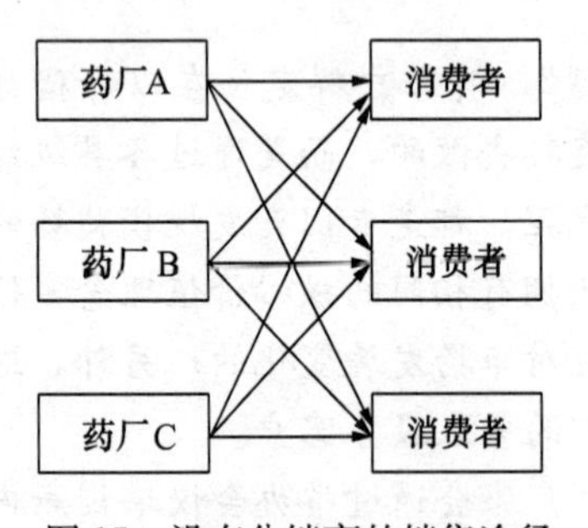

图 15　没有分销商的销售途径

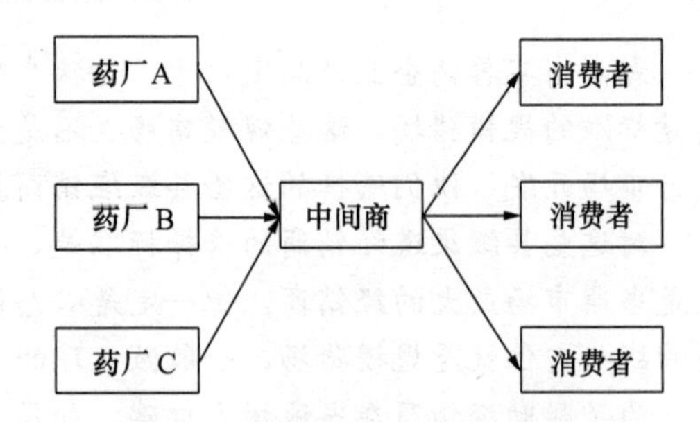

图 16　分销商建立后的销售途径

（二）中间商的类型

按中间商是否拥有兽药所有权，分为经销商和居间批发商。经销商通过购买，拥有兽药所有权，要承担风险，包括商人批发商、生产者或零售商的自营销售机构、其他批发商及零售商。居间批发商不拥有兽药所有权，只促成交易实现，基本上没有风险，包括代理商、经纪商、委托商等。按中间商在流通中的作用地位不同，可分为批发商和零售商。

1. 兽药批发商 指从事将兽药销售给为了转售而购买的人的各种活动的组织或个人。

（1）商人批发商。是独立经营者，对其经营的兽药拥有所有权，是批发商中最主要的部分。可分为完全服务批发商和有限服务批发商两种。前者提供全套服务，持有存货，有固定的销售人员，提供信贷以及协助管理等；后者提供有限的服务，比如有现购自运批发商、承销批发商（不存货）、邮购批发商等。

（2）居间批发商。对经营的兽药没有所有权，只为买卖双方提供交易服务，帮助转移兽药所有权，收取一定佣金或服务手续费，包括代理商、经纪商等。

代理商指接受生产者或顾客委托，从事兽药交易获得一定佣金或服务手续费的企业或个人。包括生产代理商、销售代理商、采购代理商。生产代理商指受生产者委托，签订销货协议，在一定区域内负责代销生产企业兽药，收取一定佣金的分销商；代理商不需要有资金，不设仓库，由顾客直接向生产商提货或由生产商发货，也不必承担任何风险，类似于生产者的推销员；生产者可以委托若干个企业代理商在不同地区为其推销产品，企业也可自己参加销售活动；代理商也可同时为几个生产企业代理非竞争性的相互关联的兽药。销售代理商是一种独立的分销商，受生产者委托全权负责独家代理生产者的全部兽药；销售范围不受地区限制，拥有一定的售价决定权；生产企业不能直接进行销售活动，同一时期生产者只能委托一个代理商，代理商也不能代销其他企业的兽药；对生产企业承担较多的义务，在销售协议中一般会规定一定时期内的推销数量，并为生产企业提供市场调查预测的情报，负责进行宣传促销等活动；设有仓库，负责储运和实物销售。采购代理商是顾客的代理人，与顾客有长期的合作关系。

经纪商是指没有现货，没有兽药所有权，只是受人之托拿着样品或兽药说明书替买主找卖主，替卖主找买主的人或组织。作用是为买卖双方牵线搭桥，协助买卖双方进行谈判，交易成功后向雇用方收取佣金；不持有库存，不参与融资也不承担风险；与任何买卖双方都没有一个固定的关系。

（3）生产商或零售商的自营销售机构。兽药生产商的自营销售机构有分销部和办事处两种。分销部有存货，其形式如同商人批发商，只不过隶属关系不同；办事处没有存货，是企业的驻外代办机构。有些兽药零售商设立采购办事处，主要办理本公司的采购业务，也兼作批发业务，功能与经纪人和代理商相似。

2. 兽药零售商 将兽药直接销售给最终消费者的组织或个人。

（1）兽药店零售。即有店铺的零售。

（2）无店铺零售。如直销、邮购、电话订购、电视营销、网络营销、自动售货、购货服务等。

（3）零售组织即兽药连锁经营店。又可分为三种：①直营连锁。是指由公司直接经营的连锁店，公司和企业属同一企业所有，控制力强，但效率低。②自愿加盟。是指自愿加入连锁系统的连锁店，这种兽药店原已存在，并不是由连锁公司辅导创立的，兽药所有权属于加盟主所有，而运作技术及兽药店品牌归总部所有，自愿加盟店风险小，公司对它控制力弱。③特许加盟。是指由总部指导、传授各项经营的技术经验并收取一定比例的权利金及指导费的连锁店，效率高，但加盟店的风险高。

三、兽药营销渠道的类型

（一）直接渠道和间接渠道

根据营销渠道中是否有分销商，可分为直接渠道和间接渠道。

直接渠道指生产企业直接将兽药销售给用户，没有经过任何分销商的渠道。这是原料药销售的主要渠道。

间接渠道指兽药从生产企业到消费者手中经过若干分销商的渠道，是兽药市场上占主导地位的渠道类型。间接渠道又可根据中间环节的多少分为长渠道和短渠道，短渠道是指经过一个中间环节的渠道，长渠道是指经过两个或两个以上中间环节的渠道。长、短渠道是相对而言的，渠道长度还受着兽药生产企业规模、财务能力、品牌影响力、市场管理能力、渠道建设能力以及控制渠道的愿望直接相关。一般来说，实力越雄厚的公司，越容易越过中间环节缩短渠道。同样，相对产品分销有更高控制的兽药生产企业，更可能建立更短的渠道。

间接渠道还可根据每一中间环节上使用的分销商的数量多少分为宽渠道和窄渠道。窄渠道是指每一中间环节上只使用一个分销商的渠道。宽渠道是指每一中间环节上使用两个或两个以上分销商的渠道。宽、窄渠道也是相对而言的。

（二）单渠道和多渠道

根据使用营销渠道的多少，渠道可分为单渠道和多渠道。单渠道是指只选择一条营销渠道的渠道。多渠道是指同时选择几条营销渠道的渠道。

（三）传统渠道和渠道系统

根据渠道成员相互联系的紧密程度不同，可分为传统渠道和渠道系统。

1. 传统渠道 由独立的生产者、批发商、零售商和消费者组成的营销渠道。渠道的每一成员都是独立的，以追求其自身利益最大化为目的，各自为政，与其他成员展开短期合作或激烈竞争，没有一个渠道成员能完全或基本控制其他成员。因此，随着科技进步和社会经济的发展，传统渠道正面临严峻挑战，甚至要被淘汰。

2. 渠道系统 指在传统渠道中渠道成员采取不同程度的联合经营或一体化经营而形成的营销渠道。在这种渠道中，各层次的成员之间形成三种更密切的联系：垂直营销、水平营销和多渠道营销。渠道系统包括垂直营销渠道系统、水平营销渠道系统、多渠道营销渠道系统、网络营销渠道系统。

学习卡片

渠道建设的系统认知

何谓渠道？渠道就是你从一个城市到达另一个城市所乘坐和想要乘坐的交通工具，这个工具的特性又决定着你要选择什么样的路线，并且这两者的选择又决定着你到达这个城市的费用和速度。

选择了合适的交通工具和路线，是不是就能顺利或者是快速、便捷地到达呢？不会，就像我们选择公共汽车一样，车上的环境和服务如何？路上的交通是否顺畅？汽车的性能好坏或者油箱是否加满了？一系列的因素都可能会影响最后的到达。这些问题恰恰说明：一个渠道的选择并不如交通工具的选择那么简单，渠道是一个企业的整体运营系统，需要一系列配套工作和部门协作，渠道建设是一个系统。

所以，在认知渠道时不要只关注“渠道”这个“道”，更要考虑渠道在整体上的系统性规划，考虑渠道成员需要什么类型客户，这类客户的开发需要什么样的产品、什么级别的服务、什么知识类型的业务员等，这些外围和核心就组成了渠道建设的系统。

所以，不要看到做集团能上量，就不考虑自身的实力和运作模式是否与之匹配，是否产生协同作用，而是盲目跟进，导致公司资金回笼困难，使企业陷入困境甚至倒闭。

因此，在意欲打通一个渠道时，一定要留意，以渠道为核心的外围是否与渠道的建设和巩固相匹配。

目前，兽药市场大部分厂家做的是针对市场网络进行的终端销售，这也是目前的主要渠道拓展形式，也是适应畜牧业发展和大部分公司发展的模式。可就是这样已经发展了数年的渠道建设，很多时候我们仍难以把控，不是找不到优质客户，就是客户萎缩甚至流失。除去市场竞争和行情等原因，其核心还是渠道建设的外围工作没有做好，诸如客户定位、产品质量、业务人员的质量、技术服务水平等。

应该说，外围工作不仅是渠道通畅的润滑剂，更是渠道建设的重头戏，是企业树立品牌形象的必要手段。当连最基本的东西都不能做好的时候，难以想象会有新的渠道来创新，即便创新出来也不能匹配建设好。

（摘自：http：//www.zgjq.cn/Technique/ShowArticle.asp？ArticleID=286 500）

兽药营销渠道选择

一、兽药营销渠道模式

（一）金字塔式传统模式

兽药传统销售渠道中的经典模式是兽药生产企业—总经销商—二级批发商—三级批发商—零售店—兽医—养殖场（户）。渠道运作由总经销商控制，这样的销售网络存在着先天不足，在许多产品可实现高利润、价格体系不透明、市场缺少规则的情况下，销售网络中普遍存在“灰色地带”，许多经销商实现了所谓的超常规发展。多层次的销售网络不仅进一步瓜分了渠道利润，而且经销商不规范的操作手段如竞相杀价、跨区销售等也常常造成严重的网络冲突，更重要的是兽药经销商掌握的巨大市场资源，几乎成了生产企业的心头之患——销售网络漂移，可控性差。

金字塔式的兽药销售渠道模式的优点是：辐射能力强，为生产企业占领市场发挥出巨大的作用，但是，在供大于求、竞争激烈的兽药市场环境下，金字塔式的兽药销售渠道模式也存在着许多不可克服的缺点：一是生产企业难以有效地控制销售渠道；二是多层结构有碍于效率的提高，且臃肿的渠道不利于形成产品的价格竞争优势；三是单项式、多层次的流通使

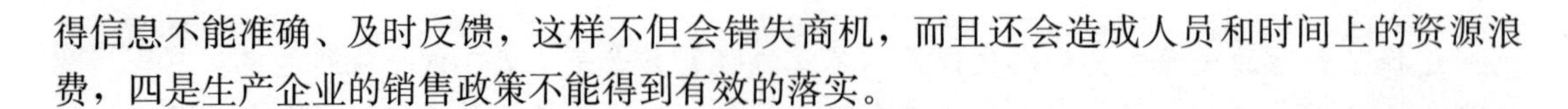

得信息不能准确、及时反馈，这样不但会错失商机，而且还会造成人员和时间上的资源浪费，四是生产企业的销售政策不能得到有效的落实。

（二）扁平化渠道模式

这种销售渠道结构就是销售渠道越来越短、销售网点越来越多，渠道运作以终端市场建设为中心。销售渠道短，增加了生产企业对渠道的控制力，销售网点多，增加了产品的销售量，如部分企业采用生产企业—兽药经销商—兽医（养殖户）模式供货；一些企业在养殖集中地设置兽药配送中心，直接面向兽医、养殖场。

兽药销售工作千头万绪，从销售网络开发到经销商开发、从铺货到促销、从卖药到卖服务、从卖服务到卖方案、从卖产品到卖健康以及养殖观念，内容繁多。总之，兽药销售工作要解决两个问题：一是如何把产品铺到兽医（养殖户）的面前，让兽医（养殖户）见得到；二是如何把产品铺进兽医（养殖户）的心中，让兽医（养殖户）认同。

（三）伙伴型渠道模式

在传统的渠道关系中，每一个渠道成员都是一个独立的经营实体，以追求个体利益最大化为目标，甚至不惜牺牲渠道和兽药生产企业的整体利益。为此，一些大型的兽药生产企业，尤其是生物制品、禽药生产企业，将渠道建设由交易型关系向伙伴型关系转变，厂家与经销商由“你”和“我”的关系变为“我们”的关系。厂家与经销商一体化经营，实现厂家对渠道的集团控制，使分散的经销商形成一个整合体系，渠道成员为实现自己或大家的目标共同努力追求双赢或多赢，如大型养殖集团公司与有产品和技术服务实力的企业合作，大型兽药经销商入股兽药生产企业成为老板之一，经销商在兽药生产企业定制或买断某些产品的专销权等，都是从单纯的交易型转化为伙伴型。

（四）大终端模式

当前，基层养殖户中存在着大小不一的众多养殖协会，他们把周围的散养户组织成一个个利益共同体，统一供应鸡苗、饲料、兽药、疫苗，统一出售毛鸡，会员在卖鸡后再结清协会垫付的各项费用。这种模式带给养殖户极大的方便与实惠，也对兽药传统渠道形成了冲击，兽药企业正是看到这种趋势，直接对养殖协会进行业务跟进和服务，从而形成新的渠道。

（五）技术服务模式

大批兽药经销商开始组建自己的技术服务队伍，加强自身技术服务体系建设，为养殖户提供免费养殖保健方案、疾病诊断等，着手向专业技术服务型经销商转化，靠服务赢得终端、控制终端，进而赢得市场。

如某家企业发起了一个千家疫病化验室下乡活动，帮助年销量30万以上的经销商客户建设化验室，此举受到经销商和养殖户的双重好评，市场反响不错，也算是企业渠道建设的一个思路。

（六）专业代理模式

为顺应当前市场变化，一部分经销商开始调整产品结构，由原来代理几十、上百家产品减为仅代理几家，重点选择和推广少数大品牌的产品，有的甚至走“简、专、精”的代理之路，成为某个名牌企业的专业代理商，意欲以品牌产品带动自身品牌发展，达到“卖名品、创名店”的目标。

（七）连锁经营模式

一些厂家或者有实力、有理念的经销商出于创名店、创名牌的需要，开始实施区域性连锁经营，他们统一品牌、形象及服务的各类要素，不仅通过区域连锁减少了原来分销的诸多中间费用，还从一定程度上提高了用户的信任度、忠诚度和品牌知名度。广东畜乐兽药连锁有限公司就是一个很好的例子，目前已发展到50余家门店，遍布两广地区主要养殖区。

在兽药领域，由于受规模、企业实力、从业人员素质、特定的销售对象以及动物疫病发生的不稳定性的影响，以上渠道模式，都很难区分出谁优谁劣，实际操作过程中各有利弊，更多的是针对不同产品、不同市场制定不同的销售渠道模式。不过，无论何种渠道结构模式，都要根据自身企业的实际情况灵活设计，并不断调整到最适合自己的营销模式。

二、影响兽药营销渠道选择的因素

（一）兽药特性

1. 兽药的理化性质　价格低、体积大的兽药，需要搬运次数少、运输距离短的渠道来分销。

2. 兽药价格　价格高的兽药，宜采用短渠道，尽量减少流通环节，降低流通费用；反之，则应采用较长和较宽的营销渠道，以方便消费者的购买。

3. 兽药的通用性　常用兽药由于销量大、使用面积广，营销渠道一般较长较宽；反之，一些特效药的营销渠道一般较短较窄。

4. 兽药所处的生命周期阶段　产品处于不同的生命周期阶段，其营销渠道的要求也不同。处于投入期的兽药，由于推广比较困难，经销商往往不愿经销，企业不得不自己销售或采用短而窄的渠道；处于成长期或成熟期的兽药，则可采用长而宽的营销渠道。

（二）市场特性

1. 兽药的适用范围　如果兽药适用范围广、市场分布区域宽，企业无法自销，应采用较长较宽的渠道；反之，则可采用短渠道。

2. 市场顾客集中程度　如果市场顾客集中或有区域消费特性，可采用短渠道，以在保证渠道功能的前提下降低渠道成本；如果市场顾客比较分散，则应选择长而宽的渠道，以更多地发挥分销商的功能，推广企业的产品。

3. 销售批量和频率　销售批量大的兽药可采用短渠道；销售批量小、交易次数频繁的兽药，则应采用较长和较宽的渠道。

4. 市场形势的变化　市场繁荣，需求旺盛时，企业应拓宽营销渠道；经济不景气，市场萧条时，则应减少中间环节，收缩营销渠道。

（三）竞争特性

生产者营销渠道的选择，应考虑到竞争对手的营销渠道设计和运行状况，并结合本企业兽药的特点，有目的地选择与竞争对手相同或不同的营销渠道。

（四）顾客特性

生产企业在选择营销渠道时，还应充分考虑消费者的分布状况和顾客的购买频率、购买数量以及对促销手段的敏感程度等因素。当某一市场的顾客数量多、购买力大时，企业应利用有较多分销商的长渠道；反之，则使用短渠道。

（五）企业特性

1. **企业的规模和声誉** 企业的规模大、声誉高、资金雄厚、销售力量强，具有强有力的管理销售业务的能力和丰富的经验，在渠道的选择上主动权就大，一般会采用比较短的营销渠道或者自己建立销售机构。如果企业规模小，品牌的知名度低，就应当依赖分销商的分销能力来销售商品。

2. **企业的营销经验和能力** 营销经验丰富、营销能力强的企业，可以采用较短的营销渠道；反之，则应依靠分销商来销售。

3. **企业的财务能力** 财务能力差的企业，一般都采用“佣金制”的营销渠道，利用能够并且愿意承担部分储存、运输、融资职能的分销商销售产品。

4. **企业控制渠道的愿望** 企业控制营销渠道的愿望有强弱之分，如果企业希望控制营销渠道，以便控制商品的价格和进行统一的促销，维护市场的有序性，就可以选择短渠道；有的企业无意于控制营销渠道，就可以采用长渠道。

（六）分销商特性

选择营销渠道时，还须考虑分销商的特性。一般来说，分销商在执行运输、广告、储存、接纳顾客等方面以及在信用条件、退货特权、人员培训、送货频率、营销方案策划等方面，都有不同的特点和要求。

（七）相关政策、法律法规

有些兽药的营销渠道还受国家或地方的相关政策、法律法规限制。如由国家或主管部门实行严格控制的兽用麻醉兽药，其营销渠道有明确的规定和限制。

三、兽药营销渠道选择

（一）选择标准

1. **产品适应性原则** 一个高档的兽药产品，由一个营业额非常大但却是以常规产品为主要经营对象的经销商开发市场，很难成功，不如找有相当的技术实力和技术影响力，也有一定客户群的中型经销商开发市场，更容易成功，反之亦然。

2. **目标消费者原则** 一个添加量仅千分之一的动物保健产品，目标客户群体不是山区散养客户，而是集约化程度比较高的消费者。渠道成员的目标消费者原则就是要与终端接近，最好是直接与终端打交道的经销商，让产品最近距离接近消费者。这对高档动物保健产品尤其重要。

3. 选择经销商的标准 一般性的标准能提供一个大致框架，但每个公司都有自己的整体渠道策略和产品策略，必须制定与自己取得策略一致的标准。对于渠道成员选择标准有经销规模、信用与财务、销售能力、产品线、声誉、网络覆盖、销售业绩、管理的连续性、管理能力、态度等。兽药经销商的选择还应考虑兽医技术、服务能力、经营理念、长远规划等。

好的营销渠道应该是兽药流通速度快、服务质量好、流通费用省、市场占有率高、顾客购买方便的组合。企业在选择营销渠道时还应考虑以下几点：

(1) 有利于满足消费者的需要和方便顾客购买，做到网点布局合理，服务周到。

(2) 与企业整体营销活动协调，企业在选择营销渠道时，应充分考虑渠道、价格策略、促销策略等之间的协调性，做到相互统一，相互促进。

(3) 保证兽药流通的不间断性、时效性，以使企业的商品不间断地、及时地、顺畅地进入到消费者手中，并促成现金回流企业。

(4) 有利于发挥企业优势。

(二) 兽药营销渠道选择的步骤

1. 确定营销渠道的长度和分销商的级次 企业在对影响营销渠道的各因素进行综合分析的基础上，首先应确定营销渠道的类型，是直接渠道还是间接渠道，是长渠道还是短渠道，如果是长渠道还应明确分几级分销。

2. 确定营销渠道的宽度 企业在确定营销渠道的长度后，应确定营销渠道的宽度，即同级分销商数目的多少，根据具体情况可考虑选择密集分销、选择分销、独家分销等形式。

(1) 密集分销。是指兽药企业在某一地区尽可能地通过多家合适的批发商、零售商推销其产品的分销模式。

(2) 选择分销。是指兽药企业在某一地区只通过为数不多的、经过精心挑选的分销商来推销其产品的分销模式。这种模式适用于一切兽药，尤其是特殊兽药。

(3) 独家分销。是指兽药企业在某一地区仅选择一家分销商推销其产品的分销模式。采用这种模式时，兽药企业和分销商一般通过合同的形式，规定经销商不得经营制药企业竞争对手的产品，经销商的单位回报率较高。兽药企业通过独家分销可以控制经销商的业务经营，调动其经营积极性，从而占领市场。

3. 评估分销商 分销商的选择是否合理，对制药企业的产品进入市场、占领市场、巩固市场和培育市场有着关键性的作用。而分销商的选择是否合理又完全依赖于对每一个相关分销商的评估。在评估分销商时应认真分析分销商的服务对象、地理位置、经营范围、销售能力、服务水平、储存能力、运输能力、财务状况、信誉及管理水平、合作诚意等方面。

4. 确定渠道成员的责任 生产商和分销商需要在每一个渠道成员的条件和责任上达成协议。他们应当在价格政策、销售条件、区域权利和各自应执行的具体义务方面协商一致。生产商应该为分销商制定价格目录和公平的折扣体系，必须划定每一个渠道成员的销售区域、审慎安排新分销商的市场位置。在制定服务与责任条款时，必须谨慎行事，尤其是在确定特许经销商和独家经销商时更应考虑企业的现状、未来等各方面的因素。

学习卡片

兽药企业营销渠道的新发展和新方向

进入21世纪以来，畜牧行业发生了巨大的变化。"非典"、"高致病性禽流感"和国外"绿色壁垒"的屡次冲击使得人们充分认识到保障畜禽产品安全的重要性，对畜牧行业发展指出了新的方向，提出了新的要求，由此引发了药品残留、药品生产质量管理规范、兽药规范经营等问题。新《兽药管理条例》等系列法规的陆续出台和实施，对动物药品管理作出了明确详细的规定，严禁使用一些抗生素类药物，逐步使畜禽产品实现绿色化。

兽药行业是服务于畜牧养殖的产业，畜牧养殖业的巨变引发了兽药行业的变革，兽药行业的发展方向同人药一样，其生产和经营必将逐步走向规范化。新的变化对兽药销售也带来了极大的冲击，要求更加严格，如原料药不能直接销售给养殖户等。目前我国兽药市场经营极不规范，从业人员素质较低，兽药市场经营混乱，兽药企业的渠道建设问题多多。因此，分析兽药营销渠道的新发展和新方向，对营销工作进行重新调整和定位成为兽药企业新的课题。

一、兽药经销渠道的变迁

长期以来，兽药销售的主渠道是经销商。20世纪80年代中期，主要是传统的分销渠道模式，销售是卖方市场，兽药产品刚进入市场，都想扩大市场占有率，获取超额利润。90年代后期，主要是垂直分销渠道模式，以契约式为主。这时经销商也在发生变化，即由过去的批发业务变为批零兼营，由过去的坐商变为行商，由仅注重产品变为重视服务。一些企业在进行网络销售的同时，根据客户的不同也组织自己的销售队伍进行直销。

二、经销商选择的新变化

目前兽药经销商队伍整体素质不高，主要有以下几点不足：专业知识储备不足，前瞻力不足，市场开发能力不足，促销、管理能力不足，技术服务能力不足。许多兽药经销商来自其他行业，是典型的逐利型商人，和企业合作也只是关注价格、返利、利润。有的经销商不懂医术，对客户的技术服务根本谈不上，需要企业派驻技术人员，而企业为了市场也只好派驻技术人员，结果费用节节攀升，以至得不偿失。新时期好的经销商应具备以下两点能力：

（1）理念的统一。即拥有先进的、与企业同步的经营思想。这一点最重要，是选择经销商的第一着眼点。具体来说，经销商要理解企业的市场策略及中长期发展目标；树立以客户需求为出发点的经营理念；清楚市场上竞争产品的操作方法，对自己的市场有具体的操作意见和建议；懂基本的财务管理知识和营销知识；懂一些基本的广告运作知识、品牌运作管理知识；善于使用、管理、培训店面人员，调动人员的积极性；善于学习新知识，知道信息的重要性，能及时收集和反馈。

（2）专业化的行业知识。经销商应具备专业化的行业知识，才能有更好的发展。

三、渠道扁平化是市场发展的必然趋势

渠道扁平化是以用户为中心、以顾客需求为导向而寻求的渠道整合，也是市场日益激烈竞争的结果。

伴随着养殖业的发展，兽药企业的数量增长极快，经销商的数量增长更快，竞争的激烈程度有目共睹。为了寻求更大的竞争优势，近几年来兽药企业的渠道整合速度非常快，从重视县级经销商到重视零售终端，从减少一级商利润增加二级商利润到减少二级商利润增加零售商利润，竞争战场从地级市转移到县级再转移到乡镇，甚至蔓延到更低层。有的企业开始自建渠道，兽药销售越来越接近养殖户。

兽药销售渠道扁平化是大势所趋，虽然许多企业才刚刚开始，但有实力、有品牌的企业都在大步走向终端。"决胜终端"这句话道出了企业未来的营销目标。

四、构建直销渠道体系是未来兽药企业营销的重要发展方向

目前许多养殖集团都直接从厂家购买药品，在避免假冒伪劣产品的同时，获取价格优惠，而企业在产品包装等方面采取差异化策略可以很好地解决直销渠道与其他渠道的冲突。因此，有实力的企业应积极开发直销渠道，包括出口型养鸡集团、大型养猪集团、大型奶牛饲养场等，而完善的直销渠道体系对新产品、绿色环保产品的推广应用更有事半功倍的功效。

（摘自：http：//www.zgjq.cn/Technique/ShowArticle.asp？ArticleID=286 288）

兽药营销渠道管理

一、兽药营销渠道运作

1. 宣传造势与利益诉求　一个新产品上市如果没有宣传造势，不投入大力度的广告，或不采用多途径的媒体整合宣传，是难以实现品牌信息的全覆盖的。这种宣传造势不仅是要提高消费者对产品的认知度，而且是对各级分销渠道成员提供了信心和期望的支持，现在经销商非常看重企业的广告投放力度。但仅有广告投放量还不够，还必须对消费者有明确的利益诱惑、对各级分销渠道成员提供合理的价差和激励政策的利益诱惑。也就是说产品能够为消费者带来怎样的利益，为分销渠道成员带来多少利润。最好产品还能给分销者带来诸如独家经销权、品牌地位等其他额外的利益需求。只有在这种由表及里的宣传造势和利益诉求下，区域市场的分销成员才会加盟到产品销售渠道中来，开始产品的经营和品牌平台的建立，这时候，兽药生产企业可以实施渠道推进策略的第二个阶段。

2. 市场成功的突破　有了部分分销渠道成员加盟后产品开始进入市场，这时的消费者对新产品并没有信任度，甚至还不够了解，分销渠道成员大多停留在观望阶段，所以这时的营销重心应该是通过企业直销队伍对分销成员进行有力的终端辅助推广、以有效的终端促销活动拉动消费，形成市场的成功突破，哪怕是局部的。只有通过这种由浅入深、从认识到现实的利益诱惑，才能真正树立起分销成员对产品的信心。这时候，兽药生产企业可以实施渠道推进策略的第三个阶段。

3. 分销渠道跟进　虽然市场已形成了点的突破，让兽药生产企业和大部分分销渠道的成员看到了希望，但是这时候兽药生产企业的市场开发资源已经所剩无几，而产品却尚未形成赢利模式。分销跟进是新产品渠道策略的重点，分销渠道跟进包括分销网络进一步建立、健全，将点的突破尽快扩张到面上，通过多元化的渠道整合扩大产品的见货率，提高销售量，还要进行对分销商的库存管理、回款管理、售后服务、深度拜访、物流配送、终端理货和终端生动化管理等具体销售管理工作，贴近市场、跟进服务。分销跟进既是一个全程服

务，同时也是全程把握市场信息、竞争信息的一个过程。在分销跟进中，网络得到加强，销量得到巩固，信息得到反馈，销售系统在分销跟进中得到健康发展，完成了由点到面的突破。这时候，兽药生产企业可以实施渠道推进策略的第四个阶段。

4. **渠道管理系统与维护** 俗话说，“攻城容易，守城难”。分销渠道初步形成后，必须高度重视分销渠道的系统管理与维护。要确保渠道的结构设置是否合理，渠道的系统设置是否完善，渠道的流程管理是否合理。在渠道推进过程的实践中一定会与原先设计要求有差距，不仅要对设计方案做调整，更重要的是对渠道推进后出现的品牌与销量的矛盾、渠道成员之间的矛盾、价差体系的矛盾、窜货问题、市场秩序问题、渠道管理成本上升问题、渠道成员的管理与激励问题、物流管理问题、现金流管理问题等进行不断的系统完善和阶段性的整顿调整，以确保分销渠道健康发展。此外，还要对零售终端做大量、长期的规范管理和维护工作。

二、营销渠道的控制

营销渠道建立后应进行有效的管理，才能保证原来设立的营销渠道有序、有效运行。既要注意对营销渠道成员的激励与扶持，又要及时对营销渠道进行检查和调整。激励和扶持可使经销商提高推销本企业产品的积极性，提高经销商的工作效率和服务水平。营销渠道的检查和调整，能使渠道保持或提高分销功能。通过激励与扶持、检查和调整，可最终达到控制分销渠道的目的。控制兽药分销渠道有以下几种方法：

1. **沟通说明控制** 兽药生产企业的业务代表或其他成员要经常对兽药代理商特别是对直接供货的兽药代理商进行拜访。通过沟通，加深私人感情、兽药代理商与兽药生产企业的感情；使兽药代理商对兽药生产企业的政策更为理解、减少对一些问题的分歧，并通过兽药代理商了解市场信息；对兽药代理商进行业务指导；增大兽药代理商进入其他兽药生产企业销售渠道的壁垒。兽药生产企业与兽药代理商保持良好的关系、业务代表与兽药代理商保持良好的私人关系，有助于代理商在业务方面的合作与支持。但业务代表不能与兽药代理商保持太密切的关系，否则会损害兽药生产企业的计划执行与利益。我国的兽药代理商大多属于个体户，自身文化素质和管理水平不高，兽药生产企业可召开兽药经销商论坛、兽药市场分析与竞争对策的培训会、沟通会，不断对其进行辅导，运用专家力量增强对其的影响力和控制力。

2. **品牌塑造控制** 随着兽药管理的进一步规范，产品同质化问题越来越突出，往往区别产品的唯一特征就是品牌。产品品牌通过对兽医（养殖户）的影响，完成对整个渠道的影响。作为兽药经销商也要树立自己的品牌，但是兽药经销商的品牌只能是在渠道中起到作用，对兽医（养殖户）的作用较少。往往兽药经销商的品牌是附加在所代理主要兽药产品的品牌上的，没有厂家的支持，经销商的品牌价值就会大打折扣。对于经销商来讲，一个品牌响亮的产品的作用是什么呢？是利润、是销量、是形象，但是最关键的是销售的效率。兽药生产企业只要在终端层面上建立了自己良好的品牌形象，就可以通过这个品牌给经销商降低销售成本，带来销售效率的提高，从而实现对销售渠道的影响。

3. **利润给予控制** 利润取决于销量和差价，这两项密切相关。控制利润最重要的是想办法扩大其销量，而销量小的原因有可能是兽药代理商重视程度不够即营销资源投向别的产品，还有可能是经营不得法，或是没有信心。对此，兽药生产企业要帮助其发展下游客户，分销产品，如不定期轮回拜访基层兽医、养殖场，拓展乡镇级销售门市，制定并协同执行经销商分销方案等。通过不断开展促销活动、渠道奖励来刺激渠道的销量和单位利润，如增大自己的返利和折扣，使自己给经销商的单位利润加大；增加自己产品的销售量，从而打击竞争对手的产品，使竞争对手的产品销量和利润降低，如降低经销商其他产品的销量，降低经销商其他产品的单位利润。

4. **库存增大控制** 对库存的适当控制，也就在一定程度上控制了兽药代理商，但是要以尽量不损害兽药代理商利益为前提。一个兽药代理商一般经营很多企业的产品，其把资金投入某兽药生产企业产品的水平，反映了其对该兽药生产企业的重视程度和积极性程度。而反映资金投入大小的一个重要指标就是库存的大小，增大其库存，就会促使其把更多的资源投入本兽药生产企业的产品，而这样做的结果一方面促使其扩大销售量，另一方面增大其退出该营销渠道或加入竞争兽药生产企业的营销渠道的壁垒。而库存的多少又与促销方案、销售季节、兽药代理商的库存成本等因素有关。当然，如果处于市场淡季，应尽量减少兽药代理商的库存，因为这时商品周转慢，库存成本很高，不利于发展兽药生产企业与兽药代理商的关系。

5. **终端精细控制** 近几年，兽药生产企业的综合实力严重不均等，因此对于终端的控制手法五花八门。兽药生产企业若想争取主动，必须掌握愈来愈多的下游兽药代理商以及未来可替代该兽药代理商的其他多个兽药代理商。渠道越长，则可控性越差，如大的兽药代理商对兽药生产企业的一些促销资源发放不到位，政策执行时有折扣等，且向兽药生产企业索要的代价较高，同时也有可能加入竞争对手的渠道。企业如果掌握下游兽药代理商，若该兽药代理商对兽药生产企业的合作与支持达不到要求，那么从下游客户中选择一个可替代的兽药代理商就很容易。一方面掌握下游兽药代理商，另一方面掌握可替代的其他兽药代理商，就会在渠道管理和控制上占有主动地位。对于兽药产品，可顺着做市场，先在当地找到合适的经销商，在帮助经销商做业务的过程中逐步掌握经销商的下家和当地的终端；也可倒着做市场，如果没有找到合适的经销商或者经销商，则可先做市场再做渠道。

6. **渠道改进控制** 一般兽药生产企业刚进入一个目标市场进行销售时，主要依靠当地经销商的力量去销售，随着市场占有率的不断提高，该经销商感觉自身地位不断提高，就有可能达不到与兽药生产企业合作与支持的要求。而这时如果该兽药生产企业通过该经销商掌握了众多的下游兽药代理商，或由于商品品牌力的提升吸引了更多的各级兽药代理商加入销售渠道，就可以缩短营销渠道或建立多级营销渠道。如搞经销制，即建立兽药生产企业—经销商—批发商—零售商—兽医（养殖户）的三级渠道，又如二级渠道即兽药生产企业—批发商—零售商—兽医（养殖户），再如多渠道，即二级渠道与三级渠道、零级渠道并存。

7. **系统服务控制** 兽药生产企业的销售代表不仅仅是把产品销售给经销商，而是要帮助经销商销售、提高销售效率、降低销售成本、提高销售利润，销售代表给经销商提供解决方案，如动物健康养殖方案、产品推广方案等，稳定客户和客户的下游客户。在这样的解决方案贯彻中，企业充当了老师的角色，经销商充当了学生的角色，经销商是按照老师的思路去运作的，企业在思想上控制了经销商，这样的师生关系是牢不可破的。对于企业来讲，培训经销商，帮助经销商加强管理，这样的投入和市场推广的投入相比较，费用要节省得多，两者之间的关系也要紧密得多。

三、营销渠道策略的评估

企业在完成营销渠道方案的策略确定后，还应该对各种可供选择的渠道进行评估，对各种营销渠道进行分析比较，从各种可供选择的方案中遴选最佳的、有利于实现企业长远目标的营销渠道。评估主要从经济性、可控性、适应性三个方面进行。

1. 经济性 企业设计营销渠道的首要目的是追求利润。这就必然要考虑以下两点；在销售成本相同的情况下，选择能使销售量达到最大的营销渠道；在销售量相同的情况下，选择销售成本最低的营销渠道。一般情况下，生产企业自行推销的成本比利用分销商推销的成本高，但是当销售量超过一定规模时，利用分销商的成本会越来越高。因此，规模较小的企业或某产品销售量比较少的大企业，应当利用分销商来销售；当销售量达到一定水平时，企业则应自行设立分销机构。通过以上分析可以发现，企业应随着销售量的变化而不断调整营销渠道的设立方法。

2. 可控性 由于分销商一般独立于制造商而存在，它可能同时代理很多相同或相近的产品，为多家制造商服务，不可能一切行动完全听命于某一家制造商，表现出一定程度的不可控制性。为此，制造商必须根据自己营销目标的需要，充分考虑营销渠道的可控性。分销商在理解和执行制造商的促销方案、维系与顾客的关系、了解产品的技术细节等方面可能无法达到自销的标准要求，企业应预计到营销渠道的这种不可控性，采用相关的方法和手段回避、减少其给企业可能带来的风险。

企业自销对渠道的控制能力最强，但由于人员推销费用在一定的规模限度内费用较高，市场覆盖面较窄，不可能完全自销。企业可以通过对分销商的培训与沟通、明确权利与义务关系、建立特许经销商或特约代理商等手段来加强对营销渠道的控制。

3. 适应性 当一种分销模式或一条营销渠道建立后，就意味着制造商与分销商、分销商与分销商之间存在了一定区域、一定时间上的关系，不能随意调整和更改。而市场是不断变化的，企业在选择营销渠道时，应考虑渠道的适应性，一方面是地区适应性，在某一地区设立营销渠道应综合考察该地区的市场竞争状况、消费水平等；另一方面是时间上的适应性，每一个渠道方案都会随着时间的延长而失去某些功能，某些原有的渠道成员间的承诺无法实现，渠道方案随之失去弹性。所以，在制定渠道方案时应注意签订合同的时间。

学习卡片

兽药销售渠道的演进与创新

销售渠道是为企业战略服务的。企业战略的不同，造成了不同的渠道运营模式。而一味地模仿其他成功企业渠道模式的方式，往往不利于自己的发展。

销售渠道没有好坏之分，合适的就是最好的，所有成功的企业都有自己独有的渠道运营模式。随着行业的整体做大，每一个阶段的黑马企业和明星经销商都是在每一次市场大变革的前提下，在原有成功渠道模式中再创新的结果。

1. 兽医站、搬运工阶段 此阶段可以退回到1990年以前，由于国家改革开放的成果逐步显现，国民生活水平的提高，肉奶蛋的需求量急剧上升，直接刺激了畜牧养殖业的发展。

作为服务养殖业的兽药行业也进入了发展的快车道。此阶段为跑马圈地的市场阶段，市场处于严重饥饿状态。对于当时的兽药厂家来说是“皇帝的女儿不愁嫁”，企业需要做的就是开足马力生产就可以日进斗金。这个时候的主流销售渠道就是计划经济时代建设的兽医站，服务漠然。而一些由畜牧行业的边缘人士组成的非主流的销售渠道开始逐渐显露头角，这些非主流的销售渠道就是兽药行业最早的个体户，这些兽药经营的个体户做生意的手段就是货物搬运、态度友好。然而就是这些搬运工性质的个体户凭借着不怕吃苦的精神和良好的服务态度逐渐取代了兽医站，成为市场的主力军。

2. 省代阶段　此阶段可以追溯到1990年以后的一个时段。随着兽药厂的增多和经销商的做大，市场上出现了太多的“撞车事件”，市场冲突、窜货成了所有厂家和经销商之间的问题。此阶段行业最显著的现象是全国各省市都建起了自己的兽药销售批发市场，并很快成为各地兽药销售的主力军。各地有实力的经销商都会到省会兽药市场租个门面或摊位，买几部送货车，找几个送货员，把网络延伸至村级兽医，做起了各兽药厂家的省级代理。这时许多嗅觉灵敏的兽药厂与当地有实力的省代展开了本行业历史上第一次合理分工下的友好合作，成就了一大批的优秀厂家和商户。其中河北远征药业就是其中的开拓者和佼佼者，远征药业凭借着过硬的产品品质和可靠的信誉，与全国众多的优秀省代建立的合作关系，至今还是牢不可破。

3. 终端启蒙阶段　1997年以后，一些新入行的兽药企业在各地省代面前吃尽了苦头后，放弃了在省级市场的徘徊，直接深入一线，面向县级、乡级的基层市场，向那些在当地有影响力、懂技术的兽药个体户伸出了橄榄枝，从此开创了兽药行业一个崭新的局面。这种模式很快就席卷全国，各地兽药销售的个体户很快就成为兽药销售的新宠儿。其中河北科星药业是当之无愧的骄傲，科星药业在各地的经销商也成为当地兽药销售市场的桥头堡。

4. 养殖服务商阶段　2001年后，由于市场的极度膨胀，兽药同质化竞争激烈。这时一个叫保吉安的企业开始登台表演。通过大批量的招聘专科毕业的技术人员，经过短暂的培训后派往市场，为那些一直都在搞养殖服务而苦于不懂技术、无法进行兽药销售的饲料经销商、鸡苗经销商和养殖设备经销商等，提供了销售兽药的机会。这些养殖服务商因为增加了兽药销售环节，提供给了养殖户更大的价值而获得青睐。直到现在，由保吉安倡导的服务营销、终端拦截、人海战术还是很多企业占领市场的重要手段。此阶段，保定冀中、河北征宇、保定冀农、山东信得等优秀企业同样也是行业典范。

5. 伙伴联盟阶段　2005年后，国家强制实施GMP以来，一些势力雄厚，最先拿到GMP证书的企业开始挑起了新一轮的渠道变局。市场走向两极，一类有基础的兽药企业开始进行经销商圈定计划，展开深度营销，大力培训经销商，帮助经销商进行营销模式和赢利模式转型。此方面的杰出代表有河北华润、河南牧翔等。另一类市场基础较弱的企业开始扶持和掌控一些有潜力的经销商，展开自建渠道，尝试连锁加盟。比如南京中牧等。

（摘自：http：//www. muyitang. com/cn/mytsxy. aspx? MC _ ContentID=94）

兽药物流管理

兽药营销的最终目的就是实现兽药从生产者到消费者的有效位移，这其中的物理传输过程也就是兽药物流的活动过程。因此，研究兽药营销很有必要了解兽药的现代物流。

物流是一个传统产业，而作为一个现代产业的概念，物流业在我国尚处于起步阶段，经过20余年的发展，现代物流在社会经济生活中的重要地位已越来越多地为人们所认知和关注。从制造业到流通业，从东南沿海经济发达地区到中西部内陆地区，物流项目如雨后春笋层出不穷，各地、各企业都在制订物流建设规划，提升物流发展技术，培训现代物流人才。

兽药物流作为行业物流之一，以其独特的技术要求、严格的法规体系和产品的固有特性，在物流产业与兽药产业的双重游戏规则中逐步发展成为一个具有巨大发展潜力、相对独立的产业。

一、物流与第三利润源

(一) 物流的定义

物流的概念是在发展中形成的。1985年，美国物流管理协会（CLM）把物流定义为：是以满足客户需求为目的，以高效和经济的手段来组织原料、在制品、制成品以及相关信息从供应到消费的运动和存储的计划、执行和控制的过程。1998年，美国物流管理协会又将其修改为：物流是供应链过程的一部分，是以满足客户需求为目的，以高效和经济的手段来组织产品、服务以及相关信息从供应到消费的运动和存储的计划、执行和控制的过程。新的定义突出了"服务"和"供应链"的理念。2001年颁布的《中华人民共和国国家标准物流术语》（GB/T 18354—2001）对物流的定义是：物品从供应地向接收地的实体流动过程。根据实际需要，将运输、储存、装卸、搬运、包装、流通加工、配送、信息处理等基本功能实施有机结合。

(二) 第三利润源

第三利润源的说法出自日本。从历史发展的角度来看，人类历史上曾经有过两个大量提供利润的领域。第一个是资源领域，通过技术革新实现对原材料的节约称为第一利润源；第二个是人力领域，通过提高劳动生产率从而减少人力成本称为第二利润源。在前两个利润源潜力越来越小、利润开拓越来越困难的情况下，降低物流成本、挖掘物流领域的潜力逐渐被人们所重视，按时间序列便排为第三利润源。

现代物流业的魅力在于它的核心理念，它把整个社会看做一个物流运行系统，用信息系统来整合对顾客、经销商、运输商、生产商、物流公司和供应商之间的管理，让物的流动具有最佳的目的性和经济性，消除整个价值链上的浪费，让每个参与者都能受益，从而提高整个社会的资源利用水平，提高整个社会的生产力，抵消市场经济条件下盲目竞争和调节滞后的制度性缺陷。从这个角度出发，兽药物流第三利润源的特性也因此越来越受到兽药行业的重视。

二、兽药物流的管理

兽药营销中的物流管理，是指为满足消费者的需要，对兽药从制造企业向消费者转移的过程中所进行的计划、组织、指挥、协调和控制。兽药物流管理的基本任务是建立起组织和激励各个部门共同承担和执行兽药物流活动的系统机构，联系与协调各有关机构的活动，使兽药物流活动合理化、系统化，以最少的时间、最好的服务、最少的投入、最多的产出来完成兽药从生产环节向消费环节的转移。

由于兽药物流在时间和空间上的跨度较大，因此，为保证兽药质量，除对兽药物流企业强制要求GSP认证外，国家还出台了一系列的政策法规对其进行规范化管理，《兽药管理条例》和《兽药经营质量管理规范》对兽药的包装、运输、仓储、配送等物流环节也提出了规范性要求。这些都是兽药物流管理中必须遵守的内容。

兽药的运输、仓储、配送是兽药物流管理的主要环节。除此之外，兽药物流的信息管理，如销售预测、分销计划、订单、绩效等方面的管理，也是兽药物流管理的重要方面。而且每个环节都是有机结合在一起的，彼此之间不能分割开来。随着兽药物流管理的深化，兽药物流管理更侧重于运用软件并着眼于建立一种新的兽药物流秩序，逐渐从粗线条过渡到形成物流技术的成熟体系。

(一) 兽药物流的运输管理

1. 运输方式 兽药的运输受兽药固有特性和质量规范的限制，因而在选择运输方式时也有着较为严格的要求。比如生化兽药需要冷藏车，麻醉类兽药的运输要尽量避免或减少中转次数，中成药类要严格控制温、湿度等。

兽药运输有三种基本方式：自营车队直接运送；委托专业运输公司运送；向各种提供以单独装运为条件的运输承运人预订服务。这三种形式的运输就是典型的自营运输、合同运输和公共运输。一般而言，兽药生产企业的兽药运输以其品种少、批量大的特点，适宜于自营运输和合同运输，但对批量不大的品种也可以使用公共运输；兽药批发和零售连锁企业以其品种多、批次多、批量少、采购或配送点分布广等特点，适宜于合同运输和公共运输。目前，采用自营运输形式的兽药生产企业越来越少。

运用合同运输和公共运输时，对运送手段的选择非常重要。从物流合理化的角度来讲，既要充分考虑自身兽药的特点和要求，也要充分了解所提供的运送服务的特点和不足，以便选择并合理地组合各种手段。比如铁路运输速度快，安全可靠，受气候等自然条件的影响较少，但近距离运送的运费比较昂贵；航空运输速度非常快，安全，准时，不受地形、道路的限制，但成本高，非机场附近的城市一般不适宜运用；邮寄成本低，尤其适宜对偏远地区的运送，但速度慢，安全系数低，只适宜于那些价格低、有效期较长、没有特别的包装要求和质量控制标准的兽药。

2. 运输管理的基本原则 兽药运输管理的主要职能是选择合适的运输方式和运输方案，并安排和执行运输计划。一般应贯彻以下五项原则：

(1) 快捷。用最短的时间、最快的速度将兽药送达目的地。

(2) 准确。实物与订单相符，同时防止少发或多发。

(3) 安全。保证兽药、运输工具和工作人员的安全。

(4) 节省。控制、降低运输成本。

(5) 完整。保证兽药的品质、外形及包装不受损。

3. 运输管理的三要素 从物流系统的观点来看，有三个因素对运输来讲是十分重要的，即运输成本、运输速度和运输的一致性。

运输成本是指为两个地理位置间的运输所支付的款项以及与行政管理和维持运输中的存

货有关的费用。兽药物流系统的设计应该在《兽药经营质量管理规范》的指导下，利用能将系统总成本降到最低程度的运输，这意味着最低费用的运输并不一定导致最低的运输总成本。

运输速度是指完成特定的运输所需的时间。运输速度和成本的关系主要表现在以下两个方面：首先，运输商提供的服务越是快速，其实际要收取的费用也越高；其次，运输服务越快，运输中的存货越少，运输间隔时间就越短。因此，在选择期望的运输方式时，重要的问题就是如何平衡运输服务的速度和成本。

运输的一致性是指在若干次装运中履行某一特定的运次所需的时间与原定时间或与前几次运输所需时间的一致性，它是运输可靠性的反映。多年来，运输经理们已把一致性看做是高质量运输的最重要的特征。如果给定的一项运输服务第一次花费两天时间而第二次花费了六天，这种意想不到的变化就会产生严重的物流作业问题。因为如果兽药运输缺乏一致性，需求方就需要一定的安全储备存货，以防预料不到的服务故障。运输一致性会影响买卖双方承担的存货义务和有关风险。随着控制和报告装运状况等信息新技术的应用，兽药运输的一致性已开始有所保障。这其中，速度和一致性相结合是创造运输质量的必要条件。

在兽药物流系统的设计中，必须精确地维持运输成本和服务质量之间的平衡。在某些情况下，低成本和慢运输将是令人满意的；而在另外一些情况下，快速服务也许是实现作业目标的关键所在。发掘并管理所期望的低成本、高质量的运输，是兽药物流管理的一项最基本的责任。

（二）兽药物流的仓储管理

1. 仓库的类型　仓库的类型多种多样。按所有权划分，有营业仓库、公共仓库、私人仓库等；按保管标准划分，有普通仓库、原材料仓库、成品仓库等；按所处位置划分，有海岸仓库、码头仓库、内陆仓库、工厂仓库、城市仓库等；按结构标准划分，有冷藏仓库、恒温仓库、多层仓库、单层仓库、高架仓库或自动化仓库和手工搬运仓库等；按仓库的职能标准划分，有保管仓库和流通仓库等。

营业仓库是指仓储企业界投资建设和经营的，货主单位需要付费才能使用的仓库。对于兽药企业来说，在政策允许的范围内利用营业性的仓库灵活方便，保管效果也很好。流通仓库除具有存储功能外，还具有代理销售、销售服务、组织运输、兽药配送等功能，比如兽药零售连锁企业的仓库等。

仓库规模大小的确定主要应考虑仓库的储存量，同时还应考虑储存的时间及周转速度；仓库位置的选择应考虑客户的地理分布、自然地理条件、运输条件、地价、法律法规等。

2. 现代仓储在兽药物流中的作用　一直以来，仓储讲的似乎就是存货，因而导致很多兽药企业过去都有较高的存货水平。20 世纪 90 年代以来，随着零库存、物流供应链、物流联盟等理论的出现，药品仓储的职能开始向如何以更短的周转时间、更低的存货率、更低的成本和更好的服务为内容的物流目标转变，兽药仓库也不再只是单纯储存兽药的设施，仓库的运转效率大大提高，兽药在仓库的存放时间大大缩短。

现代仓储能为储存的兽药提供时间效用，同时，根据市场需要设计的仓库还能够缩短兽药企业为其客户提供服务的时间，能更快捷地按照客户要求的时间和地点将兽药送到客户手中。随着兽药销售过程中服务附加功能的日益凸显，兽药的现代仓储变得越来越重要。

3. 兽药物流的储存管理

（1）兽药入库管理。包括兽药接运、验收入库、建立兽药存储档案等。

（2）兽药保管业务管理。包括兽药的合理储存、科学养护、盘点和检查等。

（3）兽药出库业务管理。包括详细核对出库凭证（发现错误或疑问要及时同有关部门联系）、核对无误后备货、备货后复查、办理交接手续等。

4. 兽药物流的库存管理 兽药物流库存管理的目标有两个：一是提高对客户的服务水平，二是降低库存成本。兽药库存管理的内容是根据市场的需要和企业的经营战略及目标，决定企业各类兽药的库存数量，此外，兽药经营企业还要考虑各类兽药的采购时间和采购数量。兽药物流库存管理核心是确定企业各类兽药的基本库存、安全库存和周转速度等，并在此基础上确定药品的库存数量。

（三）兽药物流的配送管理

1. 配送的概念 配送是物流中一种特殊、综合的活动形式，几乎包括了所有的物流功能要素，是物流的一个缩影，也是某小范围中物流全部活动的体现。一般的兽药配送集装卸、包装、保管、运输于一身，通过这一系列活动完成将兽药送达的目的。而特殊的兽药配送则还要以加工活动（比如拆零配送时的再包装）为支撑，所以包括的方面更广。但是，兽药配送的主体活动与一般兽药物流却有不同：一般兽药物流是运输及仓储，而兽药配送则是运输及分拣配货。

兽药配送作为兽药企业发展中的一个战略手段，已从历史上的一般性送货，发展到以高技术方式支持的、作为企业发展战略手段的配送，是现代市场经济体制、现代科学技术和系统物流思想的综合体现，和人们一般所熟悉的“送货”有本质上的区别。兽药配送的效率以及服务质量直接影响着兽药经营企业物流的状态，进而影响整个兽药营销的利润。这在兽药零售连锁企业中表现得尤为突出。兽药配送中心是兽药零售连锁企业实现配送功能的场所，其运作效率直接影响兽药配送的效果，进而影响企业的整个经营活动。建设一个符合规定标准的兽药物流配送中心，是兽药零售连锁企业审批时的必备条件之一。另外，兽药营销渠道的扁平化趋势，使得兽药生产企业近年来纷纷加入到兽药终端配送的行列，不少兽药生产企业一改只向代理商、批发商配送的现状，不断将触角伸向动物诊疗医院、兽药零售店，把兽药配送领域的竞争推向了白热化。

2. 兽药物流中心 随着兽药流通渠道的变革，配送能力已成为兽药物流企业的核心竞争因素之一。大型兽药批发企业物流改革的目标模式一般是成为适应网络经济时代要求的兽药物流中心。这既不同于传统的批发企业模式，又不同于一般的单纯配送模式，而是采取供应链管理模式，以物流中心为平台，与兽药生产企业及其他兽药供应商（上游企业）和兽药零售商及其他分销商（下游企业）建立一种面向市场的供应系统，提高兽药分销效率，并形成相对稳定的产销联盟网络。在这个联盟内，兽药生产企业、物流中心、零售商等根据自身的资源条件进行合理分工，面对最终市场的需求状况，在生产品种、供货数量、供货时间、供货方式等方面相互协作，从而形成一种新型的兽药流通体制。这就要求批发商必须建立强大的技术支撑和信息交流系统；通过兼并、联合中小型批发商，使其成为批发配送网络的节点企业，充分利用他们已有的配送资源，不断完善和合理规划自身的兽药物流配送网络；并将不具备兽药物流功能的制药企业、零售商作为自己的目标顾客，通过自己的兽药物流配送网络将制药企业的产品迅速、准确、及时、低成本地销往目的地，为零售商提供量少、高频、及时的兽药物流配送服务，以满足其减少库存的要求。这样一来，兽药生产企业利用兽药物流中心进行配送，零售商从兽药物流中心配货，既可以降低成本，又可以优化配置资源，且兽药物流中心也能得到更好的发展，收到更大的效益，从而达到“三赢”的目的。因此，大、中型兽药批发企业应加快改革和发展，建立社会化的兽药现代物流中心，为上、下游企业提供完善的物流服务，这是兽药批发企业的发展方向。

3. 兽药物流配送的一般流程及管理 兽药配送的作业流程是指兽药配送中心运作的基本工作程序，一般表现为：备货—验收入库—存放—分拣—包装—分类—出货—检查—装货—送货。在具体运作过程中还会产生一系列表单及信息，必须把每一个环节都纳入相应的管理系统。与此相对应的兽药物流配送管理有以下几种：

(1) 信息管理。兽药物流配送的信息管理是因配送活动的需要而产生的。现代兽药物流配送活动中信息的绝对数量在不断增加，但信息流量在不同时间段的差别很大，信息的发生地点、处理地点、传送对象极其分散，兽药物流和信息流、物流和商流等之间的关系越来越密切。这一切都要求兽药的物流配送必须全面采用计算机来管理相关的配送信息，才能保证高效率的兽药配送。

(2) 分拣管理。大型兽药物流配送中心的兽药品种、剂型数以万计，下游客户数量多且分布范围广，配送要求大多数具有批次多、批量少、品种多、限时送达等特点，有些需拆零配送的品种还要重新包装。在这种情况下，兽药分拣作业就成了配送中心内部工作量最大的一项工作。

(3) 储存管理。由于兽药的质量控制要求非常高，按照GSP的要求，兽药物流配送中心还要开展对兽药的科学养护和效期管理工作，并承担为客户储存兽药的任务。储存管理要保证仓库内兽药质量、包装的完好无损。

(4) 运输管理。运输部门是兽药物流配送中心的一个重要部门，安全、及时、准确地送达客户手中是运输管理绩效的具体表现。

(四) 第三方物流

所谓第三方物流，就是由供方与需方以外的物流企业提供物流服务的业务模式。第三方兽药物流就是兽药生产、经营企业为集中精力搞好主业，把原来属于自己处理的一部分兽药物流业务，以合同方式委托给专业的兽药物流服务企业，同时通过信息系统与这些物流服务企业保持密切联系，以达到对兽药物流全程管理和控制的一种兽药物流运作与管理方式。

影响我国第三方兽药物流发展的主要原因有以下几点：

(1) 由于国家GSP认证门槛较高，要建一个符合标准要求的兽药物流配送中心的投资很大，在目前有限的业务需求和前期的巨额投入之间，企业在这方面投资时自然会有所顾虑。而有些专业的第三方物流企业虽然在仓储、运输等方面符合GSP标准，但由于一些地区的兽药产业规模有限，第三方兽药物流的业务量不足，导致现有设备闲置。这些都不同程度地影响着第三方兽药物流的发展。

(2) 兽药物流配送上品种多、批次多而量少的特点，导致了兽药物流工作的繁琐和利润的相对微薄，这与其在时间、质量管理上的高要求不协调。在利润至上的经济时代，这一格局自然难以吸引投资。

(3) 过去兽药企业都有各自不同规模、不同水准的物流体系，尽管其与现代兽药物流的要求相距遥远，但一下子要废除这些体系企业还暂时下不了决心，将其改造又谈何容易。因此，本应成为第三方兽药物流主体的兽药经营企业也暂无大的动作。

(4) 物流行业的信息化程度、兽药流通领域在标准化方面的欠缺等都不同程度地制约着第三方兽药物流的发展。

在目前我国的兽药物流市场中，第三方兽药物流还处于起步阶段。然而随着兽药分销领域的放开、国际物流巨头的进入，提供专业兽药物流服务的第三方兽药物流必然成为一个新的经济增长点。随着现代兽药企业经营方式的变革和市场外部环境的变化，第三方兽药物流这种物流形态也已开始引起业界人士的重视，并对此表现出极大的兴趣。

小结

兽药营销渠道指兽药从生产者向消费者转移过程中经过的通道。狭义的渠道仅指各类批发商和零售商。兽药批发商指从事将兽药销售给为了转售而购买的人的各种活动的组织或个人。兽药零售商指将兽药直接销售给最终消费者的组织或个人。

兽药销售渠道模式包括金字塔式传统模式、扁平化渠道模式、伙伴型渠道模式、大终端模式、技术服务模式、专业代理模式和连锁经营模式。

影响兽药营销渠道选择的因素有兽药特性、市场特性、竞争特性、顾客特性、企业特性、分销商特性等，还受到国家政策和法律法规的影响。

兽药营销渠道选择时要遵从三个标准：产品适应性原则、目标消费者原则、选择经销商的标准，通过确定营销渠道的长度和分销商的级次、确定营销渠道的宽度、评估分销商和确定渠道成员的责任四个步骤确定兽药营销渠道。

兽药营销渠道运作要经过四个阶段：宣传造势与利益诉求、市场成功的突破、分销渠道跟进和渠道管理系统与维护，还有要选择合适的方法来控制兽药营销渠道。

兽药物流的管理分为运输管理、仓储管理和配送管理。

小测验

1. 兽药营销渠道的类型包括（　　）。
   A. 直接渠道　　B. 间接渠道　　C. 长渠道　　D. 短渠道
2. 长渠道属于（　　）。
   A. 直接渠道　　B. 间接渠道　　C. 单渠道　　D. 多渠道
3. 某种兽药适用范围广、市场分布区域宽，这属于（　　）。
   A. 兽药自身特性　　B. 市场特性　　C. 竞争特性　　D. 顾客特性
4. 兽药运输要遵循的原则有（　　）。
   A. 快捷　　B. 准确　　C. 安全　　D. 节省
   E. 完整
5. 简述兽药营销渠道选择的步骤。
6. 简述兽药营销渠道运作的四个阶段。
7. 简述营销渠道的管理和控制。
8. 简述兽药配送的一般流程。

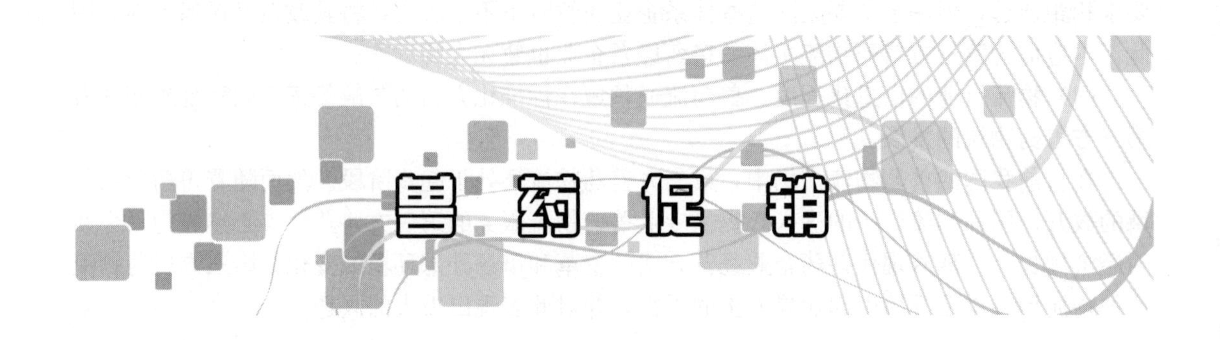

【基本知识点】

◆ 理解兽药促销组合

◆ 熟悉兽药促销人员的要求

◆ 掌握兽药企业常用的营业推广方式

【基本技能点】

◆ 选择兽药促销适宜方式的能力

◆ 有效开展兽药促销的能力

导入案例

网络制胜赢利模式

河南省新密市是一个养殖老区，2005 年有 400 万的存栏，近 1 600 家养殖户，280 家兽药经营门市，养殖户用药知识丰富，市场竞争激烈。新密市正德饲料兽药量贩门市部成立于 2005 年 3 月，负责人马观厅深知市场竞争的白热化，用 3 年时间通过营销手段创新提高了门市部的影响力：他在电脑上建立详细的客户档案，包括养殖户的个人详细情况、家庭情况以及家畜的发病情况等，及时与养殖户建立联系并提供服务；他通过举行推广会开展销售促进，如发放宣传手册、评选养殖带头人并发奖、送购买积分、赠送小家电等；他不断地宣传自己门市部的经营文化；他还建立了短信平台，每隔一两天就发布一次信息，如预防信息、新产品动态等。通过采用各种营销手段，马观厅的量贩门市部的美誉度不断提高，销售业绩直线上升。

[摘自：袁芳 .2009. 四种经销商赢利模式 [J]. 兽药市场指南(6).]

思考题：

1. 马观厅促销模式的成功之处在哪里？

2. 采用案例中的促销模式要注意什么？

兽药促销策略

企业不仅要生产、销售适销对路的好产品，还要通过各种途径进行促销。现代商战实质上是一个促销大战，电视、广播、报纸、杂志等随处可见广告宣传，买一送一、积分等各种

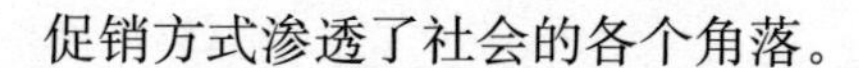

促销方式渗透了社会的各个角落。

一、兽药促销的含义及作用

兽药促销一般可理解为促进兽药的销售，是对经营者或消费者提供购买激励的一种活动，以促进其购买某一特定兽药。由此可见，促销活动是一种宣传行为，是企业向目标市场宣传介绍其兽药的特点，引导和激发医疗单位和消费者的购买欲望，以实现现实和潜在的购买行为。促销目的是提高消费者购买的积极性，或者是宣传某一企业、产品，提高企业、产品在消费者中的认知度，或者是提高兽医、零售兽药店店员对本企业兽药产品的推荐率，或者是提供一种服务。

营销本身包括买和卖两个方面，要使营销能顺利进行，就需要沟通信息。没有“信息”的沟通，买卖双方便不可能实现销售。因此，促销的实质就是买卖双方间互通信息，增进了解，以唤起顾客需求，引导顾客的购买动机，实现兽药的销售。同时，也可以通过信息反馈取得消费者的意见，为达成交易创造有利条件。具体说来，促销主要有以下几方面的作用：

1. 传递信息、引导消费　一种兽药进入市场以后，甚至在尚未进入市场的时候，为了使更多的消费者知道这种兽药，就需要生产者及时提供兽药的情报，向消费者介绍产品，引起他们的注意。大量的中间商要采购适销对路的兽药，也需要生产者提供情报。同时，中间商也需要向零售商和消费者介绍兽药，以便沟通情报，达到促销的目的。

2. 扩大需求、促进成交　生产者向中间商和消费者介绍兽药，不仅可以诱导需求，有时还能够创造需求。当某一种商品的销售量下降时，通过适当的促销活动，可以使需求得到某种程度的恢复和提高。

3. 突出特点、稳定销售　在同类产品竞争比较激烈的情况下，消费者往往不易察觉产品之间的细微差别。企业可以采取促销活动，突出宣传自己产品区别于竞争产品的特点，使消费者认识到本企业产品会给消费者带来的特殊利益，使消费者愿意购买本企业的产品。企业可以通过促销活动，使更多的消费者形成对本企业产品的偏爱，达到稳定销售的目的。

二、兽药促销组合及其影响因素

兽药促销包括人员推销和非人员推销两大类。在非人员推销中，又有广告、营业推广、公共关系等多种形式。促销组合是把人员推销、广告、营业推广等具体形式有机地结合起来，综合运用，形成一个整体的促销策略。每种促销形式各有其特点（表8），只能适用于一定的市场环境，但各种促销形式又相辅相成，营销人员需根据产品的特点和营销目标，灵活选择和运用各种促销形式，使促销效率最高而促销费用最低。

表8　各种促销方式的比较

促销方式	特　点	优　点	缺　点
人员推销	直接对话 培养感情 反应迅速	推销方式灵活，能随机应变， 易于激发购买兴趣，促成交易	接触面窄 费用大 人才难觅

（续）

促销方式	特　点	优　点	缺　点
广告	公开性 渗透性 表观性	触及面广，能将信息艺术化，并能多次反复使用	说服力较小，难以促成即时购买行为
营业推广	吸引顾客 刺激顾客 短期效果	吸引力较大，直观，能促成顾客即时购买	过多使用可能引起顾客的反感、怀疑

促销组合受多种因素的影响，这些因素包括以下几种：

1. 促销目的　企业的促销目的不同，促销组合也不同。例如，以增进市场占有率为目的的促销活动和以提高企业形象为目的的促销活动，其促销组合的编配和运用是不同的。因此，促销组合必须做到有的放矢。

2. 产品性质　产品性质不同，促销组合也不同。如需要提供技术服务才能使用的兽药，则使用技术人员推销；而常规兽药主要是通过广告或营业推广作为促销手段。

3. 市场特点　不同的市场情况要采用不同的促销策略。

（1）市场地理范围的大小。向小规模本地市场进行促销，应采用人员推销为主；但在全国性市场进行促销，应多采用广告和文字宣传。

（2）市场类型。针对不同的市场类型采用不同的促销组合。如非处方药以广告、营业推广为主，处方药以人员推销为主。

（3）市场上潜在顾客的数量。市场上潜在顾客多的，应主要采用广告宣传的方法；反之，潜在顾客少，使用人员推销可能效果好。

4. 促销预算　企业用于促销的财力是有限的，不同的企业、不同的产品使用的促销组合策略不同，其促销预算应有所不同。

学习卡片

有效促销的操作要点

1. 做好促销企划

（1）确认促销目的。即采取本次促销其主要目的是什么，是为了增加整体销售额，提高市场占有率，还是为了提高企业的知名度，或是推广一种产品，或是挤压竞争对手等。

（2）确定促销对象。对兽药企业来说促销的对象有三类：即养殖户，中间商以及企业的销售或技术人员。在确定促销对象时应根据促销目标选择其中的一类或几类。

（3）选择促销时机。对兽药企业来说，选择促销时机一般从以下几个方面进行：新产品上市时、季节性产品需求时、市场上出现某种需求时、养殖户行情出现好转时、具备“清理门户”的能力时等。

（4）选择促销方法。常见的促销方式有：有奖促销、赠送礼品、回款折扣、旅游观光、学习培训、累积返还、赠送产品、知识竞赛、销售竞赛、预付款奖励等。

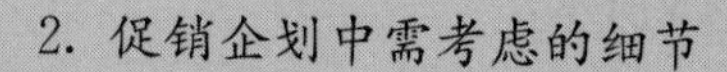

2. 促销企划中需考虑的细节

（1）组建临时性机构。对兽药企业来说一个成功的促销涉及销售部、技术部、生产部、企划部、财务部、采购部等多个部门之间的协调与合作，组建一个临时性的机构，便于统一管理，协调各部门之间统一行动，进行有效的分工合作，避免出现部门各自为政的局面。

（2）方案推广。只有在让促销者和促销对象对促销方案充分理解的情况下，促销才会成功。因此促销方案的推广就显得尤为重要，一般促销方案的推广采取媒体广告、人员告知、宣传单页或集中讲解等方法。

（3）注意执行力度。执行力度是指在进行促销时，应执行到位，避免在执行链上打折扣。

（4）产品需求预测及准备。应根据多种因素并对之进行分析，以对促销结果进行预测，在预测的基础上准备充足的货源，避免出现中途断货或赠送礼品不足等现象。

3. 注意促销后遗症

（1）退货问题。一些企业经常出现“前脚促销，后脚退货”的现象。为避免中间商或养殖户退货，应注意促销时机选择，尽量不鼓励不顾销售或使用能力而盲目压货，一般来说压货不得超过其三个月的销售能力。

（2）竞争者跟进。注意在销售方案实施时，有可能会出现竞争者跟进，且促销力度更大的情况，如果不考虑后果与其进行针锋相对的竞争，最后的结果则会两败俱伤，所以促销时尽量不要具有针对性，并且适可而止。

（3）边际效应递减。指的是频繁促销对促销对象的刺激性会越来越低。一般来说，兽药企业促销活动每年最好不超过两次，每次最好不超过两个月。

（摘自：http：//www.fjxmw.com/html/jygl/jszd/11242.html）

三、兽药促销的两个基本策略

（一）推动策略

推动策略是指用人员推销手段，把兽药推进目标市场的一种策略，即生产者将兽药积极推到批发商手上，批发商又积极地将兽药推向零售商，零售商再将兽药推向消费者。推进过程如图 17 所示。

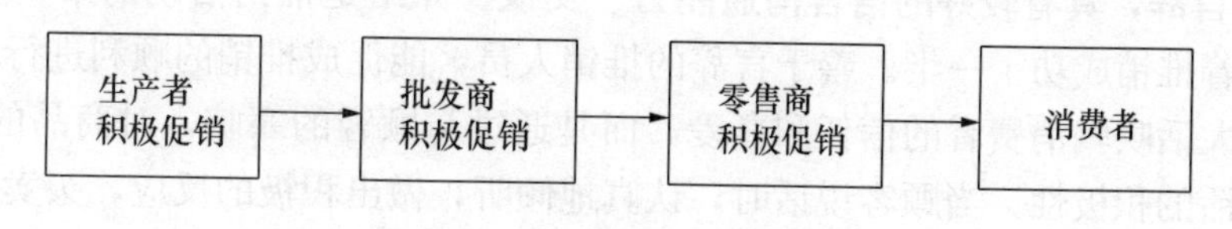

图 17　推动策略示意图

（二）拉引策略

拉引策略是指企业用非人员促销方式，特别是用广告宣传的方式，刺激消费者的需求和购买欲望的策略，即企业针对消费者进行广告宣传活动，引起消费者注意，刺激消费者的需求。如果广告宣传做得有效，消费者就会向零售商要求购买该产品，零售商会向批发商要求进购该产品，批发商又会向生产者要求购买该产品，如图 18 所示。

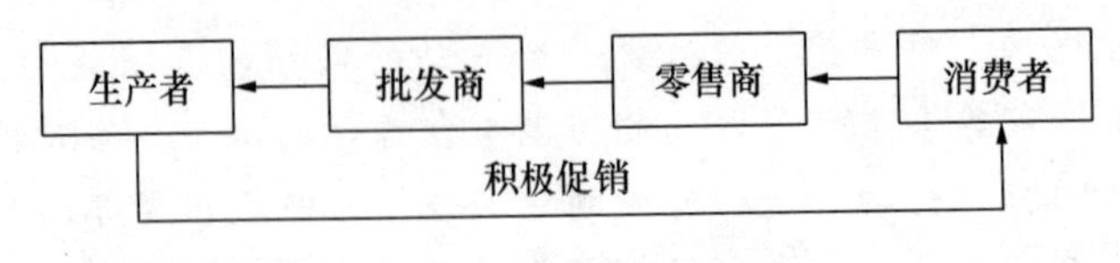

图 18　拉引策略示意图

兽药人员推销

一、人员推销的含义

所谓人员推销是指企业销售人员通过与顾客（或潜在顾客）的人际接触来推动销售的促销方法。

人员推销是一种最古老的推销方法，但它具有机动灵活地实现信息双向沟通的优点，这一优点是其他促销方法无法比拟的，所以这种古老的促销方式至今仍具有强大的生命力。尤其是兽药的销售更是离不开人员推销。

二、对兽药推销人员的要求

1. 掌握企业知识　在营销前，首先应向客户介绍自己的公司，所以，对公司的各种情况都应了如指掌。尤其是和陌生顾客之间建立信任感的时候，公司的信誉更能发挥作用。顾客可能不认识推销人员，但他肯定记得那些著名公司的名字。通常顾客知道名声卓著的大公司注重产品质量，并且知道大公司都会聘用高素质的员工，所以当推销人员推销公司的招牌时，其实就是在推销自己。

推销人员如果代表的是一家小公司或名气不大的公司，那就必须靠自己的本事，集中精力建立起良好的信誉，充分利用自身的优势向顾客展示公司的特点。不管代表的公司规模是大还是小，从某种意义上讲，推销人员就是“公司”，就是顾客眼中的“公司”。

2. 掌握兽药的基本知识　这是推销人员开展工作的最基本要求。兽药是特殊商品，专业性特别强，因而推销人员应先对所推销的商品有一个正确透彻的认识，不仅要掌握本企业所生产或经营的兽药的特点、性能、价格、销售等方面的情况，还要掌握兽药的作用、配伍禁忌、用法、用量等知识。这样对购买者进行说服、推荐时会更加有针对性。

3. 善于言辞，具有较好的语言沟通能力　交谈、介绍是推销活动的第一步，融洽的交谈往往意味着推销成功了一半。善于言辞的推销人员，能促成推销的顺利进行。但善于言辞不是吹牛说大话哄骗消费者的信任和喜爱，而是通过与顾客的寒暄，对商品的介绍、推荐，调动顾客说话的积极性。当顾客说话时，认真地倾听，做出积极的反应，买卖双方通过融洽的交谈、沟通，可提高销售效率和效果。

4. 善于察言观色，具有较强的应变能力　在推销洽谈中，顾客的购买意图往往是若隐若现的，成交信号也是稍纵即逝。而且不同顾客在性格、爱好等方面均有差异，这就需要推销人员通过顾客的说话方式、面部表情等的变化，洞察顾客的心态，做出正确的判断，看准火候，把握成交时机，促成交易的实现。例如，说：“您买不买，别犹豫了，交钱吧。”顾客会扭头就走。说：“您真心喜欢吗？如果您真心喜欢我在价格上给您一点优惠。”没有强迫的

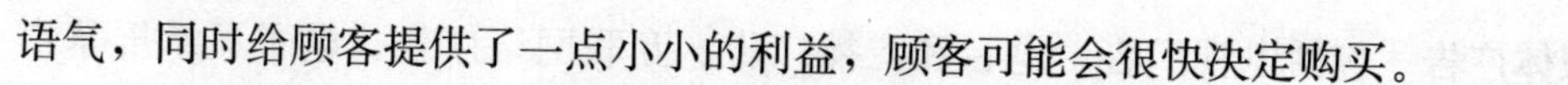

语气，同时给顾客提供了一点小小的利益，顾客可能会很快决定购买。

5. **具有较强的上进心和锲而不舍的敬业精神** 销售往往是从被拒绝开始的，销售人员必须有屡败屡战的决心和愈挫愈勇的心理素质，手勤、脚勤、口勤是对销售人员的基本要求，待人诚恳、有韧性、有销售的欲望、有赚钱的欲望是销售成功的基本条件。

6. **注重仪容、仪表、仪态，待人接物举止规范，有修养** 无论是药店代表还是技术人员，仪容、仪表、仪态是形成第一印象的重要元素，第一印象影响着对方对你的判断和评价，并将影响之后交往的成败。待人接物举止规范、有修养是与顾客“相识”、产生信任感的重要条件。仪容、仪表、仪态美和规范地待人接物，对顾客具有很强的亲和力、感染力和吸引力，是商品得以销售的潜在动力。

兽药广告宣传

在当今信息社会，广告无处不在，且越来越精彩。

一、广告的概念

广告是广告主付出一定的费用，通过特定的媒体传播商品或劳务的信息，以促销商品或服务为主要目的的一种信息传播手段。这个定义概括为：广告的对象是广大消费者，形式是大众传播；广告的手段是通过特定的媒体来进行的，对租用的媒体要支付一定的费用；广告的内容是传播兽药或技术服务方面的经济信息；广告的目的是为了兽药或技术服务取得利润。

二、广告的种类

（一）按广告主的直接目的分类

可分为兽药产品广告和企业形象广告。

（二）按广告的范围分类

可分为全国性广告、区域性广告和地方性广告。

（三）按广告的内容分类

可分为开拓性广告、竞争性广告、引导性广告、强化性广告和声势性广告。

（四）按广告的传播媒介分类

这种分类法样式繁多，几乎所有作为宣传载体的媒介，都被商家所利用。按其主要传播媒介可以分为以下几类：

1. **印刷品广告** 包括报纸广告、杂志广告、电话簿广告、画册广告等。

2. **邮寄广告** 即采用邮寄的方式向消费者传达产品信息，推销兽药，宣传企业，主要有销售函件、宣传画册、产品目录和说明书、明信片、挂历、邮寄小礼品等广告形式。

3. **户外广告** 主要有路牌广告、交通广告、招贴广告、霓虹灯广告、气球广告、传单等。

4. 电子媒体广告 包括电视广告、电台和广播广告、互联网络广告、电子显示屏幕广告以及幻灯片、扩音机、影碟录像广告等。

5. POP广告 即售点广告，如柜台广告、货架陈列广告、圆柱广告以及在兽药店内的传单、彩旗、招贴画等，目的是为了弥补一般媒体广告的不足，以强化零售终端对消费者的影响力。

6. 其他广告 如馈赠广告、赞助广告和手提包广告、雨伞广告等。

常用广告媒体的特性如表9所示。

表9 常用广告媒体的特性

媒 介	优 点	缺 点
电视	形象逼真，感染力强； 高接触度，可重复播放； 收视率高，深入千家万户； 表现手法丰富多彩，艺术性强	成本高， 播放时间短，广告印象不深； 播放节目多，容易分散对广告的注意力； 广告靶向性弱
报纸	可信度高； 宣传面广，读者众多； 费用低廉，制作方便； 时效性强	寿命短； 传阅者少； 登载内容多，分散对广告的注意力； 单调呆板，不够精美，创新形式有限制
广播	费用低； 覆盖面广，传播快； 制作简便，通俗易懂； 灵活多样，生动活泼	听众分散； 创新形式受限制； 有声无形，印象不深； 转瞬即逝，难以记忆和存查
杂志	专业性强，针对性强； 发行量大，宣传面广； 可以反复阅读、反复接触； 印刷精美，引人注目	发行周期长，时效性差； 篇幅小，广告运用受限制； 专业性强的杂志接触面窄； 登载内容精彩，分散对广告的注意力

三、广告媒体选择的影响因素

不同的广告媒体有不同的特性，这决定了企业从事广告活动必须对广告媒体进行正确选择，否则将影响广告效果。正确选择广告媒体，一般要考虑以下影响因素：

1. 产品的性质 不同性质的产品有不同的使用价值、使用范围和宣传要求。高技术产品和一般性用品、价值较低的产品和高档产品、一次性使用的产品、耐用品等都应采用不同的广告媒体。对兽药企业来说，通常高技术含量的产品进行广告宣传，应面向专业人员，多选用专业性杂志；而对一般性用品、价值低的产品进行广告宣传，则适合选用能直接传播到大众的广告媒体，如广播、电视等。

2. 消费者接触媒体的习惯 选择广告媒体时，还要考虑目标市场上消费者接触广告媒体的习惯。一般认为，能使广告信息传到目标市场的媒体是最有效的媒体。

3. 媒体的传播范围 媒体传播范围的大小直接影响广告信息传播区域的宽窄。适合全国各地使用的产品，应以全国性的报纸、杂志、广播、电视等作广告媒体；属地方性销售的产品，可通过地方性报刊、电台、电视台、霓虹灯等传播信息。

4. 媒体的影响力 广告媒体的影响力是以报刊的发行量和电视、广播的视听率高低为标志的。选择广告媒体应把目标市场与媒体影响程度结合起来，能影响到目标市场每一个角落的媒体是最佳选择。

5. 媒体的费用 各广告媒体的收费标准不同，即使同一种媒体，也因传播范围和影响力的大小而有价格差别。考虑媒体费用时，应该注意其相对费用，即考虑广告促销效果。如果使用电视做广告需支付20 000元，预计目标市场收视者2 000万人，则每千人支付广告费是1元；若选用报纸作媒体，费用10 000元，预计目标市场收阅者500万人，则每千人广告费为2元。两者相比较，应选用电视作为广告媒体。为了正确地选择各种广告媒体，实现广告目标，企业在选择媒体之前，还必须对媒体的接触度、频率和效果做出决策。接触度是企业必须在一定的时期内使多少人接触广告。频率决策是企业决定在一定时间内，平均使每人接触多少次广告，过多则费用太高，过少则难以加深记忆。

总之，兽药企业要根据广告目标的要求，结合各广告媒体的优缺点，综合考虑上述各影响因素，尽可能选择使用效果好、费用低的广告媒体。

四、广告定位策略

在信息和广告泛滥的时代，人们唯一能够记住的或许就是单一的信息广告，它给消费者一个轻松接纳信息的机会，有利于信息注意度的形成；同时，也向消费者提供唯一的选择。如“今年过节不收礼，收礼只收脑白金”就是一个典型的例子，现在国内60%以上的人过年过节买礼品时，都会想起这个广告，使这个产品占领了相当的市场份额。兽药品种繁多，同类产品种类也多样，要使产品获得竞争优势，就要树立产品的独特个性，即找准产品在市场竞争中的位置，在目标消费者中树立该产品的稳固印象。兽药广告定位常用的方法有以下几种：

1. 品质定位 在广告诉求中突出该产品良好的具体品质，以求在同质的同类产品竞争中突出个性。

2. 功效定位 在广告诉求中突出该产品的特殊功效，显示其在同类兽药中的区别和优势。

3. 市场定位 在广告诉求中将产品宣传的对象定在最有利的目标市场上，以形成集中的广告攻势。

4. 广告通路聚焦 美国著名营销专家托马斯·柯林斯指出：“媒体选择的效果最大化，意味着企业要对每一个特殊机遇保持警觉，特别要关注最有优势的媒体对于最大化营销的作用。”如针对集约化养殖用药，应当选择学术性、专业性较强的期刊。

5. 广告投放聚焦 企业无论多么有实力，也代替不了兽医或养殖户的接受能力和接受方式。如今产品多、媒体多、广告多，但兽医或养殖户的品牌承受能力却不会增长，在这种情况下，要想把产品和品牌植入兽医或养殖户的心中，企业必须集中再集中、简单再简单，使企业与品牌信息的传播有很强的针对性，这样才会引起兽医或养殖户的关注。

6. 广告管理聚焦 在企业的市场营销组合中，广告作为最重要的信息传播与促销手段，在具体运用中肯定需要大笔的费用，一般情况下，这笔费用要占到企业营销总开支相当大的一部分。因此，企业广告管理必须坚持聚焦法则，采取集权管理，这是整合营销传播的要求，也是品牌一律的要求。经销商为产品或品牌做广告，更倾向于促销广告，但促销广告一旦掌握不好，对品牌资产的积累与品牌的长期发展都将产生不利的影响。同时，经销商选择的广告媒体，多为自己熟悉的媒体以及折扣给的高的媒体，对于经销商来说，地方性的媒体是其首选。

7. 广告定位聚焦 广告管理是品牌管理中最核心的部分。无论是产品的卖点，还是兽医或养殖户的买点，抑或是营销沟通主题，都具有阶段性的同一、统一的基本特点，再加之出于树立产品品牌、企业品牌及产业品牌形象美誉度的需要，广告的投放要有完善的计划和系统科学的管理。

五、广告效果的测定

1. 广告销售效果测定 主要是测定广告费投入对销售额的影响程度。

$$销售效果比率=\frac{销售额增加率}{广告费用增加率}\times 100\%$$

广告费用增加率越小，销售额增加率越大，表示广告效果越好。

2. 广告本身效果测定 主要是测定广告信息对目标顾客心理效应的大小，包括对商品信息的注意、兴趣、情绪、记忆、理解等心理活动的反应。测定的项目主要有：注意度、知名度、理解度、记忆度和视听率等。这种评估应该在广告发布前后分别进行测试以形成对比，还可利用一些现代工具进行测试。

兽药的营业推广

营业推广在整个销售组合中是一种辅助性活动，是一种短期的宣传行为，很少单凭营业推广来维持企业经营的，人们常把它作为争取短期效益的战术手段使用。营业推广一般可以达到以下目的：促使已使用者大量购买，吸引尚未使用的顾客群，维持现有的顾客，增加产品的使用效率，抵制竞争品牌的威胁，提高兽医、零售兽药店店员对促销产品的推荐率。不同的促销目标，采用不同的促销策略。因为兽药是一种特殊商品，在兽药营销中，营业推广的形式不一定都可行。

一、营业推广的概念

营业推广又称特种推销、促销，是指为了在一个比较大的市场中刺激需求，扩大销售而采取的鼓励购买的各种措施。诸如降价、商品陈列、表演和许多非常规、非经常性的销售尝试。

二、营业推广的作用

1. 可以吸引消费者购买 这是营业推广的首要目的，尤其是在推出新产品或吸引新顾客方面，由于营业推广的刺激比较强，较易吸引顾客的注意力，使顾客在了解产品的基础上采取购买行为，也可能使顾客为追求某些方面的优惠而使用产品。

2. 可以奖励品牌忠实者 因为营业推广的很多手段，譬如销售奖励、赠券等通常都附带价格上的让步，其直接受惠者大多是经常使用本品牌产品的顾客，从而使他们更乐于购买和使用本企业产品，以巩固企业的市场占有率。

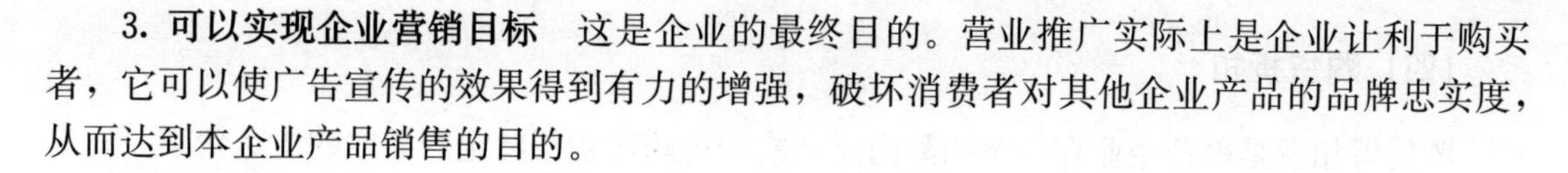

3. 可以实现企业营销目标 这是企业的最终目的。营业推广实际上是企业让利于购买者，它可以使广告宣传的效果得到有力的增强，破坏消费者对其他企业产品的品牌忠实度，从而达到本企业产品销售的目的。

三、营业推广的优缺点

营业推广这种促销方式的优点在于短期效果明显。一般来说，只要能选择合理的营业推广方式，就会很快地收到销售明显增加的效果，而不像广告和公共关系那样需要一个较长的时期才能见效。因此，营业推广适合于在一定时期、一定任务的短期性促销活动中使用。

营业推广的缺点主要表现在以下几个方面：

1. 影响面较小 营业推广只是广告和人员销售的一种辅助促销方式。

2. 刺激强烈，但时效较短 它是企业为创造声势获取快速反应的一种短暂促销方式，顾客容易产生疑虑。过分渲染或长期频繁使用，容易使顾客对卖者产生疑虑，反而对产品或价格的真实性产生怀疑。

营业推广是能强烈刺激需求，扩大销售的一种促销活动。与人员推销、广告和公共关系相比，营业推广是一种辅助性质的、非正规性的促销方式，虽能在短期内取得明显的效果，但它不能单独使用，常常需要与其他促销方式配合使用。

四、兽药企业常用的营业推广方式

针对消费者的营业推广的常见方式有：折价券、游戏、退费优待、展销、服务促销、消费信贷等。针对中间环节的营业推广的常见方式有：价格折让、商店折价券、店面或柜台宣传品、经销津贴、代销、免费附赠补贴、陈列竞赛等。针对推销人员的营业推广的常见方式有：红利提成、特别推销金、推销竞赛等。

（一）赠送样品

赠送样品是指向消费者提供一定量的服务或产品，供其免费试用。赠送样品是介绍新产品最有效的方法，这种形式可以鼓励消费者认购，也可以获取消费者对产品的反映。但是费用较高，对高价值产品不宜采用。赠送样品可以有选择地赠送、也可以在其他产品中附送，或者采用公开广告赠送、入户派送等方式。

（二）附送赠品

附送赠品是指顾客购买特定兽药时，可以免费获得一份非促销商品赠品的促销活动。附送赠品的目的是争取竞争性兽药的潜在消费者，所以赠品是否有吸引力非常重要。好的赠品能激发消费者的购买欲望，并促使其实施购买行为，甚至对兽药品牌产生好感；而不好的赠品则恰恰相反。好的赠品价值不一定高，但应有纪念意义，是市场上难以买到的产品。

（三）减价促销

减价促销是为了在零售市场上争取更多的市场份额而采用的，在国家允许的范围内下调价格的促销方式。

（四）购货折扣

购货折扣就是兽药企业在一定期限内对到终端兽药店购买特定产品或购买达到某一规定数量时做出特殊的价格折扣。这种促销方式适合季节性产品、新产品开拓市场。购货折扣的形式可分为现金折扣、数量折扣、季节性折扣和实现定额目标折扣四种：

1. 现金折扣 对当时或按约定日期付款的终端给予一定比例的折扣。主要用于鼓励提早付款，加快资金周转，减少呆账和利息损失。

2. 数量折扣 指按照到终端兽药店购买数量的多少，分别给予不同比例的折扣。采购量愈大，折扣愈多。主要用于鼓励大量购买。

3. 季节性折扣 指季节性较强的兽药，快过或已过销售旺季，购买时给予的折扣。主要用于鼓励终端储存该兽药，加速资金周转。

4. 实现定额目标折扣 一般用于半年或年末结算时，如果终端兽药药店达到一个事先设定的目标，就给予一定的折扣。主要用于鼓励终端的定向购买。

（五）醒目位置陈列

醒目位置陈列是生产企业为使自己的兽药被客户所注意，通过给销售终端一定的费用，使自己的兽药摆在最醒目的位置，扩大兽药销售而进行的兽药摆放促销形式，是兽药企业和终端兽药店双方互惠互利的形式，而不应是企业主动、兽药店被动的促销活动。

五、兽药企业进行营业推广时应考虑的因素

营业推广的形式多种多样，各有其适用的范围和条件。企业进行营业推广时要考虑的主要因素有以下几种：

1. 兽药营业推广的目的 对消费者来说，营业推广的目的是为了鼓励经常购买和重复购买，同时吸引新购买者试用，对品牌知晓和产生兴趣等；对中间商来说，则是为了鼓励非季节性购买，促使中间商购买新的兽药和提高购买水平；对推销人员来说，是为了刺激非季节性销售，鼓励对新兽药的支持，鼓励其取得更高的销售水平等。因此，企业在选择营业推广时必须适应市场类型的特点和相应的要求。

2. 兽药营业推广的优惠幅度 营业推广时的优惠幅度是活动成败的关键。幅度并非越大越好；当然，如果太小，引不起消费者的注意，也是没有效果的。一般原则是要能引起营业推广对象的注意。如品牌知名度高，市场占有率高的兽药，优惠幅度可小；品牌知名度低，市场占有率低的兽药，优惠幅度要大一些。

3. 兽药营业推广的期限 营业推广的时间安排必须符合整体策略，选择最佳的市场机会，有恰当的持续时间。如果时间太短，不少潜在买主也许恰好在这个阶段没买；如果时间太长，会使消费者造成一种误解，以为这不过是一种变相减价，失去吸引力，同时也加大了费用。营业推广安排，既要有“欲购从速”的吸引力，又要避免草率从事，需要确定恰当的推广期限。

4. 兽药营业推广的费用 营业推广固然可以使销售增加，但同时也加大了费用支出。因此，企业确定采用某种营业推广方式时，要权衡费用与经营效益的得失，确定营业推广的费用预算。

5. **兽药营业推广的方式** 企业要根据产品的特点，依据推广的目的、推广的对象、推广费用与经营效益的比率等，来综合考虑确定企业最佳的营业推广方式。

兽药营销公共关系

在实践中，人们逐渐认识到，要使企业在激烈的市场竞争中长久立于不败之地，不仅仅在于短期内如何把自己的产品推销出去，还需要用各种方法在公众的心目中树立企业的良好形象。于是有企业巧妙地将公共关系理论融入市场营销的各个要素中，将公共关系活动同促销活动有机地结合起来，逐步重视公共关系促销形式的运用，并收到了较好的效果。

一、公共关系的概念

公共关系一词源自英文 public relation，意思是与公众的联系，简称公关。在兽药促销中，公共关系是指兽药企业为取得社会公众的了解、支持和信任，以树立企业良好的信誉和形象而采取的一系列决策、计划与行动的总称。公共关系的目的是建立企业有利的公众舆论环境，树立良好的信誉和形象，但企业要想在消费者心目中树立良好的信誉和形象，绝不是靠一两项公共关系活动就能达到的，也不是一朝一夕的短期行为所能实现的，它需要一个连续不断、持之以恒的过程。

二、公共关系的基本职能

公共关系是一门内求团结，外求发展的经营艺术，是一项与企业生存发展休戚相关的事业，其职能有全方位、多元化、多层次和综合化的特点。

1. **收集和沟通信息** 广泛地收集信息和及时地传播和反馈信息是公共关系的核心职能。主要包括收集有关企业形象、信誉方面的信息，收集政策信息、市场信息、民俗民情、舆论热点等。同时向社会公众传播企业有关生产经营状况、发展进度与前景、新产品开发等信息，并且把社会公众对企业的反馈信息收集回来，作为提升企业形象的决策依据，并借此进一步密切企业与社会公众的关系。

2. **塑造企业形象** 企业形象是指企业的特征与总体表现以及它们在公众心目中的反映和评价。良好的企业形象，有利于提升企业员工的思想修养和精神境界，增强企业的凝聚力和向心力，增强员工的主人翁意识并自觉为企业目标努力奋斗，还有利于企业间建立友好和睦的邻里关系，得到社会和消费者的信任与支持，从而赢得市场和顾客。

3. **协调各方关系** 企业外部公共关系工作的好坏直接影响到企业的声誉和形象。一个企业要获得外部公众的支持与合作，首先必须获得企业内部全体员工的理解、支持。公共关系的职能之一就是处理好企业与内部公众的关系，处理好企业与顾客的关系，处理好企业与新闻界的关系，处理好企业与竞争者之间的关系，处理好企业与地方政府、企业与金融机构、企业与社区等部门的关系。

4. **咨询和领导** 公关人员向组织决策层提供咨询和建议，参与决策，并利用自己的优势，开展一些宣传活动，解答问题，提供咨询，并引导公众的态度和指导公众的行为。

三、公共关系的活动方式

1. **利用新闻媒介** 就是利用报纸、电视、兽药专业期刊、互联网等媒体向社会传播企业信息，以形成有利于企业的社会舆论、树立良好的企业形象，如很多兽药企业建立了自己的网站，无偿为网民提供兽药知识。

2. **参加公益活动** 通过参加各种有意义的赞助、社会福利事业活动，密切关注环境的变化，抓住一切有利时机和条件，树立企业关心社会公益事业的良好形象，培养与有关公众的感情，从而增强企业的吸引力和影响力。

3. **借助人际交往** 通过人与人的直接交流沟通，以求广结良缘，为企业建立广泛的社会关系网络。

4. **广泛征集公众参与性资讯** 通过向社会发布信息（如介绍企业的产品及经营状况等），有偿或无偿征集公众对企业的建议。

5. **提供特种服务** 即以提供优质服务为主的公关活动方式，以此获得社会公众的好评，建立良好的企业形象。如组织各类有奖征答活动、知识竞赛活动；定期请重要人物、知名人士为公司员工讲课，为各类群众团体（如养猪、养羊协会等）作新特药应用情况的学术报告，对各层次的群众进行动员宣传等；定期召开各兽药店销售员的新药推广会、联谊会等，联络感情，形成巩固的合作伙伴关系；组织有关专家学者撰写各类新特药的科普宣传文章，进行普及性宣传。

6. **建立健全的企业内部公关制度** 企业应当关心职工福利，激励员工的工作积极性和创造性，开展针对职工家属等的公共关系活动，密切与社会各界的联系。

学习卡片

兽药企业促销方案12要点

1. 活动目的 对市场现状及活动目的进行阐述。如市场现状如何；开展这次活动的目的是什么，是处理库存，提升销量，打击竞争对手，新品上市，还是提升品牌认知度及美誉度。只有目的明确，才能使活动有的放矢。

2. 活动对象 活动针对的是目标市场的每一个人还是某一特定群体？活动控制在范围多大内？哪些人是促销的主要目标？哪些人是促销的次要目标？这些选择的正确与否会直接影响到促销的最终效果。

3. 活动主题 在这一部分，主要是解决两个问题：

（1）确定活动主题。

（2）包装活动主题。

是采取降价、价格折扣、赠品、抽奖、礼券、服务促销、演示促销、消费信用，还是其他促销工具，选择什么样的促销工具和什么样的促销主题，要考虑活动的目标、竞争条件和环境及促销的费用预算和分配。

在确定了主题之后要尽可能淡化促销的商业目的，使活动更接近于消费者，更能打动消费者。这一部分是促销活动方案的核心部分，应该力求创新，使活动具有震撼力和排他性。

4. 活动方式　这一部分主要阐述活动开展的具体方式。有两个问题要重点考虑：

(1) 确定伙伴。确定是厂家单独行动，还是和经销商联手，或是与其他厂家联合促销。

(2) 确定刺激程度。要使促销取得成功，必须使活动具有刺激力，能刺激目标对象的参与。刺激程度越高，促进销售的反应越大，但这种刺激也存在边际效应。因此必须根据促销实践进行分析和总结，并结合客观市场环境确定适当的刺激程度和相应的费用投入。

5. 活动时间和地点　促销活动的时间和地点选择得当会事半功倍，选择不当则会费力不讨好。在时间上尽量让消费者有空闲参与，在地点上也要让消费者方便，而且要事前与城管、工商等部门沟通好。不仅发动促销战役的时机和地点很重要，持续多长时间效果会最好也要深入分析。持续时间过短会导致在这一时间内无法实现重复购买，很多应获得的利益不能实现；持续时间过长，又会引起费用过高而且市场形不成热度，并降低顾客心目中的身价。

6. 广告配合方式　一个成功的促销活动，需要全方位的广告配合。选择什么样的广告创意及表现手法意味着不同的受众抵达率和费用投入。

7. 前期准备　前期准备分三块：

(1) 人员安排。

(2) 物资准备。

(3) 试验方案。

在人员安排方面要“人人有事做，事事有人管”，无空白点，也无交叉点。谁负责与政府、媒体的沟通，谁负责文案写作，谁负责现场管理，谁负责礼品发放，谁负责顾客投诉，要各个环节都考虑清楚，否则就会临阵出麻烦，顾此失彼。

在物资准备方面，要事无巨细，大到车辆，小到螺丝钉，都要罗列出来，然后按单清点，确保万无一失，否则必然导致现场的忙乱。

尤为重要的是，由于活动方案是在经验的基础上确定，因此有必要进行必要的试验来判断促销工具的选择是否正确，刺激程度是否合适，现有的途径是否理想。试验方式可以是询问消费者，填调查表或在特定的区域试行方案等。

8. 中期操作　中期操作主要是活动纪律和现场控制。

纪律是战斗力的保证，是方案得到完美执行的先决条件，在方案中应对参与活动人员各方面纪律作出细致的规定。

现场控制主要是把各个环节安排清楚，要做到忙而不乱，有条有理。

同时，在实施方案过程中，应及时对促销范围、强度、额度和重点进行调整，保持对促销方案的控制。

9. 后期延续　后期延续主要是媒体宣传的问题，考虑对活动将采取何种方式在哪些媒体进行后续宣传。

10. 费用预算　没有利益就没有存在的意义。对促销活动的费用投入和产出应做出预算。一个好的促销活动，仅靠一个好的点子是不够的。

11. 意外防范　每次活动都有可能出现一些意外。比如政府部门的干预、消费者的投诉，甚至天气突变导致户外的促销活动无法继续进行等。必须对各种可能出现的意外事件做必要的人力、物力、财力方面的准备。

12. 效果预估　预测活动会达到什么样的效果，有利于活动结束后与实际情况进行比较，可从刺激程度、促销时机、促销媒介等各方面总结成功点和失败点。

（摘自：http：//www.sysczn.com/chenggongyingxiao/show.php？itemid=2 789）

小结

兽药促销一般可理解为促进兽药的销售，是对经营者或消费者提供购买激励的一种活动，以促进其购买某一特定兽药。兽药促销能够传递信息，引导消费；扩大需求，促进成交；突出特点，稳定销售。

兽药促销包括人员推销和非人员推销两大类。在非人员推销中，又有广告、营业推广、公共关系等多种形式。

人员推销是指企业销售人员通过与顾客（或潜在顾客）的人际接触来推动销售的促销方法。一个合格的兽药推销人员要掌握企业知识、兽药的基本知识；要善于言辞，具有较好的语言沟通能力；要善于察言观色，具有较强的应变能力；要具有较强的上进心和锲而不舍的敬业精神；要注重仪容、仪表、仪态，待人接物举止规范，有修养。

兽药广告媒体选择时要考虑产品的性质、消费者接触媒体的习惯、媒体的传播范围、媒体的影响力和媒体的费用。

兽药营业推广可以吸引消费者购买，奖励品牌忠实者，实现企业营销目标。兽药企业常用的营业推广方式有赠送样品，附送赠品，减价促销，购货折扣，醒目位置陈列。

兽药企业要重视公共关系促销形式的运用，收集和沟通信息，塑造企业形象，协调各方的关系，咨询和领导。

小测验

1. 兽药促销的作用包括（　　）。

A. 传递信息　B. 引导消费　C. 扩大需求　D. 促进成交

E. 稳定销售

2. 推销方式灵活，能随机应变，易于激发购买兴趣，促成交易是（　　）的优点。

A. 人员促销　B. 广告　C. 营业推广　D. 公共关系

3. 促销组合受下列哪些因素的影响。（　　）

A. 促销目的　B. 产品性质　C. 市场特点　D. 促销预算

4. 兽药广告媒体选择时要考虑（　　）。

A. 产品的性质　B. 消费者接触媒体的习惯

C. 媒体的传播范围　D. 媒体的影响力　E. 媒体的费用

5. 兽药企业常用的营业推广方式有（　　）。

A. 赠送样品　B. 附送赠品　C. 减价促销　D. 购货折扣

E. 醒目位置陈列

6. 公共关系促销形式的运用，可以帮助兽药企业（　　）。

A. 收集和沟通信息　B. 塑造企业形象

C. 协调各方的关系　D. 咨询和领导

7. 简述对兽药推销人员的要求。

市场维护

[兽药营销shouyaoyingxiao]

兽药服务营销

【基本知识点】

◆ 了解服务营销的概念及服务类型
◆ 掌握兽药市场服务特征
◆ 了解服务营销与传统营销的区别
◆ 掌握服务营销组合
◆ 熟悉服务营销管理

【基本技能点】

◆ 分析人、过程、有形展示服务三要素影响营销成效的能力
◆ 兽药服务营销的应用能力
◆ 兽药服务营销的管理组织能力

导入案例

征宇制药服务竞品牌策略

河北征宇制药有限公司以"传播前沿科技，弘扬征宇精神，服务养殖朋友，共同创造财富"的超前服务理念和全方位优质、高品位服务，开创了中国兽药界"服务竞品牌"的先河。征宇服务营销理念起源于1999年末，公司在兽药业界首家自建了技术服务队伍，组织有一定临床经验的大中专优秀毕业生，组成了一个技术服务队伍，技术服务队伍建立的动机主要有三方面：弥补技术型之空缺（客户外出或出远门）；帮助尽快推广产品和技术；客户繁忙时协助经销商做技术和产品推广。然而，这支建立动机单纯的队伍很受欢迎，客户将其奉为上宾，养殖户也奉为神圣，受到了不一般的礼遇，技术服务人员工作积极性很高。征宇由此将其服务进行进一步拓展，其在全国最早开通的免费服务热线，开创了业界"有问必答"的服务新模式；在业界首家推广标准化服务模式；在业界首批利用网络开展远程技术服务等。公司凭借先进的营销理念、优秀的企业文化、一流的现代化管理，在业界赢得了良好的声誉和企业形象，并取得了明显的经济效益和社会效益。

（摘自：http：//www. hebjunyu. com/intro. aspx）

思考题：

1. 征宇公司技术服务队伍受到欢迎的主要原因是什么？

2. 兽药企业服务营销理念可表现在哪几个方面?

随着养殖业的巨大变化以及 GMP、GSP 的实施，兽药市场逐渐进入成熟期，兽医、养殖场（户）对于兽药产品的比较不仅仅放在质量方面，而更加看重伴随其购买所获得的服务。最大限度地满足兽医、养殖场（户）对技术服务、物流服务等的需求已成为兽药生产经营企业增强其竞争力的重要手段。

服务营销概述

服务不仅局限于服务业，它是以无形方式却可给人带来某种利益或满足感的可供有偿转让的一种或一系列活动。兽药行业的服务是为了满足目标客户的质量、物流、性价、疗效等需要。

一、兽药市场服务类型

根据产品和服务交织在一起的不同状态，可将服务分为四种类型：

（1）有形产品中的附加服务。

（2）与有形产品相混合的服务。

（3）主要服务产品附带少量的有形产品。

（4）纯粹服务产品。

从兽药市场角度出发，兽药服务营销主要体现在有形产品中的附加服务，它是一种客户服务。兽药市场客户服务是为支持企业的核心产品而提供的服务，客户服务包括技术支持、回答问题、接受订单、单据事务处理、投诉处理以及日程安排或修改、兽药产品配送等。它可以现场进行，也可以通过电话或互联网进行。例如，在兽药终端市场，兽药生产企业或经销企业在销售产品前，首先为养殖户提供用药咨询和指导，或者兽药企业技术人员深入养殖场现场进行用药指导，或者产品说明书上有详细的用药说明等，这些都是一种客户服务。

二、兽药市场服务特征

1. 无形性 服务不是实物产品，是兽药购买者在购买产品前，看不见、摸不着、尝不到的附加服务，因此，无形是服务最明显的特点。

2. 差异性 差异性是指服务的构成成分及其质量水平经常变化，很难统一界定，例如，不同的技术服务人员的技术水平不同，同一个企业提供给不同的养殖者的服务内容也不同。因此，兽药企业应加强服务人员综合素质的培养。

3. 不可分离性 有形产品的生产与消费是可分割的，生产在前，消费在后，而服务的生产过程与消费过程同时进行，因此，兽药客户服务人员、技术服务人员一定要注意服务过程中的顾客感受。

4. 不可储存性 服务产品既不能在时间上储存下来，以备将来使用，也不能在空间上转移服务。为降低技术服务人员的劳动强度，兽药企业应多利用养殖户空闲时间开设技术培训，如一般疾病诊断、用药指导等。

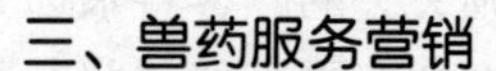

三、兽药服务营销

1977 年，美国银行副总裁休斯旦克撰写了《从产品营销中解放出来》一文，拉开了服务市场的序幕，而服务市场营销的正式研究始于 20 世纪 70 年代以后，伴随着发达国家服务业的迅速发展及有形产品市场竞争的日趋激烈，服务营销兴起。

20 世纪 90 代，我国兽药行业在国家的大力扶持下发展壮大，局部兽药市场出现了供大于求的局面，使兽药行业由过去的生产厂家占主导地位的卖方市场向以渠道商占主导地位的买方市场转变，催生了兽药服务营销于 2001、2002 年形成。

（一）服务营销概念

服务营销是企业在充分认识消费者需求的前提下，为充分满足消费者需求，在营销过程中所采取的一系列活动。它是一种通过关注顾客，进而提供服务，最终实现有利的交换的营销手段。实施服务营销首先必须明确服务对象，即“谁是顾客”。兽药行业的顾客分为三个层次：经销商、养殖场（户）和政府。对于兽药企业来说，应该把所有经销商、养殖场（户）以及政府都看做上帝，提供优质的服务。通过服务，提高顾客满意度，建立顾客忠诚度。

兽药企业必须坚定不移地树立服务客户的思想，认清市场发展形势，明确经销商是厂家的上帝，养殖户是最高级别的上帝。企业所做的一切，都要以顾客的需求为最终的出发点和落脚点，通过经销商将工作渗透到顾客层次，从源头抓起，培育顾客满意度和忠诚度，坚持为顾客提供一流的产品、一流的服务。一来能体现企业对兽药产品的负责、对经销商的负责、对兽药市场的负责；二来可以加强沟通，增加企业吸引力，提高竞争力，与客户共同进步，共同得益，实现厂家、经销商、养殖户的“多赢”。

（二）服务营销与传统营销

同传统的营销方式相比较，服务营销是一种营销理念，企业营销的是服务；而传统的营销方式只是一种销售手段，企业营销的是具体的产品。在传统的营销方式下，消费者购买了产品意味着一桩买卖的完成，虽然它也有产品的售后服务，但那只是一种解决产品售后维修的职能。而从服务营销观念理解，消费者购买了产品仅仅意味着销售工作的开始而不是结束，企业关心的不仅是产品的成功售出，更应该注意到消费者在享受企业产品的同时所提出的需求是尊重需求和自我实现需求。服务营销正是为了满足消费者这种需求，而传统的营销方式只是简单地满足消费者在生理或安全方面的需求。随着社会的进步，消费者需要的不仅仅是一个产品，更需要的是这种产品带来的特定或个性化的服务，从而有一种被尊重和自我价值实现的感觉，而这种感觉所带来的就是顾客的忠诚度。服务营销不仅仅是某个行业发展的一种新趋势，更是社会进步的一种必然产物。兽药企业为养殖户提供上门技术指导，就是一种个性化的服务，是服务营销理念的体现。

（三）服务营销的原则

服务营销的总原则是关注顾客，包括：

（1）获得一个新顾客比留住一个已有的顾客花费更大。

（2）除非能很快弥补损失，否则失去的顾客将永远失去。

（3）不满意的顾客比满意的顾客拥有更多的“朋友”。

（4）畅通沟通渠道，欢迎投诉。

（5）顾客不总是对的，但怎样告诉他们是错的会产生不同的结果。

（6）顾客有充分的选择权力。

（7）必须倾听顾客的意见以了解他们的需求。

（8）如果自己不愿意相信，怎么能希望顾客愿意相信。

（9）如果自己不去照顾顾客，那么别人就会去照顾。

如果兽药生产企业能遵循以上九大原则，将会有事半功倍的效果。当然，没有不变和永恒的真理，随着兽药市场的变化及销售人员工作经验的不断积累，会有更多精辟、实用的关注顾客原则应运而生，关注顾客工作也将推向更新的高度。

（四）兽药服务营销

兽药服务营销是连接生产企业和经销商的桥梁和纽带，是产品质量的检验者、监督者，同时也是市场信息的反馈者。兽药企业开展营销过程中，可以参照服务营销的相关理论和原则。这样有利于企业处理好与经销商、养殖户（场）、政府之间关系。兽药服务营销包括：兽药企业提供通俗易懂的产品说明书，以便普通养殖户自行处理问题；提供全面的疾病咨询和防治知识；上门现场检验疾病；提供免费养殖保健方案；提高呼叫中心和客服人员的服务质量等。

学习卡片

技术促销售，服务铸品牌

在我国，兽药行业是一项高技术含量、高回报率的新兴产业。随着我国在化学仿制药研发等产业基础性研究方面的飞速发展；上下游产业中成熟企业经营主业的逐步延伸；国有大厂在资产重组，改革变制后的步步为营，稳扎稳打；入世之后，世界几大著名兽药厂家更大规模地进据中国市场，一批以科技为先导，高举新型营销理念的精英企业必然会在兽药行业内出现，而进入一个更高层次的“群雄并起，诸侯争霸”的时代。

这一时代是推陈出新、脑力激荡的时代，谁的营销之剑能划得一大块市场蛋糕，谁就能成为时代的强者，潮流的领导者。因此很多企业都在孜孜不倦地探索独立机杼，别有天地的营销新思维新理念。

市场和客户是竞争的制高点，许多企业家也常把“顾客就是上帝”、“服务也是产品”挂在口边，但在实际工作中，往往认为技术服务不能直接产生经济效益，是辅助部门；或仅仅认为客户服务就是“救火队”，对其发展与规划未给予足够的重视，这些陈腐观念正是阻碍企业成功的重要原因。在这个信息化、数字化的时代，很多企业都抽象为一个有无穷内涵的品牌。如可口可乐、IBM、丰田等。品牌成为企业综合指标的全面体现，企业间的竞争也升华为品牌的竞争。而服务则是铸就品牌的坚固基石，技术是这个建筑的擎天之柱。

我国原有的兽药营销体制主要是厂家倚托经销商的代理制，方式原始，其缺点非常突出：过分依赖经销商；厂家易脱离市场；售后服务质量受经销商实力局限等，失去一个经销商，往往就失去一片市场，这对于一个志存高远的兽药企业来说，无疑是很危险的结果。

如何把市场和客户水乳交融地融合在一起，和谐地谱写乐曲呢？华神动物保健品公司的会员制服务销售体系也许就是一种方案。企业、经销商及客户三者参与。以“客户全面满意”为核心的动物保健协会是这一体系的中心。企业是这一体系的主角，是“顾客全面满意产品”的提供者，加盟体系的经销商会得到厂家资金、技术方面的强力支持，而加盟这一体系的客户则能得到优质的产品、优惠的价格、良好的疫病监测及满意的售后服务和技术培训。以省级市场为例，会员制服务销售体系构建的第一步是与经销商合作，共建动物保健医院。第二步是以动物保健医院为核心组织动物保健协会。第三步，动物保健协会为其会员提供周到满意的服务，同时在厂本部或省会中心城市构建该省的疫病研究中心，处理地区动物保健协会不能处理的复杂病案，并与大型消费者建立长期的疫病监测，提供免疫及用药程序的业务关系。每一地区动物保健医院都由一位资深技术专家担纲，而该区的销售业务则由销售代表与专家的配合完成。技术专家是这一体系的关键所在，他肩负疫病诊断、疫病监测、技术培训和品牌宣传的四大任务，而公司的营销活动则围绕专家及医院来展开。一旦专家在当地的技术权威确立，那么公司在当地的品牌含金量也会直线上升，现代营销理论的两大热点——“灵活反应”和“全面顾客满意”，通过专家领衔的会员制销售服务体系都能充分体现。公司构建以动保协会为面、动保医院为干、疾病研究中心为点的网络，与客户的直接沟通使企业能对变化的市场做出灵活反应；在推广新药、进行大面积田间试验时会很快捷；专家的全程技术服务也让客户感受到厂家对客户的尊重与理解，让客户在产品使用中无须忧虑，倍感满意。

单靠营销人员的努力来达到公司业绩的成长是一种过时的做法，而以技术推动销售，以服务铸就品牌才是未来发展的主流。会员制销售服务体系既树立了企业品牌，帮助经销商扩大了市场份额，也让客户获得优质产品、优质服务，这种三方俱赢的局面正是这一营销新方式持续发展的根本。在优秀企业，以客户满意度为衡量工作的终极目标正逐步为大众接受。而体系之中的专家的优质服务、销售人员的货流通畅，无一不为这一终极目标服务。通过动物保健协会也把经销商纳入了自己的管理体系，帮助他们提高服务质量，同时也提升了整个企业的服务质量，在顾客服务方面建立了竞争优势，在不经意间塑造出了自己的强势品牌。

诚然，这一体系的构建也存在着初期建立动物保健医院时投入较大，技术专家“千军易得，一将难求”等问题。但在以“降价、让利”为主要竞争手段的激烈市场中，以技术为旗帜，以服务为先导的竞争方略，可谓独树一帜，深得“以迂为直、避实就虚”之妙，值得业界同仁思考。

[摘自：刘维平 .2000. 技术促销售，服务铸品牌——一种兽药营销新方式浅谈 [J]. 畜禽业 (08).]

兽药服务营销组合及营销管理

一、兽药服务营销组合

由于服务产品有着与无形产品不同的特征和性质，服务营销也有别于产品营销，需要对传统的有形产品的 4P(产品策略、定价策略、分销渠道策略、促销策略）营销组合加以修正和补充，在原4P策略上再增加人员、有形展示和过程。

1. 人员 人员是指参与服务提供并因此而影响购买者感觉的全体人员，即企业员工、顾客以及处于服务环境中的其他顾客。

（1）兽药企业员工。在顾客看来，兽药企业人员其实是服务产品的一部分，兽药企业员工技术服务的质量好坏、投诉与异议处理的准确和到位与否将直接影响养殖户的感受，进而影响兽药产品的销售。因此，企业需要重视雇用人员的筛选、训练、激励和控制，协调好市场营销管理者和作业管理者的服务行为。

（2）客户。兽药企业还要重视客户与客户之间的关系，因为一位客户对某项服务质量的认知，很可能是受到其他客户的影响。客户对企业提供的技术服务满意度高将会使客户对企业忠诚度提高，忠诚的客户会带动其他客户经销或使用企业的产品，不满意的客户很可能向其他客户诉苦。

2. 有形展示 有形展示是服务提供的环境、企业与顾客相互接触的场所以及任何便于服务履行和沟通的有形要素。有形展示包括服务场景、设备、有形的沟通工具或资料、标志象征、参与服务生产和消费的人的形象等。兽药营销过程中，企业提供的疾病诊断室、诊疗设备、疾病介绍画册或手册、企业形象等都会影响到客户的心理反应，优良的有形展示让顾客更放心。有形展示的原则有以下几点：

（1）把服务同顾客容易认同的物体联系起来。有形展示就是客户认为重要的、能引起他们积极联想的或是他们所寻求的服务的一部分。同时，这些有形物体所暗示的承诺在服务中予以兑现。兽药生产企业印制的宣传画册不仅要宣传兽药产品的功效，而且更应该指明使用方法，如果再辅以详细说明疾病的防治知识，那么客户的满意度将更高。

（2）注意服务人员的作用。服务人员的言谈举止都会影响客户对服务质量的期望与判断，技术高超的人员将会给养殖户留下良好的口碑。服务人员的外形在服务展示管理中也特别重要，如职业服装穿着，因为客户通常并不会对服务和服务提供者进行区分。

3. 过程 过程是指服务提供的实际程序、机制和作业流，即服务的提供和运作系体。合理的服务程序既可以给员工提供规范的作业流程，保证稳定的服务质量，又可以作为判断服务质量的依据。兽药生产企业客服代表接听电话过程、接待人员接待过程、技术服务人员的疾病诊断过程等，企业都应加强规范，使之制度化。

二、兽药服务营销管理

为了有效地利用服务营销实现兽药企业竞争的目的，企业应针对自己固有的特点注重服务市场的细分、服务差异化、有形化、标准化等问题的研究，以制定和实施科学的服务营销战略，保证企业竞争目标的实现。为此，兽药企业在开展服务营销活动、增强其竞争优势时应注意研究以下问题：

1. 服务市场细分 任何一种服务市场都有为数众多、分布广泛的服务需求者，由于影响人们需求的因素是多种多样的，服务需求具有明显的个性化和多样化特征。任何一个企业，无论其能力多大，都无法全面满足不同的市场服务需求，都不可能对所有的购买者提供有效的服务。因此，每个兽药企业在实施其服务营销战略时都需要把其服务市场或对象进行细分，在市场细分的基础上选定自己服务的目标市场，有针对性地开展营销组合策略，才能取得良好的营销效益。例如，对于小规模养殖户，企业可以提供疫情诊断、疾病化验等服务；对于规模养殖集团，企业可以为其提供养殖保健方案、药品配送等服务。

2. 服务的差异化 服务差异化是兽药企业面对较强的竞争对手而在服务内容、服务渠道和服务形象等方面采取有别于竞争对手而又突出自己特征，以战胜竞争对手，在服务市场立住脚跟的一种做法。目的是要通过服务差异化突出自己的优势，与竞争对手相区别。实行服务差异化可从以下三个方面着手：一是调查、了解和分清服务市场上现有的服务种类、竞争对手的劣势和自己的优势，有针对性、创造性地开发服务项目，满足目标顾客的需要；二是采取有别于他人的传递手段，迅速而有效地把企业的服务运送给服务接受者；三是注意运用象征物或特殊的符号、名称或标志来树立企业的独特形象。目前，兽药生产企业和兽药经销商已经有意或无意地充当了兽医职能或角色，技术服务主要以技术讲座、出诊等形式开展，建议企业可以与养殖集团建立远程会诊系统，为养殖户开通免费技术服务热线。

3. 服务的有形化 服务有形化是指企业借助服务过程中的各种有形要素，把看不见摸不着的服务产品尽可能地实体化、有形化，让消费者感知到服务产品的存在、提高享用服务产品的利益过程。兽药生产企业服务有形化包括三个方面的内容：

（1）服务产品的有形化。即通过服务设施等硬件技术，如动物疾病自动诊断等技术来实现服务自动化和规范化，保证服务行业的前后一致和服务质量的始终如一；通过能显示服务的某种证据，如通过网络对技术服务人员进行月度评分，区分服务质量，变无形服务为有形服务，增强消费者对企业服务的感知能力。

（2）服务环境的有形化。是指兽药企业提供服务和消费者享受服务的具体场所和气氛，它虽不构成服务产品的核心内容，但能给企业带来“先入为主”的效应，是服务产品存在的不可缺少的条件。国外兽药生产集团建有现代化的动物疾病诊断中心、产品研发中心，这不仅是企业形象的展示，也是企业实力的有力说明。

（3）服务提供者的有形化。是指直接与消费者接触的企业员工，其所具备的服务素质和性格、言行以及与消费者接触的方式、方法、态度等如何，会直接影响到服务营销的实现，为了保证服务营销的有效性，兽药生产企业应对员工进行服务标准化的培训，让他们了解企业所提供的服务内容和要求，掌握进行服务的必备技术和技巧，以保证他们所提供的服务与企业的服务目标相一致。

4. 服务的标准化 由于服务产品不仅仅是靠服务人员，还往往要借助一定的技术设施和技术条件，因此这为企业服务质量管理和服务的标准化生产提供了条件，兽药生产企业应尽可能地把这部分技术性的常规工作标准化，以有效地促进企业服务质量的提高，具体做法可以从下面五个方面考虑：从方便消费者的角度出发，改进设计质量，使服务程序合理化；制定要求客户遵守的内容合理、语言文明的规章制度，以诱导、规范客户接受服务的行为，使之与企业服务生产的规范相吻合。规范服务提供者的言行举止，使技术服务能够在愉快的环境中完成。

5. 服务公关 服务公关是指企业为改善与社会公众的联系状况，增进公众对企业的认识、理解和支持，树立良好的企业形象而进行的一系列服务营销活动，其目的是促进服务产品的销售，提高兽药生产企业的市场竞争力。通过服务公关活动，与养殖户沟通，影响养殖户对企业服务的预期愿望，尽可能地与企业提供的实际服务相一致，以此保证企业兽药产品需求的稳定发展。

兽药生产企业服务营销有利于丰富市场营销的核心，充分满足养殖户的需要，有利于增强企业的竞争能力，提高兽药产品的附加值。

学习卡片

兽药技术服务的现状与发展趋势

兽药营销发展到今天，技术服务在其中占据了不小份额。传统营销是营销人员先把货物推销给批发商，二级经销商、兽医站等组织再把货款拿回公司，营销人员主要是建立和协调企业与各级经销商的客户业务关系，而涉及终端客户（即养鸡场、养鸡户、猪场等）的却很少。

通过借助诊疗技术为用户和终端用户提供服务，进而直接促进自己的产品消化来达到营销目的被称为技术服务营销。这种模式之所以被企业认可并实施，也受到经销商和终端客户的欢迎，是因为有如下特点：

(1) 对于企业而言，技术服务对从业人员的专业性（如畜牧、兽医、检疫、营养等专业）要求很强，非专业出身一般不能做技术服务。一个好的技术人员不仅能给公司带来丰厚的利润，同时又能提高公司的知名度，最直接的利益在于产品能在市场消化、被终端用户所用，产品能实现真正意义上的销售，也会减少退货和积压，而且回款也能保证及时。

(2) 由于技术服务的加入，为经销商提供了人力和技术支持。从表面上看，技术员是公司的员工，在为公司卖药，但同时也是在为经销商搞创收，且经销商还不用承担太多的费用。从服务的角度看，技术服务人员把终端客户服务好了，把畜禽疾病看好了，终端客户也高兴，经销商也能减少风险损失和经济损失。从经济利益的角度看，药也卖了，企业也得到了利益，同时也提高了经销商的知名度，各方都能满意。这就是技术人员的重要性和所带来的好处——企业、经销商、终端客户共赢。

一般有三类经销商需要技术服务人员：

(1) 本身自己不懂专业，没有专业知识，由于看到兽药行业丰厚的利润，转做兽药经营者。他们资金比较雄厚，但需要技术支持，完全靠公司技术人员来进行产品推广。这类客户如果公司派出好的技术人员很容易上量，而且回款也很及时，一般都是先付货款后发货或货到付款。

(2) 自己本身是搞专业的，能看病但特别忙，要求公司派技术员帮忙。这些客户对技术员专业要求不高，但要求技术员勤快、会办事。他们经销的厂家药品较多，产品较杂，一般都是事先谈好一个月给公司保证固定的回款，企业保证固定人员为其服务。

(3) 大的养殖（场）户。这些客户一般说话较有影响力，其用了某种药，大家也跟着用，手里有一部分终端客户资源，再加上企业技术员的支持，通常也有不少销量。

虽然技术服务作为兽药行业一种新的营销模式被各方所接受，也达到了不错的效果，但同时也暴露了很多问题，主要表现在以下三个方面：

(1) 技术人员管理混乱，缺乏一个相对满意的管理模式。现在实行这种模式的企业几乎都没有太好的管理制度，企业感到苦恼的是投入与回报不成正比，而技术人员抱怨的是自己付出很多但待遇却不高。

（2）技术人员水平下降。兽药行业竞争的加剧必然引发兽药行业专业人才之争。许多农业院校举行招聘会时，专业型毕业生被一扫而光，只要报名就可以来。真正适合的、专业较好的并不多。基础太差的毕业生，光靠企业的几天培训远远不够，这是技术人员素质下降的主要原因，也是困扰保证技术营销服务水平的一个现实问题。

（3）技术人员流动性加大。近几年，兽药行业的迅速发展加剧了技术人员的流动。频繁地更换厂家对经销商、终端客户、原工作单位都会形成巨大冲击，这是目前技术营销最大的困扰和弊端。

随着兽药行业的逐渐规范，企业在质量、价位上的差距在缩小，而市场的竞争还要靠服务。谁的服务到位超前，谁占领的市场份额就大，企业应从以下几方面着手加强服务终端客户的技术服务：

第一，保证技术服务人员的稳定性。首先公司要招录适合自己企业需求的技术服务人员。在录用时告知对方公司发展状况，发展方向，中、远期规划，薪资待遇，在达成共识、意欲共同发展后签订三个月的协议，试用期满双方满意之后再签订正式劳动合同。其次在适当的时候提高其待遇，必要的话可以参与公司股份，使技术服务人员以企业为荣，以公司为家，而不是认为自己始终是一个打工者，感到被雇佣，随时准备跳槽。总之一定要想办法控制技术人员的流动，稳定员工心态，使其无后顾之忧，安心为企业服务。

第二，加强对技术服务人员的培训。培训内容包括公司的企业文化，使技术服务人员有主人翁意识，时刻为公司利益着想；包括商务礼仪，因为他们的一举一动代表着公司形象；包括专业知识，专业水平的不断提高会使他们感觉始终在进步。另外对服务中遇到的问题，公司要及时分析解决，不得推诿，做他们坚强的后盾。

第三，建立完善的管理制度，做到公正平等，对员工的承诺一定要兑现，相互信任，并关心员工的个人生活。公司领导层要与经销商协调，共同关心技术服务人员的生活，争取一个良好的工作和生活环境，使其发挥积极的营销作用。

第四，促进技术服务人员不断学习，努力修正认识提高自己，与公司共发展。技术人员不是打工者，但不是所有的技术服务人员都是这样认为，所以企业最好为员工创造一个平台，促使其产生与企业的合作关系认识。企业靠员工发展，员工借企业平台成就自己的事业。企业要从多方面教育员工，全方位思考，多角度考虑，建立相互支持、相互理解、共赢共发展的机制。

第五，树立技术服务人员的自信心，即对公司有信心，对公司产品有信心。信心代表着一个人在事业中的精神状态、敢于和能够面对失败和挫折的心态。市场是做出来的，技术服务人员的一个最重要的工作就是带动经销商，给他们信心、力量、关爱和尊重，以市场为中心形成团队，让经销商成为技术服务人员的临时港湾、客户成为主攻对象，用终端效果决定和证明其才能。

（摘自：http：//user. langgelila. com/zxdt _ detail. aspx？com _ id＝146557&id＝8549）

小结

兽药市场服务属于有形产品中的附加服务，该附加服务直接影响兽药产品销售。兽药生产企业服务产品主要有无形性、差异性、不可分离性、不可储存性四个特征。

人员、有形展示和过程是兽药服务营销组合中重要的三个要素，它们直接影响客户的满意度。服务营销管理主要做好五方面工作：服务市场细分、服务的差异化、服务的有形化、服务的标准化以及服务公关。

小测验

1. 下列不属于兽药生产企业服务产品特征的是（　　）。
   A. 无形性　　B. 差异性　　C. 不可分离性　　D. 派生性
2. 兽药生产企业应如何树立正确的服务营销理念?
3. 兽药生产企业服务营销管理内容有哪些?
4. 如果你从事兽药市场终端技术服务工作，将如何开展服务营销?
5. 结合当今兽药市场，谈谈兽药生产企业应如何利用服务营销理念开展营销活动。

【基本知识点】

◆ 了解兽药企业客户的含义及类型
◆ 了解兽药企业客户关系理念的产生与发展
◆ 熟悉兽药企业与客户的关系类型
◆ 理解客户满意的含义及客户管理要点
◆ 学会进行客户激励
◆ 熟悉 CRM 的含义及重要性

【基本技能点】

◆ 客户分析能力
◆ 正确实施客户管理的能力

导入案例

中牧公司客户管理

中牧公司是经北京市科学技术委员会认定的高新技术企业，以动物保健品、动物营养品为主导产业的大型股份制上市公司。多年来，公司奉行“以市场为导向，以客户为中心”的营销理念，现已发展为国内动物保健品生产龙头企业，产品全国市场份额高达30%左右。中牧公司创立初期就认识到客户资源是企业最重要、最大的资源，公司营销中心内部不仅设市场部、销售部、技术服务部、客服中心，而且增设集团客户部，集团客户部主要为政府集团、经销商集团、规模养殖公司集团提供优质服务。为服务好集团客户，中牧公司集团客户部制定了一系列的服务工作制度，如客户经理负责制、技术服务标准规范、重大疫情应急服务流程、疫苗配送管理办法等。2007年，集团客户为公司贡献近81.05%的利润。为加强客户风险控制，中牧公司还对客户进行统一管理，主要做法是：将销售人员资源变为公司资源；建立健全客户档案，这样客户不会因销售人员的流失而流失。2005年，聘请邓白氏咨询公司协助构建公司客户信用等级评估和信用调查模型，企业根据客户信用等级不同，制定了客户信用额度和信用账期等。正是尊崇为客户全面服务，加强客户的管理，中牧公司一步步走向了今天的全面成功。

（摘自：王山军.2010.中牧公司集团客户关系管理研究［D］.西安：西安理工大学.）

思考题：

1. 中牧公司为什么要成立集团客户部？

2. 中牧公司客户风险防范是如何做的？

兽药企业客户管理概述

在传统的生产观念和产品观念的影响下，兽药营销人员往往是关心所提供的产品和服务；近年来，随着兽药市场竞争的愈加剧烈，人们意识到80/20法则的重要性，兽药生产企业开始从多角度改善客户关系、提高客户管理水平。

一、兽药企业客户及客户类型

客户是指过去购买或正在购买的消费者以及还没有购买但今后可能产生购买行为的潜在消费者。广义上的兽药市场客户是指接受服务、兽药产品观念和技术的对象，狭义上的客户是指兽药产品的经营者和使用者（中间商、兽医、养殖户、养殖场、养殖集团、养殖合作社）。

兽药生产企业开发市场过程中需要认清客户类型，目前，兽药市场客户类型主要有三种：

1. 价格型客户 价格型客户认为价格最低的兽药最好卖，他们不接受超过兽药材料成本以外更多的成本，如服务成本等。因此，此类客户主要销售简单、方便、价格最低的兽药。针对价格型客户，兽药销售人员无须花费过多的精力，只要将价格最低、简单、方便的兽药介绍给他们即可。

2. 品质型客户 品质型客户不过分追求兽药的低价格，他们更多的关注兽药质量和兽药生产企业销售政策支持等附加价值。针对品质型客户，兽药销售人员应不断强调产品质量的优良以及企业富有竞争性的销售政策支持，还需要强调双方合作成功将给其带来的巨大收益。

3. 战略型客户 战略型客户关心兽药产品，更关心兽药生产企业给予其后续的经营支持，如传授先进的管理经验等。针对战略型客户，兽药业务代表不仅要介绍产品优势，还需明确企业将在后续营业工作方面给予的支持。

二、兽药生产企业客户关系理念的产生与发展

我国兽药生产企业发展历经六个阶段，客户关系理念就是在企业发展中逐步形成与发展的。

1. 兽药市场供不应求阶段（1995年前） 此阶段兽药市场表现为卖方市场，兽药生产企业往往重视提高生产能力来扩大自身影响。

2. 兽药市场供求平衡阶段（1996—1999年） 随着养殖业的发展，兽药企业得到同步发展，市场供需平衡，兽药生产企业竞争压力较小。

3. 兽药市场供大于求阶段（2000—2002年） 市场供大于求，兽药行业优胜劣汰，兽药生产企业更加重视管理水平和研发能力，不断强化兽药产品的促销和产品概念的炒作。

4. 兽药市场利润中心阶段（2003—2004年） GMP强制推进以及促销成本增加，兽药生产企业利润下降，企业意识到利润的重要性。

5. 兽药市场客户中心阶段（2004—2005年） 随着GMP验收通过，产品同质化现象严

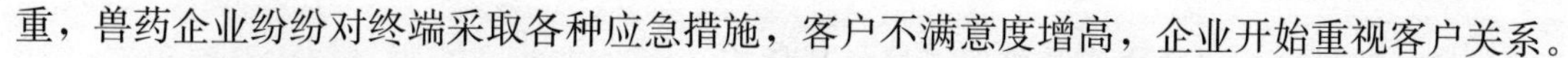

重，兽药企业纷纷对终端采取各种应急措施，客户不满意度增高，企业开始重视客户关系。

6. 兽药市场品牌中心阶段（2006— ） 2006年以来，养殖业低迷、疫情不突出等现状，使兽药生产企业认识到品牌的重要性，开始打造兽药知名品牌。

后GMP时期，随着产品的同质化、促销手段的多样化以及市场竞争的日益激烈，兽药生产企业应该树立"以客户为导向"的名牌产品观念，提高客户的满意度，企业市场地位才能牢固。

三、兽药生产企业与客户关系类型

菲利普·科特勒认为，营销投入必须区分与顾客之间的五种不同程度的关系，兽药生产企业也应区分与客户之间的这五种关系。

1. 基本型 销售完产品后，兽药销售人员不再与客户接触。

2. 被动型 销售完产品后，兽药销售人员鼓励客户遇到问题或有意见时给企业打电话。

3. 负责型 销售完产品不久，兽药销售人员打电话给客户，检查产品是否符合客户的期望，销售人员同时向顾客寻求有关产品改进建议、特殊要求等。

4. 能动型 兽药销售人员不断与客户沟通，给客户提供有关改进产品用途的建议或有用的新产品信息。

5. 伙伴型 兽药生产企业与客户共同努力，以便客户合理利用资金和正确使用药品，并可以根据要求帮客户订制产品。

在兽药市场规模很大且单位利润很小的情况下，大多数兽药生产企业与客户建立基本型关系；一旦客户很少而边际利润很高时，企业将与客户建立长期、稳定的伙伴型关系。

四、客户满意

菲利普·科特勒认为，顾客满意"是指一个人通过对一个产品的可感知效果与他的期望值相比较后，所形成的愉悦或失望的感觉状态"。亨利·阿塞尔也认为，当商品的实际消费效果达到消费者的预期时，就导致了满意，否则会导致客户不满意。兽药市场客户满意取决于兽药中间商、兽医、养殖户（场）对产品效果理解是否和自身的期望值相一致，兽药生产企业总是希望客户对其产品及服务满意度高，并且也希望客户将其消费感受通过口碑传递给其他客户，扩大产品知名度，提高企业的形象。因此，兽药生产企业应树立"顾客是上帝"的原则，客户满意度提高才有保障，客户忠诚才有希望。

学习卡片

客户管理的两个重要问题

第一个基本问题就是公司有没有客户战略。

公司如果想长期存在，想要有进步、有发展，必然要在客户管理上有客户战略。只有这样，才能获得持续的发展，持续的优势，而不仅仅是在某个时间、某个空间获得暂时的优势。

当然有了战略规划之后，还是没有完成，还要有具体的客户管理措施来保证客户管理的实现。这里的管理措施主要是详细策略措施和具体的管理计划。此外，要在企业措施的执行中进行实时的纠偏，这样才能最终实现战略目标。

怎样制定客户战略呢？以下有一个小例子。

有一个女工，两年之前下岗了。下岗之后，她也彷徨过，因为40多岁的女工，下岗以后经济来源非常少。恰好她还有一个女儿要高考。彷徨之后，她振作起来。最后决定要卖报纸，要赚钱。她是怎么做的呢？

她首先发现35路汽车站附近人流量比较大，车次也非常多。经过几天的蹲点之后，她面临一系列的问题：第一个问题就是如何进场。如果她不做任何准备，贸然进入很可能被竞争对手踢出来。因为她经过调查研究发现，有一个报亭的主人跟车站的管理人员有很好的关系。通过分析之后，她决定从车站的管理人员入手，比如她卖报纸，经常有一些剩的报纸，就把这些报纸送给车站的管理人员。这样一来二去，就跟车站的管理人员比较熟悉了。熟悉了之后，就借机向管理人员诉说她自己的状况，这样就是采取一种营销的策略即公关策略，博得了车站管理人员的同情。

这时车站管理人员出了一个主意，你就到我们这里来卖吧。这样第一个问题就解决了，大功告成，她进了场子。进去之后，第二个问题就出现了。她进去之后，车站的两边一边一个报亭，地理位置已经被竞争对手占据了。这个时候她要怎么做呢？她总结了独特的销售主张，你们是固定的，我就流动起来，我到等车的人群中去卖，我到车厢中去卖，主动的出击。这样经过半年以后，她又迎来一个机会，有一个报摊因为某种原因不做了，她就借机把报摊给盘下来了，最后产品就扩张了。她不仅卖报纸，还卖杂志。另外她的女儿周末在肯德基打工，打工过程中经常有一些优惠券，她经常把这些优惠券夹杂在那些利润比较高的杂志当中去卖。后来她遇到了一个房地产总经理，他提出一个建议，就是你在报纸中给我们夹杂广告，这样每个月给你1 000元。通过这样一番运作之后，她的生意持续发展，蒸蒸日上。

这个女工为什么能成功呢？首先，她成功的背后是客户价值的成功。为什么说是客户价值的成功呢？第一，是她制定了客户的开源战略。在卖报纸、杂志的时候，夹送了肯德基优惠券，这样就比竞争对手多满足了客户一些新的需求，这就是客户价值的精髓。也就是说，一定要比竞争对手做得更好。营销的精髓、营销的理念就是一定要创造价值，然后提供产品给客户，来满足客户，这样才能够有附加价值的存在。

第二个基本问题就是客户的节流战略。这个女工的节流战略是怎么做的呢？一方面是把客户引进来，另一方面要把客户留住，最后就是为慢慢熟悉起来的客户提供订报服务。同时，印了一些名片，给一些客户提供定制服务，这样就有效地提升了客户的忠诚度。这就是这个女工的战略。有了战略以后，一定要转变成关键的举动措施，要有详细的计划，去保证客户战略的实现。那么具体的行动措施应该怎么做呢？这里有一个开发成本，还有一个用户价值，在做客户开发管理的时候，一定要关注这两部分。有两个关注点，一个是用户价值高、开发成本比较低，另一个是用户价值高、开发成本也比较高。这两点都是非常有价值的，但是是不是应该把主要精力都放在开发成本比较低、而用户价值高的地方呢？这样做的话，竞争会非常激烈，也就是说，短周期成本会非常低，但是长周期的话，成本会逐步升高。所以重点的关注应是开发成本比较高和用户价值比较高。因为这涉及战略性客户，或者是适合企业经营的客户。针对流失风险比较高的客户，要制定专门的战略举措。

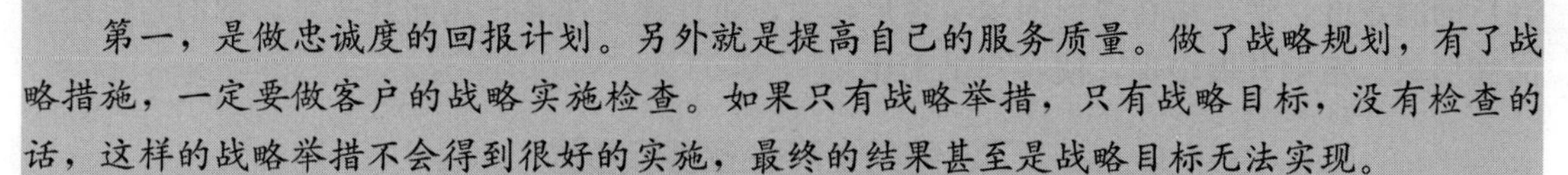

第一，是做忠诚度的回报计划。另外就是提高自己的服务质量。做了战略规划，有了战略措施，一定要做客户的战略实施检查。如果只有战略举措，只有战略目标，没有检查的话，这样的战略举措不会得到很好的实施，最终的结果甚至是战略目标无法实现。

第二，要积极挖掘基层对客户价值的新理解。宝洁公司就是很好的例子，基层的很多经验采用备忘录记录下来，然后让小组去实施。实施了以后，就变成部分的流程，然后变成公司的制度在总公司贯彻。这样宝洁能够持续采纳基层员工意见，从而持续保持新鲜血液。

第三，客户管理纳入所有前线人员的管理和考核。所有的战略规划目标、所有的措施都必须跟检查考核挂钩，否则措施就不会得到有效实施。

最后总结客户关系的含义：如果我们不懂得客户在不同生命周期的价值需求，我们就会失去客户。我们应采用不同的方法，不同的管理模式对待不同的客户。

（摘自：http：//www. sysczn. com）

客户管理实施及管理升级

一、客户关系管理实施要点

1. 建立客户档案 从客户初次购买开始，兽药生产企业应建立起客户的详细档案，档案内容包括：客户名称、地址、联系人、联系方式、客户市场辐射范围、总销售额、经营品牌与品种、毛利率、主要家庭成员资料（如生日）、购买时间、购买频率及兽药产品偏好等。借助客户档案，兽药生产企业应建立起客户数据库并开展数据库营销。

2. 制订客户接触计划 兽药生产企业员工与客户良好的接触与交流，不仅可以帮助企业发现潜在的市场机会，而且可以发现客户的潜在需求以此提高客户的满意度。如何制订客户接触计划呢？首先，制订详细的拜访计划，如针对重点客户，兽药生产企业总经理应该两个月拜访一次；其次，企业应善于倾听客户的意见，捕捉企业发展中潜在的机会；最后，企业还应善于处理客户投诉。目前，国内很多兽药生产企业已经开通免费服务电话、技术服务热线、市场投诉电话等。

3. 掌控客户信息 兽药生产企业应动态了解客户销售情况及经营业绩，分析客户业绩下滑的原因，尽早做好预案；兽药市场“行商”越来越艰难，兽药生产企业应意识到稳定客户的下线客户的重要性，企业可以帮助客户建立养殖户档案，通过档案对养殖户开展定期、直接的技术服务。

4. 开展频繁市场营销 重复购买的老客户是兽药生产企业宝贵的资源，老客户对产品、用法、竞争产品特点比较清楚，兽药企业无须花费更多的精力，因此，企业应给予重复购买的老客户适当奖励，如河北远征药业公司的积分抽奖等活动。另外，企业还应明白“留住一个老客户比开发一家新客户花费代价低得多”这一道理。

5. 定制营销 根据客户差异化需求，企业应生产不同的兽药产品，定制营销可以提高客户满意度。定制营销的步骤是：首先，企业根据自身的经营范围识别企业顾客；其次，根据地域及产品特征分析差异化；再次，兽药企业与顾客的双向沟通；最后，尽可能为顾客提供定制。定制营销可以是产品定制，也可以是送货条件、技术培训、货款结算等定制。

6. 客户组织与员工化 兽药生产企业可以成立客户俱乐部、技术协会或行业联盟等团体，为现实客户和潜在客户提供新产品发布会、优先销售、优惠促销等特制服务，以此提高客户的满意度，促进潜在客户向现实客户转变；企业还要使客户认同其文化、帮助客户建立品牌形象、定期开展培训，使客户员工化。

二、兽药生产企业客户激励

1. 制定客户返利政策 返利是兽药生产企业惯用的激励客户的手段，通过返利可以提高客户的销售积极性，但部分客户可能会利用返利的优势扰乱市场，所以需加强监控。返利可采用多种形式：月度返利、季度返利和年度返利；明返和暗返；过程返利和销售返利。兽药生产企业应制定返利政策时，应多采用过程返利，如售点形象、铺货率、安全库存量、产品专销、市场规范、全品项进货、配送以及回款准时性等返利手段。另外，针对产品处于不同的生命周期，企业应制定灵活的返利政策，如兽药产品处于导入期，可利用数量返利；产品进入成长期，可采用专销、回款准时等返利手段并规定一定销售数量；成熟期产品，返利应加强市场规范化操作，并辅以一定销售数量。

2. 设定客户利润界限 产品价差利润低，客户销售积极性低；产品利润高，客户会牺牲部分利润提高产品的销售数量，降低产品价格，导致市场竞争加剧，价格战、低价窜货等现象频现，最后直接导致客户整体利润下降，客户销售积极性降低。针对此类情况，兽药生产企业制定合理的客户利润界限尤为重要。一般来说，对于新产品上市、品牌知名度不高、竞争力不强、促销力度大等产品，兽药生产企业可提高客户价差利润，为预防客户利用价格扰乱市场，企业应采用多种形式加强利润管理，如客户利润只以返利形式实现。

三、客户关系管理注意事项

1. 销售人员客户关系管理工作的常态化 销售人员是兽药生产企业与客户联系的纽带，客户关系管理应列入其常态化工作。应加强客户联系以增加感情、关注客户销售情况以掌握其动态、建立客户资料做好定期回访，另外，销售人员还需加强客户教育、市场监控，不允许客户存在冲货、窜货、低价或高价销售等非正常销售现象。

2. 构建合理的兽药企业客户组合 兽药生产企业创立初期，存在品牌知名度差、市场不熟悉、产品品项少等诸多问题，企业往往在一定区域内采用独家经营的策略开发市场。随着企业产品和品牌的成长，企业慢慢摒弃独家经营的模式，寻找更多的优质客户。经验表明，区域内客户不科学布局会引起渠道冲突，有时甚至会引起兽药市场混乱，因此，企业应构建合理的客户组合。客户组合可以包括以下几种形式：以产品类别区分客户，不同类别产品交给不同客户经销；以品牌区分客户，同一企业不同品牌产品交给不同的客户；以服务覆盖范围区分客户，不同服务范围交给不同的客户；以客户的终端类型、特征、经营能力等不同区分客户，不同终端交给相适应的客户经销。

四、提升客户关系管理水平

随着互联网的迅猛发展，世界经济进入电子商务时代，世界知名兽药企业为提高客户满意度，纷纷投巨资建设企业客户关系管理（CRM）系统，以此获得竞争优势。

1. CRM 的概念 CRM 是英文 Customer Relationship Management 的简写，一般译作“客户关系管理”，也译作“顾客关系管理”，它是一个软件系统，国际著名 CRM 提供商有

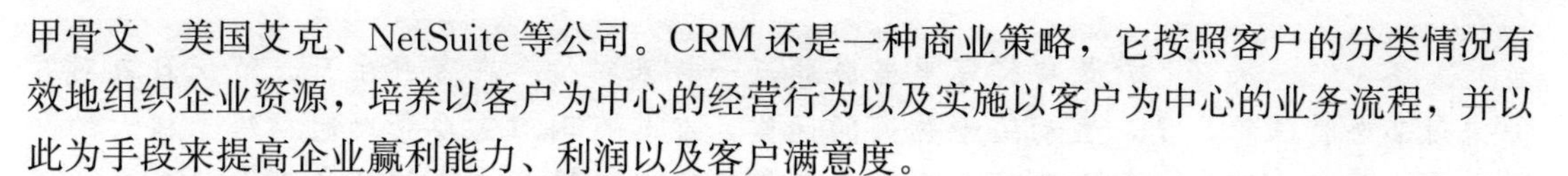

甲骨文、美国艾克、NetSuite 等公司。CRM 还是一种商业策略，它按照客户的分类情况有效地组织企业资源，培养以客户为中心的经营行为以及实施以客户为中心的业务流程，并以此为手段来提高企业赢利能力、利润以及客户满意度。

2. CRM 的内涵 CRM 通过满足客户个性化的需要、提高客户忠诚度，实现缩短销售周期、降低销售成本、增加收入、拓展市场、全面提升企业赢利能力和竞争力的目的。CRM 的内涵主要包含三个主要内容，即顾客价值、关系价值和信息技术。客户关系管理的内涵如图 19 所示。

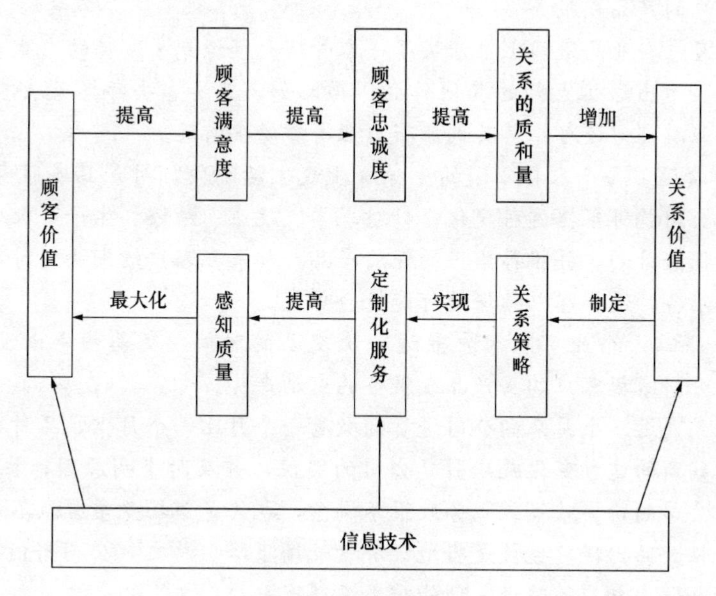

图 19　CRM 的内涵

兽药生产企业客户关系管理的目的是实现顾客价值的最大化和企业收益的最大化之间的平衡，为养殖户（场）创造的价值越多，就越会增强顾客满意度，提高客户忠诚度，从而实现关系的维系。兽药企业在建立客户关系时，必须考虑关系价值，即建立和维持特定顾客的关系能够为企业带来更大的价值。关系价值是客户关系管理的核心，而管理关系价值的关键却在于对关系价值的识别和培养。信息技术是客户关系管理的关键因素，没有信息技术的支撑，客户关系管理可能还停留在早期的关系营销和关系管理阶段。

学习卡片

六个方面入手 360 度客户关系管理

客户管理是一件很复杂的事情，实施 360 度客户关系管理，应从以下六个方面入手：

1. 产品——关怀　考虑客户在购买产品的初期可能会遇到什么问题。比如，客户对新买的电脑知道如何使用吗？在软件安装上会有什么问题？应告诉客户在使用中注意哪些问题等，当产品使用了一段时间后，是否要做一些保养和维护。如果企业能从这些角度去为客户考虑，分析并跟踪客户在购买、使用产品或服务的不同阶段，所关注和需求的重要因素，主动给予客户在产品或服务方面的指导和帮助，必然能赢得客户的芳心。

2. 客户——关怀　就是要将客户当成朋友一样来对待。在客户生日、节庆日或对客户来说某个特殊的日子，主动给予热诚的问候，在其有困难需要帮助时，给予极大的关怀和鼎力相助，那么，客户会对企业产生无比的感激之情，建立起的关系当然是非比寻常的。

3. 产品——提醒　不仅要了解客户购买公司产品或服务的原因、真实动机和用后感受，还应根据产品关联分析和客户消费偏好分析，找到让其感兴趣或喜欢的其他产品或服务，以便推荐适合于客户的产品或服务。

比如，某位客户在亚马逊网上书店买了一本管理大师迈克·波特的《竞争优势》，随之，在该网页上又会显示出这位大师的其他作品。再比如，某游客去年冬天去香山滑雪场滑雪了，那么，今年旅游公司还可推荐其到亚布力亚滑雪场去游玩。

4. 客户——提醒　每个人在不同的生命阶段或生活阶段，对产品或服务的需求及认知是不同的。保险公司就可根据这种变化，针对求学、就业、结婚、生子等人生不同阶段，给客户设计合理的保险计划，并推荐恰当的保险产品。如果在客户续期快到时，及时提醒客户做好续缴保费的准备，这样客户续保的可能性会更大。

5. 产品——跟踪　企业可从客户最近一次交易的时间、交易频率以及货币支出（即RFM指针）上，分析掌握客户购买产品或服务的变动走势。

如果一家经销商近三个月来向公司进货的数量一个月比一个月少，品种也由过去的五种压缩到两种，经销商的这种变化就应引起公司的关注，并及时查明原因，找出问题的症结。也许是经销商对公司的价格政策或服务政策不满意，也许是市场竞争激烈不好销售，也许是又有更好的替代性产品出现，也许是当地经济景气度下降。总之，公司若能根据RFM指针及时发现问题，并做出相应的改进，便能重新赢得客户。

6. 客户——跟踪　通过客户特征分析和客户价值动态分析，可以帮助企业及时掌握客户在消费需求上的变动情况，以便有针对性地开发或推荐符合客户新需求的产品或服务。

（摘自：http：//www. syylw. net/news/content. php? /class _ id = 13/news _ id = 1336/ 1272347403. html）

小结

客户管理需要企业了解客户，掌握客户需求变化，建立完善的客户档案，最后维护好与客户的关系。兽药生产企业客户管理首先从建立客户档案开始，直到使客户认同企业并对企业忠诚。客户管理过程中，企业还需关注销售人员对客户的常态化工作及区域内客户的合理布局。

CRM是一种商业策略，是一种软件系统，更是一种客户关系管理升级手段。它按照客户的分类情况有效地组织企业资源，培养以客户为中心的经营行为以及实施以客户为中心的业务流程，并以此为手段来提高企业的赢利能力、利润以及客户满意度。

小测验

1. 下列不属于兽药生产企业的客户类型的有（　　）。

A. 价格导向型　　B. 竞争导向型　　C. 品质导向型　　D. 战略导向型

2. 你是如何理解客户管理的重要性的?

3. 如何实施客户关系管理?

4. 一家动物疫苗生产企业应如何激励客户?

5. 请结合兽药市场特点谈谈 CRM 在兽药营销中的重要性。

部分参考答案

兽药营销概述

1. C　2. D　3. 略　4. 略　5. 略

兽药营销管理

1. A　2. D　3. B　4. 略　5. 略　6. 略　7. 略　8. 略

兽药市场概述

1. B　2. 略　3. 略　4. 略　5. 略

兽药营销环境分析

1. A　2. C　3. 略　4. 略　5. 略

兽药企业竞争对手分析

1. D　2. 略　3. 略　4. 略　5. 略

兽药企业客户分析

1. A　2. 略　3. 略　4. 略　5. 略

兽药市场调查与市场预测

1. A　2. C　3. C　4. 略　5. 略　6. 略

兽药市场细分与目标市场选择

1. B　2. C　3. C　4. 略　5. 略　6. 略　7. 略

兽药产品策略

1. ABCDE　2. D　3. ABCD　4. ACD　5. B　6. A　7. 略　8. 略

兽药价格设计

1. ABCD　2. ABCD　3. A　4. C　5. B　6. A　7. ABCD
8. 5.5元

兽药营销渠道建设

1. ABCD　2. B　3. B　4. ABCDE　5. 略　6. 略　7. 略　8. 略

兽药促销

1. ABCDE　2. A　3. ABCD　4. ABCDE　5. ABCDE　6. ABCD　7. 略

兽药服务营销

1. D　2. 略　3. 略　4. 略　5. 略

兽药企业客户管理

1. B　2. 略　3. 略　4. 略　5. 略

主要参考文献

菲利普·科特勒.2003. 营销管理 [M]. 上海：上海人民出版社.
高云龙，郜启扬.2005. 营销谋略与经典案例 [M]. 北京：社会科学文献出版社.
何利良，李荣德.2010. 市场营销 [M]. 北京：中国农业出版社.
侯胜田.2009. 医药市场营销学 [M]. 北京：中国医药科技出版社.
黎细月，张德新，郑明等.2005. 兽药营销人才必读 [M]. 北京：中国农业科学技术出版社.
李胜等. 2008. 现代市场营销学 [M]. 北京：机械工业出版社.
王成业，邹旭芳.2008. 药品营销 [M]. 北京：化学工业出版社.
王广宇.2010. 客户关系管理 [M]. 北京：清华大学出版社.
徐廷生，程相朝. 2004. 兽药与饲料营销秘诀 [M]. 北京：中国农业出版社.
严振. 2008. 药品市场营销学 [M]. 北京：化学工业出版社.
泽丝曼尔，比特纳.2005. 服务营销 [M]. 北京：机械工业出版社.
张秋林.2007. 市场营销学——原理、案例、策划 [M]. 南京：南京大学出版社.
中华人民共和国兽药典编委会.2006. 中华人民共和国兽药典 [M]. 北京：中国农业大学出版社.
钟立群，张秀芳. 2010. 市场营销 [M]. 北京：中国农业大学出版社.
周建波.2002. 营销管理：理论与实务 [M]. 济南：山东人民出版社.
兽药营销网（http：//www.sysczn.com/）
中国市场调查网（http：//www.cnscdc.com/）
中国兽药信息网（http：//www.ivdc.gov.cn/）
中国投资咨询网（http：//www.ocn.com.cn/）
中国医药联盟网（http：//www.chinamsr.com/）
中国营销传播网（http：//www.emkt.com.cn/）

图书在版编目（CIP）数据

兽药营销／蒋春茂主编．—北京：中国农业出版社，2011.6（2024.7重印）
全国高等职业教育“十二五”规划教材．项目式教学教材
ISBN 978－7－109－15649－4

Ⅰ．①兽…　Ⅱ．①蒋…　Ⅲ．①兽用药-市场营销学-高等职业教育-教材　Ⅳ．①F763

中国版本图书馆CIP数据核字（2011）第084132号

中国农业出版社出版
（北京市朝阳区农展馆北路2号）
（邮政编码 100125）
责任编辑　徐　芳
文字编辑　赵　娴

三河市国英印务有限公司印刷　　新华书店北京发行所发行
2011年7月第1版　　2024年7月河北第6次印刷

开本：787mm×1092mm　1/16　　印张：14.25
字数：329千字
定价：37.00元